運動基因
THE SPORTS GENE

大衛・艾普斯——著
David Epstein
畢馨云——譯

THE SPORTS GENE
Inside the Science of
Extraordinary Athletic Performance

David Epstein

目　錄
Contents

隨著人類基因體計畫完成，生物學家、生理學家和運動科學家試圖釐清，生物特性與嚴格訓練之間的相互作用，對運動能力有何影響。儘管對於任何一種運動表現，先天條件和後天培育都是交織在一起的，但科學家一定會追問：「先天條件和後天培育可能發揮怎樣的作用？」還有「先天和後天各發揮了多少作用？」這本書設法描述出他們現有的進展，檢視目前我們對於菁英運動員與生俱來的天賦有何了解或爭論。

美國職棒大聯盟打者在投手投出球後不久，甚至在球還沒飛到半路，就必須知道朝哪個位置揮棒。考量到投球速度和人體在生物學上的局限，我們打得到球其實猶如奇蹟。然而，一代強打亞伯特‧普荷斯和他的明星隊友就是靠著看 95 mph 的快速球並將它擊出去來謀生，那麼他們面對球速 68 mph 的壘球時，為什麼表現得簡直像世界少棒聯盟的球員？這是因為，要打到高速移動的球，唯一方法是要能夠「洞悉未來」，但棒球打者在面對壘球投手時，他們的水晶球就被剝奪了。

穿著撐竿跳高鞋、認為跳高「有點無聊」，而且僅僅訓練了八個月的傢伙，在

2007年世錦賽中奪冠。托馬斯在讓他獲勝的那一跳，若能像其他職業跳高選手那樣弓起背來，他甚至可能刷新世界紀錄。練習得遠比其他跳高選手都要勤奮，原本被視為最有希望奪冠的史提芬・霍姆，賽後的發言很客氣，並且向新科冠軍道賀，不過他的父親教練對托馬斯奪冠感到害怕，他接受賽後訪問時稱他「丑角」，暗指他的不雅跳法侮辱了這項運動，以及受過多年訓練的運動員。

偶爾有從事遺傳學研究的運動科學家告訴我，他們的研究工作會遇到一個公關問題，這問題源自一種看法——基因是嚴格遵循命定論的，否定自由意志或提升運動狀態的能力。遺憾的是，主流媒體報導關於新基因的研究時，常把它描述得像是會完全取代施為者的某些方面，不見平衡報導。在澳洲從事俯臥式雪橇實驗的加爾賓表示，他所處的人才認證領域已經變得太過忌諱「遺傳學」一詞，結果「我們要主動更改遺傳研究的相關用語，說我們在做『分子生物學和蛋白質合成』，而不說『遺傳學』」。

SRY基因是一把DNA萬能鑰匙，會選擇性啟動發育成男性的基因。1970年代和1980年代時，女性在田徑運動方面趕上男性，如今看來主要原因在於：她們透過注射睪固酮，來彌補先天欠缺的SRY基因。從1960年代開始，冷戰競賽擴及運動場，有計畫地給女孩用禁藥，在像東德這樣的國家很普遍。使用禁藥的極端時代一結束，有和沒有SRY基因的人之間的成績差距，就重新拉開了。現在我們很清楚，在大部分運動項目中，男性勝過女性的遺傳優勢非常強大，最好的解決之道，就是把男女分開來。

1992年，加拿大和美國五所大學聯手募集受試者，著手「HERITAGE家族研究」。他們招募到九十八個小家庭，讓成員接受五個月的相同飛輪健身車訓練，每週練習三次，強度一次比一次高且由實驗室嚴格控制。科學家想知道：規律的健身運動，會給未經訓練的這些人帶來怎樣的改變？心臟強度會如何變化？或是運動時心臟的耗氧量有何改變？膽固醇和胰島素含量如何變動？血壓可能會下降，但會降多少？每個人下降的程度都一樣嗎？這些研究人員感興趣的一大表徵，是生理學所說的「有氧能力」或說「最大攝氧量」……

有些運動選手比其他運動員更具有肌肉增長潛力，是因為他們一開始就有不同的肌纖維配額。肌纖維可大致分成兩類：慢縮肌纖維和快縮肌纖維。做激烈動作時，快縮肌纖維的收縮速度，至少是慢縮肌纖維的兩倍，但快縮肌纖維很快就會疲勞──肌肉的收縮速度，已證實是人類衝刺速度的限制因素。接受重量訓練時，快縮肌纖維的增長速度是慢縮肌纖維的兩倍，因此肌肉裡的快縮肌纖維越多，增長潛力越大。大多數人的肌肉中，慢縮肌纖維的比例略多於一半，但運動員身上的纖維類型組合，則與他們從事的運動項目相符。

隨著「贏者全拿」市場興起，20世紀初的運動員單一完美體型典範漸趨式微，開始轉向比較少見、非常專項化的合適體型，彷彿雀鳥為了適應各自的運動生態區位，而演化出大大小小的喙。澳洲運動學家凱文・諾頓和提姆・歐茲畫出了現代世界級跳高選手和鉛球選手的身高體重關係圖，把每項運動代表1925年的點，跟代表現在的點相連起來後，結果發現一個明顯的模式。20世紀初期，各項運動的頂尖好手群聚在教練昔日偏好的「平均」體型附近，在圖上也聚集成一團，但自此之後就朝四面八方發散出去。

達文西的畫作〈維特魯威人〉兩臂展開後的臂長和身高相等，我確實是如此，你可能也是，或者差不多。但NBA球員的臂展身高比平均為1.063。在醫學上，這個比率若大於1.05，就符合馬凡氏症候群的其中一項傳統診斷標準。中等身高的NBA球員，身高差不多在200公分多一點，臂展是213公分。如果要以NBA球員的比例畫維特魯威人體圖像，達文西應該會需要一個長方形和一個橢圓形，而不是工整的正方形和圓形。根據身高而被標記為就場上位置來說「太矮」的NBA球員，通常有特別長的臂展來彌補身高的不足。

居住在非洲以外的人，都是某個群體的諸多基因分支的後代，而該群體本身也只是一個在近古非洲的次群體。每當現代人種擴展到新的地域，拓荒者的人數似乎很少，只攜帶了發源地的一小部分基因變異去建立新族群。從世界各地蒐集而來的數據顯示，當地族群的基因多樣性，通常會隨著該族群沿人類遷徙出東非的路線距離遞減。這對運動可能也有影響。理論上，對於任何受遺傳因素影響的技能，世上最具運動天賦和最沒有運動天賦的人，都有可能是非洲人或近代非洲人的後裔。

十年來，皮齊拉迪斯經常帶著棉棒和塑膠容器來到牙買加，採集世上跑得最快的男男女女的口腔黏膜及口水。全世界沒有別的地方，讓他連吃個午飯，都很容易遇到五、六個參加過奧運100公尺賽跑的男女選手。只要遇到了，他就一定會採集他們的DNA。這項工作很辛苦。皮齊拉迪斯經常拿不到經費來檢驗運動員的基因，因為用於人類遺傳學的研究經費，通常會提撥給研究人類祖先或健康與疾病的計畫，因此他在格拉斯哥大學的學術地位，是靠著兒童肥胖症的遺傳學研究來維持的，這方面的研究能吸引大筆撥款。

牙買加最知名的醫學研究員艾羅爾・莫里森曾與派屈克・古柏合作，在醫學期刊上提出，肆虐非洲西部沿岸的瘧疾會導致基因與代謝產生特定變化，它們有利於短跑和爆發力型的運動，而黑奴正是從西非賣往其他國家的。他們假設：瘧疾迫使可抵禦瘧疾的基因增生，那些基因會降低個體靠有氧系統製造能量的能力，於是造成快縮肌纖維變多，而快縮肌纖維比較不用仰賴氧氣來製造能量。在1980年美國發動抵制過後的每屆奧運會中，進入男子100公尺決賽的所有選手，近代祖先都來自撒哈拉沙漠以南的西非地區。

卡倫金男孩的小腿體積和平均粗細，比丹麥男孩少了15%到17%。這項發現有重大意義，因為腿就有如鐘擺，鐘擺末端的重量越重，就需要越多能量才能擺動。生物學家已經在受控條件下，在人體上證實了這一點。研究人員在某個控制得特別好的實驗研究中，把重量加在跑步選手身上的不同部位：腰部、大腿上半部、小腿上半部，以及腳踝周圍。即使重量維持不變，但擺放的位置越靠近腿的下端，跑者就要消耗越多能量。四肢最末端的重量稱為「遠端重量」，對長跑選手來說，遠端重量越少越好。

現在已經知道，運動員從平地移到高山時，高海拔會導致他們的紅血球增加，那麼為什麼沒有出身安地斯山或喜馬拉雅山上的跑步選手，橫掃世界其他地方，就像衣索比亞人和肯亞人那樣？實際上「尼泊爾跑步好手」問題，跟肯亞人和衣索比亞人的長跑現象無關。有個明確的科學觀點是，居住在世界上海拔高度不同的地區的人，用截然不同的遺傳方式，適應低氧環境下的生活。在地球上高海拔地區居住了幾千年的三大文明，各用了不同的生物學解決方案，對付同樣的生存問題。

14 雪橇犬、超馬選手與「懶骨頭」基因 ······················· 237
Sled Dogs, Ultrarunners, and Couch Potato Genes

蘿西是一隻嬌小的母狗，前飼主是短距離參賽者莫蘭，莫蘭認定蘿西跑得太慢，便將牠賤賣給參加中長距離賽的趕橇人史帕克斯。結果史帕克斯發現，蘿西不願從快步小跑改成大步跑，他也斷定小蘿西太慢了，於是帶牠到市場販售。麥奇看到待售的蘿西後帶牠去試跑。沒錯，牠跑得不快，但麥奇看到了別的東西：把雪橇挽具套在蘿西身上，牠就會快步小跑，跑到在地上鑿出洞為止。他很開心地買下蘿西，之後讓牠與同樣從未跑贏短距離賽，卻只渴望奔跑的哈士奇犬「哈勒戴醫生」交配，生下了未來的冠軍犬蘇洛。

15 傷心基因：運動場上的猝死、損傷與疼痛 ····················· 255
The Heartbreak Gene: Death, Injury, and Pain on the Field

患有肥厚性心肌症的人，他們的左心室的肌肉細胞並未照應該有的樣子，像磚牆般堆放整齊，而是歪斜的，就好像磚塊被丟成一堆。提示心臟收縮的電訊號經過這些細胞時，很容易不穩定地來回反彈。劇烈的體育活動可能會觸發這種短路，比賽期間尤其危險，因為此時運動員繃緊身體，對初期的危險徵兆不會有反應。針對美國最緊迫的健康問題，即糖尿病、高血壓、冠狀動脈疾病，運動是神奇良藥，但肥厚性心肌症患者有可能因為運動，而增加猝死的風險。

16 金牌突變 ·· 279
The Gold Medal Mutation

曾拿下七面奧運金牌的越野滑雪好手艾羅·門蒂蘭塔在青少年時某次健康檢查後得知，他的血紅素濃度高得異常。不過由於他十分健康，血紅素濃度過高沒什麼好擔心的。但後來在他的比賽生涯期間，情況開始改變。每次做檢查，都發現艾羅的血紅素偏高，紅血球數目也遠多過平常值。這些跡象通常代表耐力型運動員作弊，透過違規方法增血。艾羅的紅血球計數比普通男性高出65%，儘管留有從他小時就記錄在案的異常血液剖析，懷疑他使用禁藥的臆測還是滿天飛。直到他從滑雪界退役二十年後，科學家才查明真相。

承認有天分和具備影響運動潛力的基因，絲毫無損於要把天賦化為成就所花的努力。一萬小時「法則」之父艾瑞克森與同事所做的研究，一般並未處理遺傳天賦是否存在的議題，因為他們最初的研究對象是高成就者。只要一項研究在開始之前已經篩掉大部分的人，該研究對於天賦存在與否通常就沒什麼好說的，或沒有立場說什麼。實際上，說運動專長完全依賴先天條件或後天訓練的任何一個論點，都是一種「稻草人論證」基本上，運動員一向同時由他們的訓練環境「以及」他們的基因，來分出高下。

獻給Elizabeth，我自己的MC1R基因變體

原文書頁碼

中文版頁碼　　　　　　　　　　原註、譯註和編註

本書用法

本書原註、譯註和編註都放在出現的頁面下緣，少數註解會落到下一頁，此時請參照編號閱讀。參考資料條列在全書末尾，各條目前面的數字是原文書中的頁碼，參閱時請對照位於左頁左側和右頁右側邊緣，加了底線的數字。

自序 　尋找運動基因

Introduction 　In Search of Sports Genes

　　米凱諾・勞倫斯（Micheno Lawrence）是我高中田徑校隊的短跑選手，父母親是牙買加人，他個子不高，身型肉肉的，凸出的肚子頂著他的網眼背心，隊上的幾個牙買加人都會穿著這種背心練跑。他放學後在麥當勞打工，隊友開玩笑說他太常吃麥當勞的員工餐了。不過這並沒有妨礙他一馬當先。

　　1970年代和1980年代的小型流亡潮，把一批牙買加家庭帶到伊利諾州的艾凡斯頓（Evanston），結果讓田徑變成艾凡斯頓鎮高中的普及運動。（也因此，我們的校隊從1976到1999年連續摘下二十四屆聯盟冠軍。）就像優秀運動員常做的，米凱諾提到自己時也是用第三人稱，他在重要的比賽前會這麼說：「米凱諾沒心腸。」意思是擊敗對手時他不會表現出同情心。在1998年，也就是我讀高中的最後一年，他在4,400公尺接力賽的最後一棒從第四名迅疾衝到第一名，奪得伊利諾州冠軍。

　　我們讀高中時都知道校園裡像這樣的運動健將，他們讓一切看起來輕而易舉。那男孩當時是先發四分衛和游擊手，或者那女孩是全州最佳控球後衛和跳高選手。**天生就是運動健將。**

　　或者該問，是天生的嗎？伊萊・曼寧和培頓・曼寧（Eli and Peyton Manning）兄弟檔究竟是遺傳了他們的父親阿奇・曼寧（Archie Manning）的四分衛基因，還是因為他們從小接觸足球，長大後才能成為超級盃最有價值球員？喬・布萊恩（Joe Bryant）的兒子科比（Kobe Bryant）顯然遺傳了老爸的身高，不過讓他竄起的第一步是從何而來的？還有保羅・馬爾蒂尼

（Paolo Maldini），在父親切薩雷（Cesare）擔任AC米蘭隊長，帶領球隊在某屆歐洲冠軍聯賽奪冠四十年後，他也締造同樣的佳績，這又怎麼說？老肯‧葛瑞菲（Ken Griffey Sr.）賦予兒子的是棒球打者的DNA？還是他在棒球俱樂部把小肯‧葛瑞菲拉拔長大？或者兩者皆有？2010年，體壇史上第一次，以色列4,100公尺接力賽國家代表隊的半數成員是母女檔伊蓮娜和奧嘉‧倫斯基（Irina and Olga Lenskiy），這家人的身體裡一定有加速的基因在運作。不過，真有這樣的東西嗎？究竟有沒有「運動基因」呢？

• • •

2003年4月，有個跨國科學家聯盟宣布，人類基因體計畫（Human Genome Project）完成了。該計畫歷經十三年的努力（以及解剖學上定義為現代人的人類的20萬年歷史），繪製出了人類基因體圖譜；DNA（去氧核糖核酸）當中所有包含了基因的大約23,000個區域，都完成確認了。突然間，研究人員知道要去哪裡尋找髮色、遺傳性疾病、手眼協調等人類表徵的最深層根源，不過他們低估了解讀遺傳指令的難度。

不妨把基因體（genome，或稱基因組）想像成一本擺在每個人類細胞的中央、有23,000頁的食譜，上面說明了構成身體的步驟。如果讀得懂那23,000頁，你就可以了解身體構成方式的一切細節。不管怎麼說，那只是科學家的如意算盤。只不過，不但23,000頁裡有一部分是說明身體內很多不同的功能，而且如果有一頁挪動、更改或撕掉了，其他22,999頁當中有幾頁可能就會突然帶有新的指示。

人類基因體定序完成後的幾年間，運動科學家挑選出他們推測可能會影響運動能力的單基因，並將受試者分成「運動員組」與「非運動員組」，比較他們的這些基因。很遺憾的是，在這樣的小型研究中，單基因的效應通常小到無法檢測出來，即使是容易量測的表徵（如身高）的大部分基因，多半也檢測不出來。原因不是效應不存在，而是被遺傳學的

複雜作用給掩蓋了。

漸漸地，科學家毅然開始放棄小型的單基因研究，轉而關注用來分析遺傳指令如何運作的創新方法。此外，生物學家、生理學家和運動科學家也試圖釐清，生物特性與嚴格訓練之間的相互作用，對運動能力有何影響。於是，對於涉及運動方面的影響究竟是先天還是後天，開始出現激烈論戰。這必然也需要深入碰觸性別、種族等敏感議題。既然科學已有所討論，這本書也會提及。

普遍的事實是，對於任何一種運動表現，先天條件和後天培育都是交織在一起的，所以答案永遠是：兩者都有影響。不過在科學上，這不是令人滿意的終點，科學家一定會問：「在這方面，先天條件和後天培育可能發揮怎樣的作用？」還有「先天和後天各發揮了多少作用？」為了回答這些問題，運動科學家已經慢慢踏進現代基因研究的時代。在這本書中，我會設法描述出他們現有的進展，檢視目前我們對於菁英運動員與生俱來的天賦有何了解或爭論。

· · ·

高中時我很想知道，米凱諾和校隊裡其他的牙買加裔隊友，是不是把某種特殊的加速基因從他們的小島帶了過來，才會如此優秀。到了大學我有機會跟肯亞人競賽，那時則很想知道是不是有耐力基因跟著他們一起從東非飄洋過海而來。同時我也注意到，隊上有個五人組成的集訓小組，他們每天並肩練跑，最後卻訓練出五個完全不同的跑步選手。怎麼會這樣呢？

xiv

我在大學的跑步生涯結束後，成為理科研究生，後來替《運動畫刊》（*Sports Illustrated*）寫文章。在做研究和寫作《運動基因》期間，我有機會混入菁英運動員的培養皿中，剛開始時我覺得，運動能力與科學是完全獨立的興趣。

　　這本書裡記述的內容，把我帶到赤道以南、北極圈以北，接觸到世界冠軍和奧運金牌選手，以及擁有罕見基因突變或不尋常身體表徵，因而明顯影響到運動能力的動物和人。我在這個過程中明白了，有一些我原以為完全出於自願的特質，例如運動員的鍛鍊意願，事實上可能有重要的遺傳成分，而我認為主要來自天生的一些特質，譬如棒球打者或板球擊球手像子彈般的敏捷反應，反倒可能不是天生的。

　　我們就從這裡談起吧。

1 技壓職棒大聯盟明星的女子
不談基因的專精模式

Beat by an Underhand Girl:
The Gene-Free Model of Expertise

美國聯盟的球隊深陷困境，國家聯盟的強打麥克·皮耶薩（Mike Piazza） <u>1</u>
正要上場打擊。於是他們更換了投手。

珍妮·芬奇（Jennie Finch）從世上最強的打者陣容前從容走過，大步
邁向沐浴在陽光下的內野，她的淡黃色頭髮在晴朗的沙漠光線中閃耀出
光芒。過去二十四年，百事可樂壘球全明星賽（Pepsi All-Star Softball Game）
向來只有職棒大聯盟MLB的球員參賽。當這名身高185公分的美國壘球
國家代表隊王牌投手站上投手丘，手指扣好球時，觀眾興奮地鼓噪出聲。

這裡是加州的大教堂城（Cathedral City），天氣適中，氣溫是攝氏21度。
這座球場是芝加哥小熊隊的主場瑞格利球場（Wrigley Field）的四分之三複
製版，忠實複製了瑞格利爬滿常春藤的外野牆。就連球場周邊瑞格利區的
紅磚公寓樓房也複製過來了，就在聖羅莎山脈山腳下的沙漠中，描繪在以
芝加哥照片創作的真人大小的塑膠油墨印刷品上。

幾個月後將在2004年奧運奪冠的芬奇，最初只是受邀加入美聯的教
練團。直到美聯明星球員在第五局以9比1落敗為止。

芬奇剛站上投手丘，站在她後方的守備球員就坐了下來。洋基隊內野 <u>2</u>
手亞倫·布恩（Aaron Boone）脫下手套，拿二壘的壘包當枕頭躺在泥地上。

德州遊騎兵隊的明星球員漢克・布雷洛克（Hank Blalock）趁機拿水來喝。畢竟他們在打擊練習時看過芬奇投球。

在賽前慶祝活動上，很多大聯盟明星球員就曾藉由芬奇的低手投球，來測試自己的本領。芬奇以超過時速60英里（mph，1 mph＝時速1.6公里）的球速，從43英尺（約13公尺）外的投手丘把球投出，投出的球到達本壘所花的時間，就和95 mph（時速約153公里）的快速球從標準棒球場的投手丘到本壘（距離是60英尺又6英寸，約18.5公尺）的時間差不多。95 mph的球速當然很快，但這對職業棒球選手來說是家常便飯。再說，壘球比較大，應該比較容易擊中。

然而，芬奇每繞環一次手臂投球出手，都讓打者愣在原地來不及反應。最優秀的一代強打亞伯特・普荷斯（Albert Pujols）在賽前練習上場面對芬奇時，大聯盟的其他球員全擠過來圍觀。芬奇緊張地弄了弄馬尾，臉上偷偷浮出燦爛的笑容，她很興奮，但也擔心普荷斯可能會回敬她一記平飛球。普荷斯寬闊的胸膛上掛著一條銀鍊，前臂就像球棒的棒頭一樣粗壯。他輕聲說：「來吧。」表示他準備好了。只見芬奇的手臂先往後拉，再往前擺，迅速畫出一個大圈。她投出的第一球偏高，普荷斯往後側身，眼前的這一球嚇了他一跳。芬奇咯咯笑了起來。

她猛然投出另一個快速球，這次是內角高球，普荷斯轉身閃避，把頭別開，在他後方的職業隊友們放聲大笑。普荷斯跨出打擊區，鎮定下來後再重回打擊區，他用腳戳了戳泥地，然後盯著芬奇。下一球直直投進中間位置，普荷斯奮力揮棒，球從他的球棒旁飛過，圍觀人群發出噓聲。下一球太過外角，普荷斯沒揮棒。緊接著又是一記好球，普荷斯再度揮空。再一記好球打者就要被三振了，普荷斯走到打擊區的後端站定，壓低身子。

芬奇擺動手臂，然後投出，普荷斯揮棒落空。他轉身離開，走向正在傻笑的隊友。接著他停下腳步，一臉茫然。普荷斯轉身面向芬奇，脫帽致

意，再繼續往前走。事後他下定決心：「我可不想再經歷一次。」

因此當芬奇上場時，站在她後方的守備球員有充分的理由就地坐下來：他們曉得不會有人擊出安打。就像賽前練習時的情形，芬奇三振了她對上的兩名打者。皮耶薩遭三球三振，而聖地牙哥教士隊的外野手布萊恩・吉爾斯（Brian Giles）在第三個好球時大棒揮空，揮棒力道大到讓他整個人做了個單腳軸轉動作。接著芬奇就恢復正式教練的身分，不過，她讓大聯盟球員感到迷惑不解的事情還沒完呢。

在2004年和2005年，芬奇替Fox體育台的「棒球週報」（This Week in Baseball）系列節目主持一個固定時段，節目中她會前往大聯盟訓練營，讓全世界頂尖的棒球打者變成笨口拙舌的小政客。

西雅圖水手隊的外野手麥克・喀麥隆（Mike Cameron）以毫釐之差揮棒落空之後，語帶懷疑地問：「女生也打這個嗎？」

拿到七次「最有價值球員」的貝瑞・邦茲（Barry Bonds）在大聯盟全明星賽看到芬奇時，他穿過大批媒體，好跟她打屁講垃圾話。

芬奇問他：「貝瑞，那我什麼時候才能對上最厲害的人？」

邦茲自信滿滿地回道：「你想要什麼時候都行。你已經跟他們那些小呆瓜對戰過……你得跟最厲害的人交手。你要和又帥又厲害的傢伙交手，才能算是又美又厲害。」邦茲一邊說一邊把妹，大展自己的孔雀長羽。接著邦茲告訴芬奇，她準備好跟他交手之後，要帶防護網來，因為「對上我你就會用到……我會打到你的球。」

芬奇回說：「目前只有一個人擦過邊。」

邦茲笑著說：「擦過邊？相信我，只要球碰得到本壘，我就會擦到球。我會用力轟出去。」

芬奇告訴他：「我會請我的助理打電話給你的助理，我們來安排一下。」

邦茲說：「就這麼說定了！你可以直接打電話給我，小妞。我直接接

4

受挑戰……我們也要在全國的電視台播出。我想讓全世界看到,讓每個人看到。」

於是芬奇去找邦茲對戰——這次周圍沒有球迷和其他媒體——邦茲的挪揄語氣很快就變調了。邦茲看著幾球飛過,堅持不讓攝影機拍攝他。芬奇投出一球又一球,旁觀的隊友都判為好球。邦茲辯稱:「那是壞球啊!」對此,他的一名隊友回道:「貝瑞,在這裡有十二個裁判幫你看。」邦茲看著幾十球投來,連一次都沒揮棒。直到芬奇開始告訴邦茲她會投出什麼球,他才輕敲出一記溫和的界外球,這一球滾不到幾公尺就停下來了。邦茲央求芬奇:「來吧,投個快速直球!」她照做了,這一球直直從他旁邊飛過。

隨後,芬奇去採訪當年度的最有價值球員A-Rod(Alex Rodriguez),A-Rod站在芬奇的背後,看她跟他隊上的一名捕手投球熱身。頭五球當中,捕手漏接了三球,A-Rod見狀,就不肯踏進打擊區,這令芬奇感到很失望。他俯身對她說:「沒有人會讓我出醜。」

● ● ●

四十年來,科學家一直在研究菁英運動員如何攔截飛快的目標物。

直覺的解釋是,世界上像普荷斯與羅傑・費德勒(Roger Federer)這樣的人,天生就擁有較快反應能力,使得他們有更多時間對球做出反應。只不過,事實並非如此。

研究人員請受試者在看到燈號後盡快按下按鍵,以測試他們的「簡單反應時間」(simple reaction time),結果發現不管是老師、律師還是職業運動員,大多數人都需要大約200毫秒,即五分之一秒。五分之一秒是指,我們眼球最內層的視網膜接收到資訊,把該資訊傳送過突觸(即神經元之間的空隙,跨過每個突觸都要花幾毫秒)、傳到大腦後端的初級視覺皮質,大腦再發送訊息到脊髓讓肌肉產生動作,這整個過程所需的最短時間。一

5

切都在眨眼間發生。（當光線照在臉上讓你眨一次眼，就需要150毫秒。）但是棒球球速動輒100 mph，網球發球速度更是達130 mph，花200毫秒做反應還是太慢了。

美國職棒大聯盟的典型快速球，會在75毫秒的瞬間移動大約3公尺（10英尺），在這麼短的時間裡，視網膜中的感覺細胞只能確認視線裡有顆棒球，並把這顆球的飛行路徑與速度等資訊傳遞到大腦。球從投手的手中飛到本壘的整個過程，只花了400毫秒。又由於讓肌肉產生動作只需要一半的時間，因此大聯盟打者在投手投出球後不久，甚至在球還沒飛到半路，就必須知道朝哪個位置揮棒。當球進入球棒打得到的範圍，球棒與球真正接觸到的時機是5毫秒，加上球接近本壘時相對於打者眼睛的角位置（angular position）變化得非常快，「眼睛盯著球看」這個建議其實根本不可能辦到。人類的視覺系統沒有快到能夠從頭到尾一直盯著球。打者大可在球一飛到半途就閉上眼睛。考量到投球速度和人體在生物學上的局限，我們打得到球就像是奇蹟一般。

然而，普荷斯和他的明星隊友就是靠著看95 mph的快速球，並將它擊出去來謀生，那他們在面對球速68 mph的壘球時，為什麼表現得簡直像世界少棒聯盟的球員？這是因為，要打到高速移動的球，唯一方法是能夠洞悉未來，但棒球打者在面對壘球投手時，他們的水晶球就被剝奪了。

● ● ●

差不多四十年前，珍娜・史塔克斯（Janet Starkes）還只是個身高不到158公分、跟加拿大國家代表隊共度一個夏季的控球後衛，尚未成為全球最具影響力的運動專長研究人員。不過她還是滑鐵盧大學（University of Waterloo）研究生時開始從事的研究，持續對運動領域發揮影響力，甚至還延伸到球場外。她的研究是想釐清，優秀運動員為什麼會那麼優秀。

令人訝異的是，針對運動員先天體格「硬體設備」，也就是他們顯然

6

與生俱來的特質（如簡單反應時間等）所做的測驗結果，幾乎沒辦法解釋他們專業的運動表現。菁英運動員的反應時間全都落在五分之一秒上下，和隨機挑選的人測出來的一樣。

因此史塔克斯轉移了研究方向。她曾聽說，有人在研究飛航管制員時利用「訊號偵測測試」，判斷專業管制員能夠多快篩選視覺資訊，以判定有沒有關鍵訊號。史塔克斯認為，若是對透過練習所學到的知覺認知技能進行類似研究，也許會有成果。於是在1975年，她發明了現代運動「遮擋」（occlusion）測試，這也是她在滑鐵盧的研究課題之一。

她蒐集了上千張女子排球比賽的照片做成幻燈片，其中一部分的幻燈片畫面裡有排球，而其他幻燈片裡則沒有。在很多張照片裡，不管畫面中有沒有排球，球員身體的方向與動作幾乎一模一樣，因為球在剛離開畫面的瞬間幾乎沒有發生什麼變化。

接下來，史塔克斯把顯示器連接到幻燈機上，然後請爭強好勝的排球員用不到一秒的時間看幻燈片，並判斷眼前一閃而過的畫面裡有沒有排球。短暫的一瞥實在太快了，看幻燈片的人其實無法看到球，所以這個測試的目的，其實是要確定排球員是否以不同於普通人的方式，看待整個球場和球員的肢體語言，從而斷定畫面中有沒有球。

第一批遮擋測試結果讓史塔克斯大吃一驚。不像反應時間測試的結果，一流排球員和新手之間有極大的差異。菁英球員只需要瞥不到一秒，就能判斷畫面裡有沒有球，而且越優秀的球員，從每張幻燈片擷取相關資訊的速度越快。

有一次，史塔克斯針對加拿大排球國家代表隊成員進行測試，當時隊上有世界數一數二的舉球員。這名舉球員可以推斷出，從眼前閃過千分之十六秒的照片中有沒有排球。史塔克斯告訴我說：「這非常困難，因為不知道排球的人在16毫秒間只會看到一道光閃過。」

這名世界一流的舉球員在16毫秒內不僅察覺出有沒有球，還收集到充分的視覺資訊，知道照片拍攝的時間與地點。史塔克斯說：「每放一張幻燈片，她就會說『有』或『沒有』球，有時候還會補上一句：『那是換了新球衣的社布魯克隊，所以照片一定是在某某時間拍的。』」某個人眼前稍縱即逝的閃光，另一個人能夠做出完整描述。有個可能性很大的線索是：運動好手與新手之間的根本差異，在於他們學會用什麼方式去感知比賽，而不在於迅速反應的原始能力。

史塔克斯獲得博士學位後不久，就到麥克馬斯特大學（McMaster University）任教，並針對加拿大草地曲棍球國家代表隊，繼續進行她的遮擋研究。當時草地曲棍球的正統培訓觀念，是贊同先天的反射動作最重要。相反的，認為「經由學習的知覺技能是專業表現的印記」──套用史塔克斯的說法──則是「離經叛道」的想法。

1979年，史塔克斯開始協助加拿大草地曲棍球國家代表隊為1980年的奧運做準備，但她發現，國家代表隊教練團倚賴落伍的觀念甄選隊員，這令她很沮喪。她說：「他們以為每個人看球場的角度都一樣。他們用簡單反應時間測試來甄選，認為那會是判斷誰是最優秀的守門員或前鋒的絕佳利器。我沒想到他們居然不知道反應時間可能當不了什麼指標。」

史塔克斯當然清楚得很。她在對草地曲棍球員進行遮擋測試的過程中，也發現了先前在排球員身上發現的測試結果，甚至發現得更多。菁英草地曲棍球員判斷畫面中有沒有球的速度，不但比眨眼的瞬間更快，還能夠在短瞬一瞥後就準確記住球場的樣貌。從籃球到足球，都是如此，就好像所有頂尖運動員一談起自己從事的運動，就奇蹟似的擁有過目不忘的記憶力。接下來要釐清的就是：這些知覺技能對菁英運動員有多重要？它們是不是基因稟賦的結果？

要尋找答案，最好的地方莫過於那種動作慢吞吞、需要再三斟酌，且

8

肌肉和肌腱不受拘束的競賽。

・・・

1940年代初期，荷蘭西洋棋大師兼心理學家阿德里安・德赫羅特（Adriaan de Groot）開始鑽研西洋棋特殊技能的核心。德赫羅特會測試各種程度的西洋棋棋士，設法剖析最高段的特級大師比一般職業棋士更勝一籌、而一般職業棋士遠比俱樂部棋士優秀的原因。

當時普遍的看法是，棋藝高超的人在棋局中，會比棋藝不精的人想得更遠，棋藝純熟者和新手相比之下也是如此。但當德赫羅特要特級大師和技術嫻熟的人說出，他們在面對不熟悉的棋局所做的決策時，他發現，棋藝等級截然不同的人反覆思考的棋子數一樣多，而且提出的可能棋步大致相同。他想知道，既然如此，特級大師為什麼最後會下出技高一籌的棋步？

德赫羅特找來四名棋士組成一個小組，分別代表各自的棋藝等級：一位是拿過世界冠軍的特級大師，一位是有大師頭銜的棋士，一位是市賽冠軍，一位則是普通的俱樂部棋士。

德赫羅特又請了一個大師，從難解的棋局中想出不同的布局，接著他做的事情很類似史塔克斯三十年後對運動員所做的：他拿著棋盤從棋士眼前閃過幾秒，然後要他們在空白棋盤上重新擺放出棋子。結果呈現出不同等級之間有何差異，尤其是兩名大師和兩名沒有大師頭銜的棋士之間。德赫羅特如此寫道：「差異明顯到幾乎不需要進一步證實。」

四次試驗中，特級大師看了三秒就重新擺出整盤棋，而大師可以做到兩次。棋藝較遜的兩人都沒辦法十分準確地重現任何一盤棋。總的來說，特級大師和大師在這些試驗中，準確重新擺放超過90%的棋子，而市賽冠軍大約達成70%，俱樂部棋士只完成了50%左右。特級大師在五秒內掌握到的棋局，比俱樂部棋士在十五分鐘內掌握的還要多。德赫羅特

寫道，從這些試驗可看出，「經驗顯然是那些大師棋士優異成就的基石。」不過，還要再等三十年才能證實，德赫羅特所看到的其實是後天習得的技藝，而不是天生非凡記憶力的結果。

卡內基美隆大學（Carnegie Mellon University）的兩名心理學家威廉・卻斯（William G. Chase）和赫伯・西蒙（Herbert A. Simon[1]，1978年獲頒諾貝爾經濟學獎），在1973年發表了一個影響深遠的研究，他們在研究中重複了德赫羅特的實驗，並做了一點變化：他們用來測試棋士回想能力的棋盤上，有未曾出現在棋局裡的隨機棋子布局。卻斯和西蒙給棋士五秒研究這些隨機布局，接著要他們重新擺出來，這時大師棋士的回想優勢就消失了，突然間，他們的記憶力和普通棋士沒有兩樣。

卻斯和西蒙為了解釋看到的結果，提出了關於特殊技能的「組塊理論」（chunking theory，或譯「意元集組理論」），這是研究西洋棋、運動等比賽時的核心觀念，有助於解釋史塔克斯在草地曲棍球員與排球員身上的研究發現。

無論西洋棋大師還是菁英運動員，都會「分塊處理」棋盤或球場上的資訊，換句話說，好手會下意識地根據他們看過的模式，把資訊分成有意義的少數記憶區塊（chunk，或譯「意元」），而不是設法對付大量的個別訊息。在德赫羅特的研究中，技藝平平的俱樂部棋士是在審視並設法記住二十個西洋棋子的布局，而特級大師卻只需記住幾個區塊，每一塊各有幾個棋子，因為棋子之間的關係對他來說有重要意義。[2]

特級大師熟諳西洋棋的語言，腦子裡有個裝著無數棋子布局的資料庫，這些布局全都分為至少30萬個有意義的記憶區塊，這些區塊又歸類

1 譯註：赫伯・西蒙在1994年當選中國科學院院士，有個中文名字司馬賀。
2 我們每天都會運用各種類型的組塊。想一想語言的例子：如果我給你一個有20字的句子，要你記下來，會比我隨機給你20個彼此間毫無有意義的關係的單字，更容易複誦出來。

成心智「範本」，也就是棋子（或運動員）的大塊布局，有些棋子可以在其中四處移動，又不會讓整個布局變得無法辨認。新手被新的資訊和隨機性淹沒，大師卻能看出熟悉的秩序和結構，讓他把注意力放在攸關眼前決策的訊息上。卻斯和西蒙寫道：「過去由緩慢、有意識的演繹推理完成的工作，現在靠迅速、下意識的知覺處理就能達成。西洋棋大師說他『看見』正確無誤的棋步，並沒說錯。」

　　無論是西洋棋士、鋼琴家、外科醫生還是運動員，追蹤老手眼球運動的許多研究都發現，經驗累積得越多，他們就能越快篩選視覺資訊並去蕪存菁。好手在決定下一步時，會很迅速地把注意力從不相干的訊息移開，而切入最重要的資料。新手一直想著個別的棋子或球員，好手卻更關注棋子或球員之間的空隙，這些空隙才是和整體中各部分的一致關係密切相關的。

　　在運動中至為重要的是，頂尖運動員可以藉由察覺秩序，而從球員的排列或對手肢體動作的細微變化，擷取出關鍵資訊，以便下意識地預測接下來的動向。

● ● ●

　　布魯斯・亞伯內西（Bruce Abernethy）是昆士蘭大學的研究副院長，1970年代末他還是澳洲昆士蘭大學的學生時，便已開始擴充史塔克斯的遮擋測試法。酷愛板球且親身參與的他，首先利用超8毫米底片，去拍攝板球投手的影片。稍後他會讓擊球手看影片，但在球投出手前就暫停，要他們設法預測球會朝什麼方向前進。不出所料，板球好手比新手球員更善於預測球的路徑。

　　此後數十年間，亞伯內西越來越精於使用遮擋測試法，去闡釋運動方面的知覺特殊技能基礎。亞伯內西的研究已經從影片螢幕轉向球場，他提供護目鏡給網球運動員，在對手準備擊球時這副護目鏡會變成不透明的；

而他提供給板球擊球手的，則是模糊度不一的隱形眼鏡。

　　亞伯內西的主要發現是：頂尖選手要得知接下來發生的事，所需的時間和視覺資訊比較少，而且他們會像西洋棋好手那樣，不知不覺全然專注在緊要的視覺資訊上。頂尖選手把肢體動作和運動員排列訊息分塊處理，這做法與特級大師思考城堡和主教的方式如出一轍。亞伯內西說：「我們已經測試過板球擊球好手，他們只會看到球、手和手腕到手肘，而他們的表現還是比隨機的巧合來得好。這看起來很不尋常，不過手和手臂之間有重要的資訊，好手可以從這當中得到供他們做判斷的線索。」

12

　　亞伯內西發現，頂尖網球選手能夠從對手發球前微微的軀幹動作，看出一記球會朝自己的正手或是反手擊球位置飛來，而球技平平的選手得等到看見球拍移動，因而喪失掉寶貴的反應時間。（在羽球的研究中，如果亞伯內西遮擋球拍和整個前臂，就會使頂尖選手變回近似新手，這代表下臂傳達的訊息在羽球運動中極為重要。）

　　職業拳擊手也有類似的技能。世界拳王阿里（Muhammad Ali）的一記刺拳只消短短40毫秒的瞬間，就會擊中站在大約半公尺遠的對手臉龐。阿里的對手如果沒有從他的肢體動作預期到這一拳，就會在第一回合被擊倒，著著實實挨上每一拳。（阿里的本領是隱藏出拳的軌跡，讓對手預期不到，這往往也代表他們幾回合後就會被擊垮。）

　　就連看似純粹出於本能的技能（投籃沒進時跳起來搶籃板球），也是學習而來的知覺特殊技能，以及針對某個射手的微妙肢體變化會如何影響籃球軌跡，所累積出來的知識庫。這個知識庫要透過嚴謹的練習才能建立起來。[3]

　　如果沒有這個知識庫，運動員就少了預測未來的資訊，就像面對隨機棋盤的西洋棋大師，或是像對上了珍妮・芬奇的亞伯特・普荷斯。[4]由於普荷斯腦中沒有關於芬奇肢體動作、她的投球傾向、甚至壘球旋轉方式

13 的知識庫，供他預測接下來的動向，因此他老是被迫在最後一刻才做出反應，而且普荷斯的簡單反應速度非常普通。

聖路易華盛頓大學（Washington University in St. Louis）的科學家進行測試時，一代強打普荷斯的簡單反應時間和大學生的隨機樣本相比起來，排在第66百分位數。

• • •

沒有人生來就具備頂尖運動員所需的預期能力。亞伯內西研究羽球菁英選手與新手的眼球運動模式時，他發現新手已經注視著對手身體的正確部位，只是他們沒有認知資料庫可提取資訊。亞伯內西表示：「如果他們有這個資料庫，把他們訓練成好手就容易多了。你只要說：『看著手臂。』或者，真正該給棒球打者的建議不是『盯著球看』，而是『看著對方肩膀』。但事實上，假如我們這麼告訴他們，反而會讓表現好的球員變差。」

無論是擊球、投球還是學開車，個人在練習某項技能時，執行該項技能牽涉到的心智歷程，會從大腦額葉的高等意識區，轉回到比較原始的、掌管自動程序或是「不用思考」就能執行的技能的腦區。

在運動方面，大腦自動化對於所練習的技能有超高專一性，針對接受特定項目訓練的運動選手所做的大腦造影研究甚至顯示，只有在運動員從事該項目時，其額葉的活動才會沉靜下來。如果讓跑步選手騎上單車或操作手轉車（踏板由手來驅動而不是腳），他們的額葉會比跑步時更加活躍，即使騎單車或手轉車看起來並不需要太多有意識的思考。選手接受的身體

14 活動訓練，會在腦部變得特別自動化。回到亞伯內西的觀點，運動新手才

3　由於投球機無法訓練擊球手辨識對手的身體動作，職業板球隊已經不再使用投球機。

4　根據打擊教練裴瑞・赫斯本（Perry Husband）針對美國職棒大聯盟一整個球季所有50萬次投球所做的分析，大聯盟球員在兩壞球、沒有好球時的打擊率是4成62，而在兩好球、沒有壞球的情況下是3成62——這是打者只憑好壞球計數訊息來預期下一球的差異。

會「考慮」某個動作，而好手失常變回業餘水準的關鍵，也在於他們「考慮」了自己在做的事。（芝加哥大學心理學家席恩・貝洛克〔Sian Beilock〕已經證明，高爾夫球選手可以藉由哼歌，克服壓力引起的推桿失誤〔她稱之為分析癱瘓〕，從而使掌管較高等意識的腦區能夠全神貫注。）

　　在發展出特殊技能的過程中，組塊和自動化相輔而行。普荷斯必須靠一種迅速的潛意識歷程，認出肢體的暗示和模式，才能在投手剛把球投出手時決定是否該揮棒擊球。四分衛培頓・曼寧也是如此，他沒辦法在快如閃電的線衛面前停下腳步，運用意識整理他從日積月累的練習和觀摩中獲知的防守位置及模式，他只有幾秒鐘可以掃視球場然後丟球。他是下快速西洋棋的特級大師，只是騎士和兵換成了線衛和安全衛。（同時，職業美式足球聯盟NFL的防守教練則在移動他們的球員，企圖讓曼寧看到一個看上去會騙人或隨機的棋盤。）

　　從德赫羅特到亞伯內西，關於特殊技能的研究結果可以總結如下：「它是軟體，而非硬體。」在我採訪研究特殊技能的那些心理學家的過程中，這句話就像播放跳針的唱片般重複出現。也就是說，區別好手和業餘人士的知覺運動技能，是透過練習學會或（像軟體般）下載而來的，這些技能並非人類機器的標準零件。這個論據催生了現代運動專業領域中最著名的理論，而基因在這個理論裡沒有立足之地。

• • •

它是從音樂家開始的。

　　1993年，有三名心理學家為了做研究，向西柏林音樂院求助，當時這間音樂院由於栽培出世界一流的小提琴家而享譽國際。

　　該音樂院的教授協助這三名心理學家，鑑定出十個「優異的」小提琴主修生，他們有可能成為國際級的獨奏家；十個「表現佳」的學生，有可能在交響樂團裡謀生；以及十個欠佳的學生，歸類為「音樂老師」，因為

15

那可能會是他們未來的出路。

這三名心理學家詳細的訪談這30名音樂院學生，結果出現某些相似處。三組音樂家全都是從八歲左右開始有系統的學琴，而且全都在十五歲左右決定要成為音樂家。儘管他們的琴藝各不相同，但這三組人每週都花了多達50.6個小時精進音樂技能，包括上音樂理論課、聽音樂，還有練琴和演奏。

接著，浮現了一個重大差異。前面兩組小提琴手每週獨自練習達24.3小時，而第三組只有9.3小時。這麼說來，儘管獨自練習比團體練習或表演演奏等活動更加費神，音樂家仍然認為獨自練習是他們的訓練當中最重要的一環，也許就不足為怪了。前面兩組小提琴手的生活，似乎離不開練琴及訓練後的恢復，他們每週睡眠60小時，而第三組是54.6小時。不過，前面兩組獨自練琴的時數並沒有差異。

因此三名心理學家要這些小提琴手回溯估計，他們從開始拉琴以來花了多少時間練習。第一組小提琴手在他們初次拿起樂器之後，練習時數增加的速度就開始超過其他兩組。到十二歲時，「優異的」小提琴手就比未來的「音樂老師」多了大約1,000小時，即使前面兩組在學院裡花相同的時間精進琴藝，但平均來說，未來的國際級獨奏家在十八歲時，已經獨自練習達7,410小時，而「表現佳」這組是5,301小時，未來的「音樂老師」則為3,420小時。這三名心理學家寫道：「由此可見，三組的技藝水準，完全對應了他們單獨練琴的平均累積時數。」他們因而結論道，有可能解釋為音樂天分的特質，本質上其實是多年練習下來的結果。

值得注意的是，他們發現鋼琴演奏家的累積練習時數，平均來說和優異小提琴手差不多，彷彿有某種特殊專長法則似的。三名研究人員依據每週練習時數的估計值，指出無論是演奏哪種樂器的專業音樂家，他們到二十歲時已累積練習了一萬個小時，而專精的演奏家會投入更多的「刻意

16

練習」，也就是令受訓者竭盡所能且通常是獨自進行的那種努力練習。

在〈刻意練習在獲得專業表現中的作用〉（The Role of Deliberate Practice in the Acquisition of Expert Performance）這篇如今很出名的論文中，作者群把他們的結論類推到運動上，同時也引用了史塔克斯的遮擋測試法（亦即顯示，經由學習而得的知覺特殊專長，比未經訓練的反應能力更為重要）。他們指出，在音樂和運動上，累積的練習時數會假冒成與生俱來的天分。

這篇論文的主要作者是心理學家安德斯‧艾瑞克森（K. Anders Ericsson，目前在佛羅里達州立大學執教），後來被視為「一萬小時」法則（但他本人從未稱之為「法則」）或「刻意練習架構」之父；後者是研究「技能習得」（skill acquisition）的人常用的稱呼。

大家把艾瑞克森視為研究專家的專家。他和提倡此架構的其他人進一步提出，從短跑到外科手術等各種領域的天分，長時間累積的練習都是真正在背後施展魔法的巫師。

基因科學日漸重要，艾瑞克森也把基因納入論文裡。艾瑞克森和共同作者在他們2009年的論文〈邁向優異成就的科學〉（Toward a Science of Exceptional Achievement）中寫道，成為職業運動選手（或任何職業人士）所必需的基因「都在每個健康的人的DNA裡」。以此觀點看來，使專家有所差異的是他們的練習史，而非身上的基因。媒體在解釋艾瑞克森的研究結果時，往往會說練習一萬個小時是讓人成為任何領域的專家的必要兼充分條件。大家開始流傳，練習時數不到一萬小時，就無法專精某個技能，反之只要練習了一萬個小時，人人都能成為專家。

17

在幾本暢銷書和大量文章的助長之下，一萬小時法則（又稱「十年定律」）已經在培育運動員的世界裡扎根，促使人們讓孩子早早開始接受嚴格訓練。

有些暢銷作者在描述艾瑞克森的研究時，除了論及因練習而產生的

差異，還考慮到個別的基因差異，但又有些作者堅決認為一萬小時法則是決定性的，遺傳天賦在專業成就中並沒有發揮的餘地。在這本書的調查報告過程中，我看到截然不同的人指稱，一萬小時法則是競技場上的成功祕訣，包括美國奧委會的一名科學家所接受的訪談，以及某支避險基金向投資人說明該基金成功理念的年度公開信。

　　我甚至結識了一名高爾夫球選手，他目前正在親自檢驗這個法則。

2 兩名跳高選手的故事
（或：10,000小時 ±10,000小時）

A Tale of Two High Jumpers:
(Or: 10,000 Hours Plus or Minus 10,000 Hours)

　　2009年6月27日，丹·麥克羅夫林（Dan McLaughlin）三十歲生日那　18天，他決心要做點不一樣的事：他辭了自己在奧勒岡州波特蘭的商業攝影工作，轉行做職業高爾夫球手。他過去三十年的高爾夫球經驗，就只有童年時和哥哥一起去了兩次高爾夫練習場。除了幾次青少年網球賽和高中時參加過一個越野跑賽季之外，麥克羅夫林一直不是競技運動員。不過總得做點改變。

　　2003年麥克羅夫林在喬治亞大學修完新聞學位後，他替多家報社擔任攝影記者兩年，隨後從事各式各樣的廣告和商品攝影。在坐了六年辦公桌，主要工作是拍攝牙科器材之後，他需要投入更吻合自身喜好的挑戰。

　　起先，他覺得也許該去就讀研究所，於是他存夠了錢，開始進修財務方面的MBA學程。不過他在波特蘭州立大學才上了第一天的課，學微軟Excel試算表的操作方式，就發覺讀MBA不是他渴望的改變。他也考慮過當醫生助手或建築師，但最終決定新的人生之路必須改變得更徹底。

　　麥克羅夫林行事向來有些極端。他在2006年的寒假計畫，是趁著斐　19濟發生軍事政變期間去這個國家旅行。然而在很多方面，麥克羅夫林是個凡人，他身高175公分，體重接近70公斤，「體能上不是特別有天賦」（套

用他自己的說法）。他說：「我就是那種很普通的人。」而那正是他所指望的。

麥克羅夫林在傑夫・柯文（Geoff Colvin）的《我比別人更認真》和麥爾坎・葛拉威爾（Malcolm Gladwell）的《異數》這兩本暢銷書裡，讀到艾瑞克森的研究而受到啟發。他讀到了一萬小時法則，這個在《異數》裡稱為「成就偉大的神奇數字」，也讀到了下面這個觀念：看似取決於天分的技能，往往只是練習上千小時後的表現。

麥克羅夫林轉而將目標訂為「參加（高爾夫球）PGA巡迴賽」後，在2010年4月5日，他記錄下自己為了邁向職業高爾夫球手生涯，所進行的頭兩個小時刻意練習。他計畫記錄下自己累積到一萬小時的每一個小時，去證明「我或其他人和專業好手之間沒有什麼差異，不僅在高爾夫球上，而是在所有領域都是如此。如果我身高超過一米八，那這對大多數人大概沒什麼意義，但我只是一介凡夫俗子」。

麥克羅夫林把自己的冒險旅程當成科學實驗，而不是做秀——到2012年底時，他已經記錄了3,685個小時。他請了一名PGA認證的教練，並且向艾瑞克森徵詢策略方面的建議。麥克羅夫林就只算那些真正符合艾瑞克森定義的刻意練習時數。

麥克羅夫林解釋說：「根據刻意練習的基本原則，你必須從認知就投入其中。」光是去高爾夫練習場揮桿幾個小時，卻沒有打算進步和修正錯誤，是不會成功的。所以，麥克羅夫林每週六天、每天花六個小時進行刻意練習，其中有個平日會耗八個小時，一來是因為他常停下來休息，想想自己哪裡打得好、哪裡可以再改進（就像擊球時關閉桿面），再者連續幾個小時保持專注會令人非常疲憊。

麥克羅夫林是從零開始學打高爾夫球的。我第一次跟他聊天時，他已經累計練習1,776個小時了，但還沒揮過一號木桿。他說：「我現在只拿到八號鐵桿，所以打出的距離都在離球洞140碼的範圍內。」有時麥克羅

20

夫林決定用八號鐵桿打一場類似比賽的球，他就會把三顆球放在離洞杯不同距離的位置，然後同時打這三顆球。他說：「這樣的話，我就可以只用9個洞打完27洞。」按照麥克羅夫林目前的速度，他會在2016年尾累計練習達一萬個小時。（他甚至沒計入自己舉重、讀高爾夫球理論或諮詢營養師的時間。）麥克羅夫林一心期待練習時數累積到那個神奇數字時，會成為職業高爾夫球手。他說：「沒有任何保證。有可能我明天就車禍身亡了，不過我的終極目標是打PGA巡迴賽。」

他繼續說：「不管發生什麼事，我都會把這視為成就。我一天比一天喜愛打球，而且有一次我在佛羅里達州立大學的會議上報告，那天我和艾瑞克森博士共進早、午、晚三餐……他說，了解進展對他很有用，即使只有一個人。他說他從來沒有在同一個人身上進行那麼久的研究，追蹤他們的刻意練習進展。」

還沒有人做過這樣的研究。此前所有證實一萬小時法則的資料，都是科學家所稱的「橫斷面」及「回溯性」資料，也就是研究人員去研究那些已經達到某種技能水準的受試對象，要他們重現自己的練習時數歷程。在原始的一萬小時研究中，受試者是世界知名音樂院已經錄取的音樂家，因此大多數人早就被刷掉了。如果一項研究的對象僅限於預先篩選出的表演者，那根本就不利於看出來自大分的證據。但另一方面，「縱斷面」（又譯縱向）研究的實驗標準就高出許多，這種實驗會關注受試者累積練習時數的過程，以觀察他們的技能進步的情況。不難理解為什麼一萬小時法則的縱斷面研究很難做：想像一下，替某項研究募集像麥克羅夫林那樣，願意花幾年練習從未試過的技能的一群人，會遇到多大的挑戰，更別說鍥而不舍地追蹤了。

然而有辦法追蹤受試者習得技能專長的歷程，至少能避免主觀回憶造成的幾個問題。

21

西洋棋士是依據艾羅等級分（Elo point）來分級的，這是物理學家阿帕德·艾羅（Arpad Elo）首創的排名制度。普通棋士的艾羅等級分大約是1,200分，能夠以下棋為生的大師級棋士，等級分要介於2,200分和2,400分之間，國際大師級的棋士是2,400分到2,500分，而特級大師要超過2,500分。由於艾羅等級分會隨著棋手進步一直累積上去，因此這個評分制度客觀記錄了棋士的技藝進展。

2007年，阿根廷開放美洲大學心理學家吉耶摩·康皮泰利（Guillermo Campitelli）和擔任英國布魯內爾大學專長研究中心主任的心理學家費南·哥貝特（Fernand Gobet），募集了104位不同等級的西洋棋賽棋士，來進行西洋棋藝研究。康皮泰利曾指導過後來成為特級大師的人，而哥貝特以前有國際大師的頭銜，是瑞士二段棋士，年輕時每天練習八到十小時。

康皮泰利和哥貝特發現，成為大師（艾羅等級分2,200分）和職業棋士所需的練習時數，確實與一萬小時相去不遠。在他們的研究中，達到大師等級的平均時數實際上大約是一萬一千小時（確切數字是11,053小時），比艾瑞克森小提琴研究中的時數還要多。不過，比平均練習時數更能提供資訊的，是時數的落差。

研究中有一名棋士只練習3,000小時就達到大師等級，但有一名卻需要練習23,000小時。如果一年大概相當於1,000小時的刻意練習，後者要達到與前者相同專精的水準，練習時數就相差了二十年。哥貝特說：「這是我們最驚人的研究結果之一。有的人為了達到與別人同樣的程度，需要的練習時間大致上是別人的八倍，而有些人就算花了那麼多時間，仍然達不到相同的水準。」[1]這項研究中有幾名棋士從很小就開始下棋，累計練習及研究超過了25,000小時，但還沒有獲得基本的大師頭銜。

1　另一個驚人的發現是，職業西洋棋士慣用左手的機率為非職業棋士的兩倍。

　　儘管這項研究中達到大師等級的平均時數是11,000小時，不過其中一人的「3,000小時法則」卻是另一個人的「25,000小時且時數持續增加法則」。出名的一萬小時小提琴研究，只發布**平均練習時數**，並沒有提到造就出專長所需的時數**落差**，因此不可能斷定在該研究中，是否有人在練習一萬小時後真的成為頂尖小提琴家，還是一萬小時其實只是個別差異的平均值。

　　艾瑞克森在2012年美國運動醫學會（American College of Sports Medicine）會議的小組討論中提出，目前舉世知名的資料是從少數受試者身上收集到的，因此光是計算他們的練習時數是完全不可靠的。艾瑞克森說：「我們顯然只收集了十個人的資料，而且（那些小提琴手的）一些回溯估計做了幾次，並沒有百分之百一致。」也就是說，那些小提琴手對他們究竟練習了多少時間，多次說法並不一致。艾瑞克森表示，即使如此，最頂尖的十個小提琴家（即一萬小時組）之間的差異仍然「鐵定超過五百個小時」。（有一點應該提一下，艾瑞克森自己從未用過「一萬小時法則」一詞。他在2012年發表於《英國運動醫學期刊》〔*British Journal of Sports Medicine*〕的一篇論文中說，這個用語是因為葛拉威爾在《異數》一書中以此為章名才流行起來的，而那其實是「誤解了」小提琴研究的結論。）

　　當我問麥克羅夫林會不會擔心自己可能像某些西洋棋士一樣，是需要練習兩萬小時而非一萬小時才能成為職業高手，他說他會把這個歷程本身當成勝利：「若要說何時是我的重大行動起始日，那就是我的第一萬個小時，到時看看我是不是仍然打出75桿，還是只差一桿而沒能通過PGA巡迴資格賽，或是看我有沒有參加巡迴賽，會很有意思。我覺得練習7,000到40,000小時大概就能精通某項技能，不過這可以說是隨時掌握進步速度的好方法。」不知為何，「7,000到40,000小時法則」聽起來就是沒那麼耳熟。

　　至於西洋棋士，進步速度的差異立刻就顯現出來。哥貝特說：「如果

23

觀察那些一路晉級為大師的棋士,以及那些一直達不到那個等級的棋士,會發現其中有些人頭三年花的練習時間一樣多,但表現方面已經有很大的差異。如果一開始(在天資上)有非常小的個別差異,也許就會產生極大的影響。我們假設學會一個區塊需要10秒鐘,而我們已經估計過,成為特級大師需要學會大約30萬個區塊。如果有人每9秒學會一個區塊,另一個人要11秒,那些小差異就會擴大。」

這是專業技能上的蝴蝶效應。哥貝特表示,假如兩個從業者的初始條件稍有不同,就有可能產生截然不同的結果,或至少導致兩人花大不相同的練習時數,卻獲致相近的成效。

• • •

2004年8月22日上午,瑞典跳高選手史提芬・霍姆(Stefan Holm)一如既往沉浸在書中,讓自己在比賽前保持鎮定。這次他讀的是《奧運・雅典・1896:現代奧林匹克運動會的誕生》(*Olympics in Athens 1896: The Invention of the Modern Olympic Games*),作者是麥克・路威林・史密斯(Michael Llewellyn Smith)。霍姆在前往參加比賽時,喜歡帶著和比賽舉辦地有關的書籍,而這本書又特別合時宜,因為再過幾個小時,他就會在雅典**奧林匹克體育場**參加2004年奧運田徑決賽。

就像平時一樣,霍姆確定自己使每一個兆頭都排成吉兆。即使他只想讀到第225頁,他還是會至少讀到第240頁,這是因為比賽期間橫竿會調高到2.25公尺,而他不希望那個數字跟自己腦海中的停頓處產生關聯。

另外為了避免小決策造成心理壓力,上午時霍姆會遵循某種熟習的模式:首先是玉米片配柳橙汁當早餐;接著,在前往田徑場前一小時,他會把藍黃配色、繡有瑞典王冠標誌的出賽服擺在床上,隨後沖澡、洗頭(總是洗兩次,原因他也說不上來)和刮鬍子。他每次都按照同樣的順序把物品裝進袋子,穿著比賽時所穿的同一套黑色內衣。穿襪子時他會先穿上右

24

腳，再穿左腳，穿跳高釘鞋時則反過來，左腳先右腳後。

當晚在田徑場上，霍姆面臨了生涯中2.34公尺的最後一次試跳。前兩次試跳他都失敗了，第三次如果再失敗，一切就結束了。就像每次試跳前所做的，他雙手向後拂過剃光的頭兩次，擦了擦眼，拉了一下上衣胸口，然後擦掉額頭上的汗水。他朝橫竿前進了幾小步，接著突然開始全速飛奔。他騰空而起，順利過竿。接下來他越過2.36公尺，奪得奧運金牌。這正是從小就開始對某件事著迷、到後來能夠造就出天才的故事，理所當然的高潮。

1980年，才四歲的霍姆受到莫斯科奧運鼓舞，和鄰居馬格努斯（Magnus）一起初次嘗試跳過沙發，結果馬格努斯摔斷手臂，他們的冒險活動也宣告結束。不過兩人並沒有因此退縮。

霍姆六歲時，馬格努斯的父親利用枕頭和舊床墊，在後院替他們搭了一個跳高墊。兩年後，也就是1984年，霍姆八歲時，他看了一場比賽，出賽者是帕特里克・赫貝格（Patrik Sjöberg），這位留著瀑布般金黃色長髮的傲慢瑞典跳高選手，日後會締造世界紀錄。在全瑞典，一群群「小赫貝格」開始做剪刀式踢腿，並以背向式跳法翻過父母親的沙發。小霍姆經常興高采烈地尖叫著：「你看！我是赫貝格！」吸引父親注意，然後才躍過沙發。

那段時間霍姆開始上學了，這讓他感到興奮──主因是學校裡有跳高墊。他和馬格努斯花了許多午餐時間，幻想出自己的奧運跳高比賽版本，偶爾還因此晚進教室上課。

雅典奧運決賽那天，馬格努斯在看台上，史提芬的父親兼終身教練強尼・霍姆也在。強尼・霍姆年輕時是瑞典丁級足球聯賽球隊的守門員，身手矯捷，本來可以晉級為職業球員，卻選擇離家鄉近一些，從事焊接工作。史提芬・霍姆從青少年時期，就能從父親口中感受到他懊悔沒有抓住機會

25

成為職業球員。強尼雖然沒有明說，但史提芬從父親熱切幫助兒子全力投入跳高運動的程度，就看得出來。霍姆和他的父親都對這項運動著迷。

1987年，彷彿是跳高之神派來協助霍姆追求夢想似的，佛克斯內斯中心（Våxnäshallen）這間職業級室內田徑運動中心在瑞典西部開幕，距離霍姆的家鄉佛沙加（Forshaga）只有幾分鐘車程，這成了當時十一歲的霍姆日後整個職業生涯中，一年四季的世界級練習場地。

霍姆十四歲時，跳出了1.83公尺的成績，這是他的年齡組在瑞典西區的最高紀錄，但他在那一季的幾場比賽中都落敗了。十五歲時，他在瑞典青年錦標賽獲勝，和父親一起前往哥特堡（Gothenburg）會見赫貝格的教練威里歐‧諾西艾能（Viljo Nousiainen），這次會面點燃了強尼‧霍姆和諾西艾能之間的友誼，強尼開始把諾西艾能的訓練方式，改成適合十幾歲兒子的方法。曾把赫貝格當偶像的男孩，突然接受起訓練，要成為第二個赫貝格。但他倆有個明顯的差別：赫貝格身高200公分，而當地報紙在報導霍姆的成績時每每寫到他身材矮小。霍姆成年後身高為180公分，這在跳高選手中簡直像從小人國來的。跳高是種身體重心越高越好的運動，因此身材高大是很大的先天優勢。

史提芬‧霍姆在十幾歲時，出現了怯場的狀況：當橫竿升到超出他頭頂的高度，他會採取平常的做法，不過並不是起跳，而是直接從橫竿下方跑到地墊上。霍姆十幾歲時的幾場比賽中，在特定高度時連續三次怯場，這就表示他淘汰出局了。但霍姆沒有放棄，反而加倍努力，他退出足球隊，投入全部精力精進跳高。十六歲那年，他只輸了一場比賽（日後他會記住這個創傷，並以沒有敗績的2004年賽季替自己雪恥），同時沉浸於後來他所說的「愛上跳高的二十年」。（在那二十年的大部分時間裡，跳高是霍姆十分專一熱愛的事情，以致他幾乎沒時間交女朋友。）正如霍姆自己承認的，他的跳高次數很可能比任何人都來得多。

霍姆十七歲時，表現已經好到能在比賽中和他的偶像赫貝格一較高下。赫貝格輕鬆取勝，不過霍姆想知道自己如果堅持下去，是否有朝一日能夠超越這名瑞典運動偶像。十九歲時，霍姆展開重量訓練（當然集中在左腿上），在接下來十年間，這項訓練逐步變得劇烈，一直做到他的肩膀能承受140公斤（他體重的兩倍），深蹲低到臀部幾乎快要擦到地板，然後才回到原位。

為了彌補身高的不足，霍姆改良了他的助跑方式，最快會跑到時速30公里左右，這有可能比世上任何跳高選手都還要快。為了跑這麼快，他必須從距離橫竿越來越遠的位置起跑。霍姆的助跑一年比一年快又遠，起跳一年比一年高，他迅速奔到橫竿前，騰空後身體緊貼著竿子彎捲的弧度，彷彿腳跟可以在他耳邊講悄悄話似的。從1987年開始，霍姆每年都進步幾公分，沒有失手。在看似「要麼成功辦到了，要不就是失敗」的任務中，霍姆讓自己蛻變成「成功」的極致。

1998年，霍姆連續在十一個瑞典全國錦標賽中奪冠。2000年，他在雪梨奧運拿到第四名，和獎牌失之交臂。成績還不夠好。

霍姆原本一直住在家裡，斷斷續續在大學裡上課，二十五歲時他放棄學業，搬出父母家，住進位於六萬人口的城鎮卡爾斯塔德（Karlstad，位於瑞典最大湖泊的北岸），一間跟佛克斯內斯運動中心同一條街的公寓。從那時起，霍姆每週進行十二節訓練。他的一天從上午十點開始，先花兩個小時舉重、跳箱或跳欄架——他和父親設計了能夠升到168公分的欄架。接著是午飯休息時間，傍晚之前還有一節訓練，可能會以比賽時的全速跳高三十次。三十次是指一切都按計畫進行。只要有一次失敗，霍姆就不能回家，他也不會放低橫竿讓自己過關——也就是說，他會一直練習到跳過眼前的任何高度為止。雅典奧運到來前夕，強尼·霍姆看兒子跳的次數，已經多到在史提芬起跳前還有四步時，就能判斷他會不會過竿。

27

在沒有助跑的情況下，霍姆的原地垂直跳大約是離地71公分，這在運動員當中相當稀鬆平常。但他閃電般的快速助跑讓他能夠猛力踏在阿基里斯腱（跟腱）上，接著跟腱就會像回彈的彈簧般助他越過橫竿。科學家在替霍姆檢查時，確定他的鍛鍊方法使得他的左腳跟腱變得非常硬，需要1.8噸的力道才有辦法拉開1公分，差不多是普通人跟腱的四倍，這讓它成為無比有力的起動裝置。

2005年，也就是霍姆奪得奧運金牌的隔年，他取得了完美人類拋體的資格：他越過2.40公尺，這是跳過的橫竿高度與跳高選手本人身高差距最大的紀錄。

• • •

我和霍姆在積雪覆蓋的卡爾斯塔德火車站碰面的那天傍晚，他帶我去佛克斯內斯運動中心，他形容這個運動中心「就像我二十年來的家」。在跑道的一側，靠近舉重區的位置，擺著一個鎖起來的箱子，裡面是專為霍姆特製的欄架。為了自己救自己，霍姆已經把鑰匙送人了。不過，如今他每星期仍然來跳高一、兩次，而他的父親還在運動中心訓練年輕的跳高選手。

霍姆的兒子梅爾文（Melwin）已經開始追隨他的腳步。（Melwin不是瑞典文的名字。霍姆和妻子喜歡「Melvin」，而霍姆希望兒子的名字裡有win這個字。）2007年某天，強尼・霍姆在家幫忙顧兩歲的梅爾文，史提芬回到家後發現，包著尿布的小小兒子往後一屁股翻過樂高幼兒積木蓋成的跳高器材。強尼一邊忍著不笑出來、一邊說：「他跳過了30公分。」

在佛克斯內斯運動中心，有幾個小朋友走近我們，想請霍姆簽名。（霍姆從運動場上退休後，已經因為在瑞典電視益智問答節目中獲得優勝而出名。他記憶力極好，可以精確回想起過去二十年跳高比賽中的高度。）在多數時候，霍姆都獨自看著一群七、八歲的孩子嘗試跳高。有些孩子用錯起跳腳，有些孩子則用雙腳起跳。當他們一個接一個翻到墊子上，霍姆向

28

我指出當中哪些人領悟到了身體該如何在空中移動。霍姆低聲對我說，注意看那些他覺得有潛力的孩子。我問他他能不能教出奧運冠軍，他告訴我：「有幾件事沒辦法教，好比對跳躍的那種感受。我向來不喜歡訓練技術方面的東西。弓身動作一直在那兒。」

我們在離開運動中心走回火車站的路上，經過一間書店。「過來看一下。」霍姆招了招手，指著櫥窗裡的一本書，白色的封面上有一隻藍色的手，比著勝利手勢。我貼著玻璃，看出那本書是葛拉威爾《異數》的瑞典文版。

霍姆說：「看到了嗎？可以去讀一下。我年輕時遇到不少擊敗我的跳高選手，那時你大概不會說我以後會是奧運冠軍。一切都和你花在練習的一萬小時有關。」

• • •

2007年，霍姆以最有希望奪冠之姿，參加在大阪舉行的世界田徑錦標賽。而儘管從來沒有哪個跳高選手練習得比他更勤奮，霍姆現在卻遇上了幾乎不認識的對手：來自巴哈馬的唐諾‧托馬斯（Donald Thomas）。托馬斯是才剛開始跳高的新手。托馬斯擔任大學田徑教練的表哥說：「他連跑道會繞一圈都還不知道。」

2006年1月19日，托馬斯和幾個田徑隊隊友坐在林登伍德大學（Lindenwood University，位於密蘇里州聖查爾斯）的校內餐廳裡，吹噓自己的灌籃技能。林登伍德最優秀的跳高選手卡洛斯‧馬提斯（Carlos Mattis）受夠了托馬斯說得天花亂墜，就嗆聲說他比賽時連1.98公尺都跳不過。

托馬斯決心用行動證明自己說的話。他回家拿了球鞋，回到學校體育館。馬提斯已經把橫竿升到1.98公尺，退後幾步，等著看這個說大話的傢伙跌個狗吃屎。托馬斯跳了，但橫竿沒有跟著他一起落地，馬提斯沒料到托馬斯居然輕鬆過竿。接著馬提斯把橫竿升到2.03公尺，托馬斯依舊過

29

竿。繼續升到2.13公尺。托馬斯跳過了，沒有半點像樣的優雅跳高技巧
——他幾乎沒有弓背，雙腿則像拖在風箏上的尾帶般在半空中亂擺。

馬提斯匆匆忙忙把托馬斯帶到辦公室。當時田徑總教練連恩·羅爾
（Lane Lohr）正在辦公室裡，替即將到來的東伊利諾大學運動大會整理名
冊。馬提斯告訴教練，他帶來了一個可以跳高2.13公尺的選手。托馬斯回
憶說：「教練說怎麼可能，他不相信。可是卡洛斯好像說：『是真的，他真
的跳過了。』所以教練問我星期六要不要去參加田徑比賽。」羅爾拿起電
話，懇請運動會籌辦人讓他補一個參賽者。

兩天後，托馬斯身穿黑色背心、白色Nike球鞋和鬆垮垮的短褲（鬆
垮到他過竿時還覆蓋住竿子），在第一次試跳2.04公尺時就越過橫竿，取
得全美錦標賽的資格。接著他跳過2.14公尺，打破林登伍德大學的紀錄。
接下來，在他生平第七次試跳中，托馬斯以僵硬的身形，很像坐在隱形躺
椅上騰空後仰似的，越過了2.22公尺，創下藍茲室內體育館（Lantz Indoor
Fieldhouse）的新紀錄。這個時候，羅爾教練由於擔心他傷到自己，而強迫
他暫停。

情況會有所改善。兩個月後，托馬斯赴澳洲參加大英國協運動會
（Commonwealth Games），穿著網球鞋和全世界最優秀的一些職業跳高選手
較勁。在一批世界一流的運動員當中，托馬斯排名第四，這個成績其實令
他大惑不解，因為當時他還不了解決勝局在跳高比賽中的作用，因而在成
績宣布前一直以為自己名列第三。

托馬斯的表哥亨利·洛爾（Henry Rolle）是奧本大學的跨欄教練，托馬
斯很快就獲得奧本大學的獎學金，條件是他要承諾實際投入2007年跳高
比賽的賽前訓練。於是他展開了訓練。某種程度上。

奧本大學的助理教練傑瑞·克雷頓（Jerry Clayton）先前指導過1996年
奧運跳高冠軍查爾斯·奧斯汀（Charles Austin），他馬上就看出培訓托馬斯

的速度必須放慢。克雷頓說：「他剛來的時候，不知道怎麼熱身或伸展。」隨後有練習方面的問題。托馬斯會藉口說要喝水，從練習中開溜，四十分鐘後克雷頓會發現他在體育館外投籃。據托馬斯自己所說，他覺得跳高「有點無聊」。

經過幾個月的輕鬆訓練，克雷頓讓托馬斯的頓步動作變少了，雖然還沒能讓托馬斯穿上其他菁英選手所穿的跳高釘鞋，至少讓他穿上了撐竿跳高鞋。托馬斯在他的第一個完整賽季中，越過了2.33公尺，奪得全美大學體育聯盟（NCAA）室內田徑錦標賽跳高金牌。

2007年8月，經過為期八個月的專屬正統跳高訓練後，托馬斯穿著他的撐竿跳高鞋，和代表他出生地巴哈馬的金黃青綠配色制服，前往日本大阪參加世界田徑錦標賽。在沒有奧運可參加的年份，世錦賽可說是田徑運動的世界盃。

托馬斯和史提芬・霍姆一樣，輕鬆進入決賽。男子跳高決賽選手出場時，播報員介紹眾所矚目的霍姆是最有希望奪冠的選手。對於在體育場耀眼的燈光下一臉酷樣、戴著墨鏡的托馬斯，播報員則表示「實際上對他不甚了解」。

比賽開始不久，托馬斯似乎就讓自己這國際大賽初登場成為焦點。由於其他跳高選手採取較長的助跑距離，因此必須從助跑道上起跑，然而托馬斯卻在內場起跑，就好像在高爾夫球場上用短球座一般。他採取頓步，試跳2.21公尺失敗（每名選手在每個高度都有三次試跳機會），這還不到他在東伊利諾大學第一次運動會上越過的高度。同時，霍姆表現平穩，一路跳過2.21公尺、2.26公尺、2.30公尺、2.33公尺，沒有一次失敗，他的父親在看台上透過攝影機觀看，然後握拳振臂歡呼。

但隨後托馬斯逐漸進入狀況，成敗各半。他連同其他幾名選手，包括霍姆在內，準備試跳2.35公尺。

第一次試跳時，霍姆閉起眼想像自己漂浮在橫竿上方。接著他助跑、起跳，剛好擦過橫竿。竿子落地時，他沮喪地在墊子上做了個後翻。下一個是身高198公分的俄羅斯選手亞羅斯拉夫・李巴科夫（Yaroslav Rybakov），他也撞落了橫竿。接下來便是托馬斯了。他跑近橫竿時大幅放慢速度，看起來根本不可能成功越過，然而他以雙腿亂擺、後背幾乎挺直的姿勢第一次試跳，就成功越過2.35公尺，落地時一隻手往背後擺，好像在防止自己摔倒，因為往後倒的感覺仍讓他很不舒服。他翻身下墊，在助跑道上雀躍地跳來跳去以示慶賀。但這時又輪到霍姆上場了。

又一次試跳失敗，就差那麼一點點。霍姆的雙掌在胸前揮了揮，好像在求跳高之神眷顧。祂們沒聽見。最後一次試跳時，霍姆的腿後側撞到橫竿，落地時雙手抱著頭。

穿著撐竿跳高鞋、認為跳高「有點無聊」的傢伙，在2007年世錦賽奪冠。托馬斯在讓他獲勝的那一跳，把身體的重心提高到2.49公尺。要是他能像其他職業跳高選手那樣把背弓起來，他可能就會刷新世界紀錄了。

霍姆賽後的發言很客氣，向新科冠軍道賀。李巴科夫稱托馬斯的成績令人驚歎，並提到他自己為室外田徑世界冠軍訓練了十八年，還沒拿過一面金牌，而托馬斯只訓練了八個月。不過，史提芬的父親教練強尼・霍姆對托馬斯奪冠感到害怕，他接受賽後訪問時稱他「jävla pajas」，字面直譯是「他媽的笨蛋」，基本上就相當於瑞典語中的「丑角」。強尼・霍姆說，托馬斯的「晃踢腳式」是跳高界的恥辱，暗指他的不雅跳法侮辱了這項運動和受過多年訓練的運動員。

2008年，日本NHK電視台請當時任職於芬蘭于韋斯屈萊大學（University of Jyväskylä）神經肌肉研究中心的科學家石川正樹（Masaki Ishikawa）研究托馬斯。石川注意到，托馬斯的腿長相對於身高是很長的，而且他天生有很長的跟腱。霍姆的跟腱是普通大小、極其堅硬的彈簧，托馬斯的跟腱則有

26公分，對於跟他一般高的運動員來說是非常長的。跟腱越長（而且越堅硬），伸展時就能儲存越多彈性位能，把人彈向空中的表現就越好。

阿拉巴馬大學伯明罕分校運動生理學家蓋瑞・杭特（Gary Hunter）說：「阿基里斯腱在跳躍時有很重要的作用，而且不只在人類身上如此。舉例來說，袋鼠腳掌上的肌腱非常非常長，這正是牠們蹦跳起來會比行走來得省力的原因。」杭特也發表過幾篇跟腱研究論文。

杭特發現，跟腱較長的運動員能夠從「伸展縮短週期」（stretch shortening cycle）獲得較大的力量，在此大致上就是指類似彈簧的跟腱伸張後回彈的狀況。彈簧受壓迫時儲存的力越大，釋放後得到的力量也越大。（原地垂直跳就是典型的例子，跳的時候會先迅速往下彎，縮短跟腱和肌肉，然後才騰空跳起。）杭特讓受試者坐上腿部推舉機，並增加重量上去，受試者的跟腱越長，他能夠朝反方向回推重量的速度越快、力量越大。杭特說：「那和跳躍動作不完全相同，但有很多相似之處，這也解釋了為什麼在做倒叉步或跑幾步後跳得比較高：他們利用落向地面的速度伸展阿基里斯腱，就像彈簧一樣。」

跟腱長度受訓練的影響不大，反而主要是小腿肌肉和踵骨間的距離的函數，連結小腿肌肉與踵骨的就是跟腱。雖然似乎可藉由訓練增強跟腱的剛性（stiffness，也譯作勁度），但也有越來越多證據顯示，參與製造膠原蛋白的基因會部分影響跟腱的剛性（人體內形成韌帶和肌腱的蛋白質便是膠原蛋白）。

石川和杭特都沒有暗示，霍姆和托馬斯兩人跳高成就的唯一祕訣在他們的跟腱。不過，跟腱是解釋兩名天差地遠的運動員，如何達到本質上相同水準的一小片拼圖，其中一名跟這項技藝已有二十年的感情，另一名則是賭氣跳過了之後認真練習了不到一年。有趣的是，托馬斯從踏入職業巡迴賽之後，六年中沒有多跳一公分。他首次亮相就達到顛峰，接下來一直

沒有進步，在各方面他似乎都和刻意練習架構相悖。

　　事實上，在針對運動專長的每一項研究中，達到同等級的運動員所記錄下來的練習時數，彼此間都落差極大，菁英選手在達到最佳競技水準前記錄的專項運動練習時數，很少到一萬小時，因為他們往往會先參加好幾項運動，獲得各種運動技能後，才專注投入一項運動。針對極限耐力型的三項全能運動員所做的研究發現，平均而言，表現較佳的選手練習的時間多出許多，但在表現差不多的選手當中，他們的練習時數有時差距達十倍。

　　關於運動員的研究往往會發現，一流參賽選手只需遠少於一萬小時的刻意練習，就能達到菁英等級。根據科學文獻，在籃球、草地曲棍球及摔角領域要達到國際級水準，所需的專項運動平均練習時數，分別為將近4,000、4,000以及6,000小時。澳洲女子籃網球參賽選手的樣本中，維琪・威爾森（Vicki Wilson）在入選國家代表隊之前，總共只練習了600個小時，而她可能是當時世界上最好的籃網球球員（籃網球有點像籃球，只是沒有運球或籃板）。有一項針對澳洲資深國家代表隊運動員所做的研究發現，其中有28%平均從十七歲就展開運動生涯，在那之前他們平均嘗試過三項運動，短短四年後就在國際比賽中首次亮相。

　　就連在這個運動過度專項化的時代，仍有很少數的人在跑步、划船等運動領域只訓練不到一、兩年，就成為世界一流的選手甚至世界冠軍。就像哥貝特對西洋棋士所做的研究，在所有運動和技能上，真正的唯一法則就是：有很大的天生落差。

• • •

　　1908年，日後被譽為「現代教育心理學之父」的愛德華・桑戴克（Edward Thorndike）提出一套方法，去測試一個人在某項任務中的能力究竟是由先天條件主導，還是後天養成的。當時有個備受爭議的見解是說，年紀較長（在當時是指超過35歲）的成人可以繼續學習新技能。桑戴克是這個見解

的主要提倡者，他認為，若要區分先天和後天，就要讓人練習某項任務同
樣的時數，再去觀察練習的成果是否相似。桑戴克推斷，如果他們的技能
水準趨於一致，就表示練習的影響勝過任何天生的個別差異；反之如果程
度出現差異，就意味著先天條件勝過後天努力。

　　桑戴克做的一個實驗，是讓成人練習快速心算出三位數與三位數的乘
積，結果他們的進展令他大吃一驚。桑戴克寫道：「這些成熟又有能力的
人，經過短短的訓練就變得更好，這個現象很值得注意。」一百次練習試
驗後，許多受試者的心算時間都少了一半，而且每一位的速度都提升了。
正如西洋棋、語言、音樂和棒球的情形，進行練習的人其乘法心算技能提
升的同時，他們也在把分塊處理問題的模式和系統內化，這些模式和系統
會加快計算速度。

　　不過，儘管桑戴克看到全面的進展，他也注意到社會學家常說的「馬
太效應」（Matthew effect）。這個用語出自聖經〈馬太福音〉當中的一段經文：

　　凡有的，還要加給他，叫他有餘；凡沒有的，連他所有的，也要奪去。

　　桑戴克發現，和訓練之初反應較慢的受試者相比，一開始表現很好的
受試者，在訓練過程中也進步得比較快。桑戴克寫道：「事實上，在這個
實驗中，較大的個別差異會隨著同等的訓練而變大，這顯示初始能力較強
和從訓練中得到的能力是成正相關的。」出自聖經的經文並沒有很準確地
描繪桑戴克的實驗結果，因為每一個受試者都有進步，只是相對而言富裕
者變得更加富裕。每個人都有所學習，但學習率始終不一樣。

　　第一次世界大戰爆發時，桑戴克在人事分類委員會中擔任委員，該
委員會的成員是美國陸軍委任的一群心理學家，負責評估新兵。委員會
裡有個剛完成心理學碩士學位的年輕人，名叫大衛‧魏克斯勒（David

35

36

Wechsler），他受到桑戴克的影響，從此一直對找出人類的各種限度著迷，日後也成了著名的心理學家[2]。

　　1935年，魏克斯勒彙集了他在全世界找到的所有可靠的人體計測值。他認真檢視所有量測項目，從垂直跳、懷孕期、肝臟重量，到工廠打卡員的打卡速度。他把這些資料都整理在一本書的首刷版中，這本書有個宏大卻貼切的書名：《人類的能力範圍》（The Range of Human Capacities）。

　　魏克斯勒發現，從跳高到手織襪子的任何一種人類量測項目中，最小與最大或最好與最差的比率，都介於2：1到3：1之間。由於魏克斯勒認為這個比率十分一致，於是他提議拿它當作某種通用的經驗法則。

　　喬治亞理工學院心理學家兼技能習得專家菲利普・阿克曼（Phillip Ackerman）算是現代的魏克斯勒，他為了確定練習是否會產生同等的效果，而把全世界的技能習得研究都認真搜尋了一遍，他的結論是：要視任務而定。對於簡單的任務，練習會拉近人與人之間的差距，但複雜任務往往會拉開他們的差距。阿克曼設計了用來測試飛航管制員的電腦模擬訓練，他表示，受試者在練習過簡單任務（如按下按鈕，讓飛機依序起飛）後，技能會達到相似的水準；但如果是模擬飛航管制員平日負責的較複雜任務，那麼受試者練習過後「個別差異會擴大」，而不是縮小。換句話說，技能習得一事中存在「馬太效應」。

　　就連可經由練習減少個別差異的簡單動作技能，差異也不會完全消除。阿克曼說：「多多練習的確有用，不過並沒有哪個研究指出，受試者之間的變異性會完全消失。」

　　他繼續說：「如果你去超市，可以觀察收銀員，他們運用的多半就是知覺動作技能。平均來說，新手幫一個顧客結完帳的時間，已做了十年的

2　譯註：魏克斯勒制定了魏氏成人智力量表（WAIS）和魏氏兒童智力量表（WISC）。

人可以結完十個顧客。但在同樣有十年經驗的人當中，動作最快的人仍然比最慢的快了大約兩倍。」

研究技能表現的科學家嘗試解釋人和人之間的「變異數」（variance），也就是衡量個體與平均數偏離程度的統計量。如果某樣本包含兩個跑步選手，其中一個選手4分鐘就跑完一英里，另一位要跑5分鐘，那麼平均數就是4.5分鐘，變異數則為0.5分鐘。科學家要問的問題是：導致那個變異數的因素，是練習、基因還是其他原因？

這是非常關鍵的提問。科學家光說練習**很重要**還不夠，這點毫無爭議。正如加拿大多倫多約克大學（York University）運動心理學家喬·貝克（Joe Baker）所說的：「沒有哪個遺傳學家或生理學家會說勤奮努力不重要。沒有人會認為奧運選手只是在沙發上跳下跳上。」

科學家除了說練習很重要之外，還必須設法確定練習究竟**有多**重要。如果依照最嚴謹的一萬小時論點的看法，累積的練習應該可以在極大程度、甚至完全解釋技能上的變異數，然而情況並非如此。從游泳選手和鐵人三項選手到鋼琴演奏家，許多研究都指出，練習所導致的變異數大小，通常介於低和中等之間。

舉例來說，在艾瑞克森本人與其他研究者針對飛鏢選手所進行的一項研究中，選手間的表現變異數只有28%是練習達十五年的結果。按照該研究中證實的技能趨同速度，「一萬年法則」或許比「一萬小時法則」更說得通——前提是，那些選手最後能達到相同水準的話。

數據很顯然證實了一個關於技能的看法（不管這技能是西洋棋、音樂還是棒球、網球），這個看法依據的並不是「全靠硬體**而非**軟體」的典範，而是「天生硬體**與**習得軟體兼具」的典範。

3 大聯盟視力與史上最好的青少年運動員樣本
軟硬體兼具的典範

Major League Vision and the Greatest Child Athlete
Sample Ever: The Hardware and Software Paradigm

1992年路易・羅森鮑姆（Louis J. Rosenbaum）開始為洛杉磯道奇隊做 38
研究，很快他就遇到了一個出乎意料的問題。道奇的球員名副其實「好到
破表」了。

羅森鮑姆從1988年開始擔任國家美式足球聯盟（NFL）鳳凰城紅雀隊[1]
的眼科醫師，而此刻他在位於佛羅里達州維羅海灘（Vero Beach）的春訓基
地道奇村，準備檢查道奇球團的八十七名球員，包括大聯盟球員以及希望
在球場上博得一席之地的小聯盟球員。

從上午八時到下午五時，羅森鮑姆為球員檢查了傳統視力、動態視力
（看見移動物體細節的能力）、立體敏銳度（看出物體深度精細差異的能
力），以及對比敏感度（辨別明暗漸層細微變化的能力）。針對單眼視力檢
查，羅森鮑姆和他的同事捨棄了最上方有個大大字母E的視力檢查表，而
改用蘭氏環（Landolt ring）──即其中一段有個缺口的圓環，越下排的環
就越小，接受檢查的人必須辨認出缺口的方向。

缺點在於，羅森鮑姆採用的是市售的蘭氏環檢查表，它能檢查出的視 39

1　譯註：在1994年改名為亞利桑那紅雀隊。

力最多只到20/15。[2]差不多每個球員的檢查結果都是最佳視力。

幸好其他幾種視力檢查是成功的，因此當道奇隊的傳奇總教練湯米‧拉索達（Tommy Lasorda）要羅森鮑姆預測哪個小聯盟球員會在大聯盟發跡，羅森鮑姆有大量數據可以鑽研。由於他沒有這些球員的棒球統計數據，所以只得仰賴視力檢查數據。最後他選了一名視力極佳的小聯盟一壘手。

這個球員是艾瑞克‧卡羅斯（Eric Karros），在1988年選秀的第六輪才選上。1992年卡羅斯開始為道奇隊效力，擔任一壘手，並於該年獲得國家聯盟年度最佳新人獎。包括這一年，此後他在大聯盟待了十三個完整的球季。

隔年春季，羅森鮑姆帶著專門訂做的視力檢查表回到道奇村，這張表能夠檢查到20/8。若考慮到眼睛裡特定錐狀感光細胞的大小和形狀，理論上人類視力的極限約略是20/8（對應到我們所說的2.5）。

視網膜中央有個橢圓形區塊稱為黃斑（部），人的最佳視力取決於黃斑的錐細胞密度。人類視錐細胞的密度就相當於數位相機的百萬畫素數值，會因人而異，而且差異非常大。科學家蒐集了二十到四十五歲亡者的視網膜，發現錐細胞的密度介於每平方毫米100,000個到324,000個之間。（如果錐細胞少於每平方毫米20,000個，看報紙時就需要拿放大鏡了。）《用眼打球》（*See to Play*）的作者、同時也是替職業棒球與曲棍球球員服務的眼科醫生麥可‧彼得斯（Michael A. Peters）指出：視錐細胞的數量彷彿是「基因替我們每個人預定好的」。

羅森鮑姆準備在1993年春訓進行一次量身打造的檢查，這樣他就終

2　檢查結果為20/15，是指接受檢查的人站在20英尺處可以分辨出某個o和某個c的差異，而有標準視力20/20的人則是站在15英尺外能看出同樣的差異。（譯註：20/15及20/20是美國人表達視力的方式，分別對應到我們所說的1.3和1.0。）

於可以測出職業球員的視力有多好。同樣的，拉索達又要羅森鮑姆預測哪個小聯盟球員會成為超越眾人的職業球員。這一次，視力檢查結果突出的球員是個不怎麼受器重的捕手：麥克‧皮耶薩。

40

皮耶薩在五年前選秀的第62輪才被道奇隊選中，成為道奇第1,390順位的球員，選上的原因是皮耶薩的父親是拉索達童年時的朋友。話雖如此，皮耶薩日後會讓羅森鮑姆的預測成真。他獲得1993國家聯盟年度最佳新人獎，隨後成為棒球史上最優秀的強打捕手。

羅森鮑姆和他的團隊四年間檢查了387位大小聯盟球員，發現球員的平均視力大約是20/13。野手（必須上場打擊的球員）的視力比投手好，大聯盟球員又比小聯盟球員好。大聯盟野手的右眼平均視力為20/11，左眼為20/12。在精細深度知覺的檢查中，有58%的棒球球員得「優」，而對照組只有18%。在對比敏感度的檢查中，職業球員的評分比先前針對大學棒球選手所做的研究調查結果還要好，大學棒球選手又比普通年輕人來得好。在每種視力檢查中，職棒球員都比非運動員來得好，大聯盟球員又比小聯盟球員更好。羅森鮑姆說：「道奇隊大聯盟出賽名單上的球員，有半數的裸眼視力是20/10。」

從兩項最大規模的視力人口研究，我們可以理解視力20/10大概有多麼罕見。兩項研究分別來自印度和中國，在印度的研究中，接受檢查的9,411隻眼睛當中只有一隻的視力是20/10，而在「北京近視眼研究」中，4,438隻眼睛當中只有22隻驗出的視力在20/17以上。

不過，只鎖定年輕人的較小型研究記錄的平均視力，要比標準視力20/20來得好。瑞典的一項研究顯示，十七和十八歲青少年的平均視力大約是20/16，因此我們應該會期望美國職棒大聯盟打者的視力超過20/20，而非20/11這個平均數，因為我們知道他們很年輕——平均年齡是二十八歲左右。（巧合的是，又或許並非巧合的是，二十九歲通常是視

41

力開始衰退的年齡，也是棒球打者整體而言開始走下坡的年齡。）

　　馬克·奇普尼斯（Mark Kipnis）跟我聊了聊他那打職棒的兒子傑森（Jason）的視力。傑森十二歲那年，奇普尼斯全家一起去滑雪度假。某日全家人坐在木屋的大餐廳裡，電視在遠遠的角落，馬克想看電視上正播放的足球賽的比數。他很累了，所以要傑森起身走到電視機前，告訴他比數。馬克說：「結果他就轉頭告訴我比數，當時有一絲亮光從我的腦袋閃過。」這是馬克對於傑森的視力的最早記憶。十年後，傑森在2009年選秀第二輪就被克里夫蘭印地安人隊選中，2011年時他開始擔任二壘手。

　　最後一位大聯盟單季打擊率超過四成的打者泰德·威廉斯（Ted Williams），過去一直強調他是因為「一心要看到鴨子」，才會比一同去打獵的同伴先看到地平線上的鴨子。也許是吧。但威廉斯的20/10視力可能也沒有害處；他的視力是在第二次世界大戰飛行員考試期間驗出來的。[3]

　　道奇球團有大約2%的球員視力好到超出20/9，直逼人眼的理論極限。曾在道奇隊做研究、後來效力於波士頓紅襪隊的眼科醫師丹尼爾·雷比（Daniel M. Laby）說，他每年春訓都會遇到幾個視力這麼好的球員。雷比表示：「我可以很自在地說，在我替人照料眼睛的二十年裡，從來沒有看過職業體育運動界以外的人有那麼好的視力，而且我看過的人超過兩萬了。」大衛·基爾申（David G. Kirschen）是加州大學洛杉磯分校（UCLA）醫學院朱爾史坦眼科中心的雙眼視力暨視軸矯正部主任，目前也替職業運動員服務擔任驗光師，他說他是看過幾個體育菁英圈外的病人有20/9的視力，「但三十年下來，人數用一隻手就數得完」。

　　因此，雖然美國職棒大聯盟打者的反應時間可能沒比你我快多少，但他們確實有絕佳的視力，可協助他們提前得知所需的預先暗示，而讓自然

42

3　據傳泰德·威廉斯可以讀出旋轉中的唱片上的標籤，但威廉斯表示這傳言是空穴來風。

狀態下的反應速度不那麼重要。[4]

棒球選手在球投出的最後200毫秒之前，就必須知道要朝哪裡揮棒，所以越早得知預先的暗示越好。正如心理學家邁克・史塔德勒（Mike Stadler）在《棒球心理學》一書中所寫的，一記投球的「閃現」就是這樣的暗示：從旋轉中的紅色縫線閃現出的圖案，可看出球的旋轉方式。二縫線快速球和曲球，可由棒球側邊的紅色縫線預料到，四縫線滑球會讓打者看到白色圓圈中央的亮紅點。五次入選職棒大聯盟明星賽一壘手的奇斯・艾爾南德茲（Keith Hernandez），在大都會隊某場比賽的電視評論中說過：「那個圓圈一離（投手的）手，你的腦袋就會立刻認出：『喔好，是滑球。』如果球上沒有那些小小的紅色縫線，麻煩就大了。」

有研究者進行虛擬實境的擊球研究，他們讓棒球選手辨認或揮擊數位投球，結果證實得知棒球旋轉很重要。球員得知球有旋轉時，他們會更準確辨認出投出的球，做出更精準的揮擊。打者在球上的紅色縫線很顯眼時，表現得比較好，而在縫線被白色顏料遮住時表現較差。

● ● ●

不難理解，為什麼運動員就算視力極佳，但腦中若沒有資料庫教他留意什麼線索，那麼他們就像面對芬奇的普荷斯一樣沒用。不過，一旦資料下載到大腦中，越早且越清楚看見那些訊號越有利，不必依靠純反應速度的話會更好。[5]在大聯盟擔任球探多年的艾爾・哥迪斯（Al Goldis），曾在研究所修過運動技能學習，他說：「如果某個球員有比較好的視覺能力，

43

4　針對美國網球公開賽選手的研究也發現，參賽選手的視力比同年齡的非職業網球選手好得多，不過有幾個選手視力普通，這表示視力佳雖然有優勢，但對所有職業網球選手來說，視力普通並不是難以克服的障礙。

5　少數運動員就是有超絕的反應速度。拳王阿里在1969年所做的測試中，對燈光做出反應的時間只有150毫秒，接近人類視覺反應時間的理論極限。

他就可以在投手出手後，比別人早一公尺半或三公尺得知球路。如果沒有那種能力，那麼縱使他有絕佳的打擊技巧，反應還是太慢了，會導致球擊中球棒握把附近而斷裂。這不是擊球速度的問題，而是視覺能力。平凡與非凡的差異就在那一點點。」

雷比和基爾申研究參加2008北京奧運的美國奧運選手時，發現壘球隊的平均視力是20/11，有突出的深度知覺能力，對比敏感度也比其他運動項目的選手來得好。奧運射箭選手的視力也特別突出，與道奇隊球員不相上下，但他們的深度知覺就沒有特別好，雷比說這解釋得通，因為靶離得很遠，而且是平面的。必須迅速利用些微近距離變化的擊劍選手，有很好的深度知覺能力，而要緊盯著在相當距離外快速移動的物體的運動員，像壘球選手，足球球員與排球球員多少也算，他們的對比敏感度就極佳，雷比說這「大概就設定在你天生具備的某種能力中」。[6]

視覺硬體顯然與從事的特定運動任務有相互影響，此外，球移動得越快，視覺硬體也變得越發重要。在一項針對比利時大學生接球技巧所做的研究中，有些學生的深度知覺能力普通，其他人欠佳，結果發現，這兩種人的接球技巧在球速慢時差別不大，但在球速快時就有非常大的差異。只有在球呼嘯飛過的情況下，深度知覺才有鑑別力。

44

有個跨國科學家團隊做了一項高明的後續追蹤研究，他們募集一群年輕女性，她們全都有普通的視力，但有一部分人的深度知覺能力很差，其他人很好。她們每個人都做了前測，必須接住機器發射出的網球，接下來兩週，她們要練習接球超過1,400次，然後再做一次後測。訓練期間，深度知覺能力佳的人進步得很快，而深度知覺能力不佳的人根本沒有進步。

6　有證據顯示，打電玩也許可以稍微提升對比敏感度，不過必須是動作類型的遊戲。有個相關的研究發現，《決勝時刻2》（Call of Duty 2）有幫助，但《模擬市民2》（The Sims 2）沒有幫助。

比較好的硬體，可以加快下載專項運動軟體的速度。相反的，艾默里醫學院（Emory medical school）在2009年所做的一項研究則顯示，深度知覺能力不佳的孩童在十歲時，就開始從世界少棒聯盟球隊自我淘汰。正如哥貝特研究西洋棋士時發現的，如果講到攔下飛快的物體，有些捕手就是比其他人更好訓練。

儘管身體方面的硬體本身，比如深度知覺或視力，就像空有作業系統卻沒有軟體程式的筆電一樣毫無用處，但只要下載了專項運動軟體，天生表徵在判定誰的電腦會比較好時就很有用。職棒球員和奧運壘球選手有絕佳的視力，而羅森鮑姆可以透過檢查視覺硬體，預測出兩名國家聯盟年度最佳新人——然而兩次預測成功不算是科學研究。

其他的硬體檢查，或許能在生涯的更早期看出日後成就卓越的潛力。

• • •

心理學家沃夫岡・許奈德（Wolfgang Schneider）在1978年時，並不知道交到他手上的研究樣本往後會陪伴他一輩子，當時德國網球聯合會（German Tennis Federation）協助他和海德堡大學的一個研究團隊，募集了106名最敏捷的8到12歲德國網球選手。

該聯合會的幹事之所以熱忱協助研究團隊，是因為他們亟欲知道，科學家能不能從僅限於已是網球好手的孩童樣本中，預測出誰成年後會成為菁英選手。後來證明，許奈德的樣本，很可能是有史以來研究過孩童運動員最好的單一樣本。106個孩童當中，有98名最後成功達到職業水準，其中10位躋身世界前100名，另有幾名則攀上了世界排名前10位。

五年間，這些科學家每年都會先測孩童的網球專項技能，再測一般的運動能力。許奈德期望，透過練習獲得的網球專項技能（比如把球回擊到特定目標區域的準確度），應該有助於預測孩童成年後的可能排名。他是對的。最後研究人員把數據擬合到這些球員後來的排名，結果發現這些

45

孩子的網球專項技能得分，可預測出他們成年後網球排名變異數的六到七成。不過，令許奈德驚訝的是另一個發現。

針對一般運動能力（像是三十公尺衝刺與起跑急停敏捷度訓練等）所做的測驗，會影響到哪些孩童能夠最快獲得網球專項技能（的預測準確度）。許奈德說：「如果省略這些運動能力，我們的模型跟排名數據就不再吻合，所以我們說，好吧，還是得把它保留在模型裡。」換句話說，在進行研究的五年間，那些多項運動技能表現較佳的孩子，也比較善於習得專項技能。正如調查深度知覺與接球技巧學習能力的研究中看到的，優越的硬體會加快下載網球技能軟體的速度。許奈德的研究在德國引起廣泛注意，但由於是以德文發表，所以在其他地方鮮少受到關注。

十年後，許奈德重做整個研究，這次他多用了一百個青少年網球選手。第二次的樣本就沒那麼好運了——這次沒半個是未來的世界排名前一百好手。不過他依然發現，一般運動能力會影響習得網球技能的狀況。許奈德說：「其他運動項目也許不能一概而論，但我認為這在網球運動中是相當穩固的現象。」他後來擔任國際行為發展研究學會（International Society for the Study of Behavioral Development）理事長。

在許奈德最初的研究對象當中，有兩名後來成為網球界家喻戶曉的人物，兩人在測試開始時還不到十二歲：一位是「金童」鮑里斯‧貝克（Boris Becker），另一位是史黛菲‧葛拉芙（Steffi Graf），他倆都是網球史上舉足輕重的名將。許奈德說：「那時我們覺得葛拉芙是十足的網球天才小將，不論是網球專項技能還是基本運動技能，她都勝過其他人，我們也從她的肺活量預測，她可能會奪得歐洲錦標賽1500公尺金牌。」

從好勝心到對跑步速度保持專注的能力，葛拉芙在每一項測驗都領先。多年之後，身為世界最優秀網球選手的她，將會和德國奧運賽跑選手一起做肌耐力訓練。

• • •

　　最徹底的一項研究，是從運動員青少年時期一路追蹤到他們職業生涯，這項研究記述了另一個硬體加軟體的故事。荷蘭格羅寧根大學（University of Groningen）的四位科學家在一系列「格羅寧根天賦研究」當中，測試了加入職業球隊育成管道的青少年足球員，從2000年他們才十二歲時開始追蹤十年，每年測驗一次。

　　儘管荷蘭人口只有1,670萬，該國在世界最受歡迎的團隊運動方面，仍是勢不可當的佼佼者──他們已經踢進世界盃決賽三次，包括2010年在內，而且荷蘭所有職業球隊都有培訓青少年球員的計畫。到2011年為止，他們研究的數百個球員當中，已經有68人達到職業水準，其中19人在荷蘭甲組聯賽的球隊，荷甲是荷蘭位居第一的職業聯盟。

　　格羅寧根大學人類運動科學中心的瑪瑞吉・艾佛芮－根瑟（Marije Elferink-Gemser）回憶說，研究初期，「我會低聲下氣地問：『請問你們的球員可不可以讓我們做一些測驗？』」但後來證明，測驗結果對於預測哪些球員最有長遠發展非常有用，艾佛芮－根瑟說：「所以現在球隊會主動找上門，詢問我們能不能也替他們的球員做測試。目前上門的球隊已經多到我們應接不暇了。」

　　有助於預測出未來職業球員的特質中，有一部分是行為特質。未來的職業球員不但勤於練習，還會自己負責讓練習更加充實。艾佛芮－根瑟說：「我們在這些球員十二歲做第一次測試時就已經看出，他們以後會在不認為訓練有益時前去詢問教練：『我為什麼要做這個訓練？』」

　　不過即使是職業球隊預先精挑細選過的青少年足球員，他們十二歲時身體特質方面的微小變化，仍然能描述出技能上的差距。艾佛芮－根瑟說：「在折返跑方面，我們發現後來跟職業球隊簽下合約的那些球員，在十二、十三、十四、十五、十六歲年少時的成績，平均都比別人快0.2秒。

47

這一群人比後來只達到業餘水準的那些人,一直快了平均0.2秒左右,從這一點真的可以稍微看出速度快很重要。你必須有最起碼的速度,如果速度確實慢,你就會趕不上,而速度又是很難訓練的。」[7]

在運動科學家看來,這個題材算不上突發新聞。南非運動科學研究所「發現卓越技能中心」(Discovery High Performance Centre)主任賈斯汀·杜蘭特(Justin Durandt)為了尋覓橄欖球員跑遍全國時,所做的就是測試速度。他測試過跑得最快的,是個天生好手。杜蘭特說:「是一名來自鄉下的十六歲男孩,而且生平從來沒有受過專業訓練。」這個男孩四十公尺跑了4.68秒,相當於職業美式足球聯盟選秀40碼衝刺測試跑出4.2秒,和有史以來速度最快的NFL球員不相上下。然而,杜蘭特沒看到的那一面是不言而喻的。他說:「我們測試了一萬多個男孩,我從沒見過哪一個本來跑得慢的後來變快了。」

• • •

2004年8月,德高望重的澳洲運動學院(Australian Institute of Sport)有一小群科學家,把籌碼全押在「一般非專項運動能力放第一」之上。

這些科學家花了一年半,設法讓某個女性取得2006杜林冬季奧運俯臥式雪橇項目的參賽資格。在俯臥式雪橇這項運動中,選手會先用單手或雙手抓著橇助跑,接著要像在地上打滾的迪斯可舞步般躍上橇板,以臉朝前俯臥的姿勢,用超過112公里的時速衝下覆蓋著冰的賽道。

這些澳洲科學家根本沒看過這項運動,但他們得知,一開始的衝刺在總成績的差異上占了大約一半,於是他們號召全國,徵求可以緊貼在小雪

7 填補了衝刺速度部分差距的,只有那些在做第一次測驗時,還沒經歷發育高峰(科學上稱為「身高增長最大速度」)的人。格羅寧根研究團隊追蹤青少年球員的身高發育,以便讓教練知道是不是低估了某位尚未進入青春期的球員。即使如此,速度明顯較慢的球員不管有沒有進入發育高峰期,就是一直趕不上。

橇上而且有衝刺能力的女性。《美國偶像》選秀節目的澳洲冬奧版就此展開，爾後引起澳洲媒體等量的關注。

根據書面申請，有二十六個選手獲邀，到位於坎培拉的澳洲運動學院進行體能測驗，研究團隊希望爭取到十個贊助訓練名額。這些女性來自田徑、體操、滑水和水上救生領域，水上救生結合了開放水域的划船及愛斯基摩艇運動、立槳衝浪、游泳與沙灘賽跑，在澳洲是很普遍的運動。這二十六人沒有一個聽過俯臥式雪橇，更別說嘗試了。

十個名額當中，有五個只根據30公尺衝刺的成績來填補，決定其餘五個名額的方法則是讓選手做某種乾地測驗，也就是跳上一個裝有輪子的雪橇，再由這些科學家和AIS教練群共同判斷她們的表現。

就世界俯臥式雪橇界而言，這項計畫就像是注定失敗的餘興活動。當時任職澳洲運動學院的生理學家傑森‧加爾賓（Jason Gulbin）說：「俯臥式雪橇界的每個人都告訴我們：『你們絕對不會成功的。』他們說：『這需要領悟力，是一門技藝，需要投入時間在這上面。』最愛唱反調的就是其他國家的教練。」

參與AIS計畫的女性當然不理解冰上競技，但她們都是傑出的全能運動員。梅莉莎‧霍爾（Melissa Hoar）在水上救生運動的沙灘賽跑拿過世界金牌，艾瑪‧謝爾斯（Emma Sheers）曾經是世界滑手冠軍。加爾賓表示：「把從未接觸過俯臥式雪橇的海灘妞扔去從事這項運動，確實難得一見。」

經過一番挑選，現在就要來看看入選者是否真能衝下冰道，而且筋骨完好無損。冬季開始時，這些科學家壯著膽子前往加拿大的卡加立（Calgary），迎接第一輪的冰上競賽。評鑑這些比賽結果不需要博士學位。

三次滑行中，這些菜鳥都滑出了澳洲史上的最快紀錄，比受過多年訓練的全國紀錄保持人還要快。加爾賓說：「第一週我們萬分焦慮，這下一掃而空。不祥之兆出現了。」

49

「需要對冰上競技有領悟力（才能拿到好成績）」的論點，就此打住。俯臥式雪橇選手和教練發覺，先前他們視為菜鳥的人，居然會取代她們或令她們難堪，這下他們不再像最初那樣熱忱相助，轉而變得冷淡起來。

霍爾在初次涉足冰上競技十週後，在不到二十三個世界俯臥式雪橇錦標賽中，擊敗了大約一半的對手（她在接下來的嘗試中贏得冠軍），而海灘短跑運動員蜜雪兒・史提爾（Michelle Steele）則一路挺進義大利主辦的冬季奧運。

澳洲運動學院的這些科學家把該計畫的成功案例，記錄在一篇名副其實的論文裡——〈冰上競技新手在14個月後成為冬季奧運選手〉。

澳洲是世界運動強國，在人才鑑別和各項運動間的「人才轉移」方面有蓬勃的發展。1994年，澳洲啟動了全國人才尋求計畫，為2000年雪梨奧運做準備。十四到十六歲的孩子在校內，接受體格檢查與一般運動能力測驗。當時人口1,910萬的澳洲，在2000年的雪梨奧運奪得58面獎牌，相當於每一百萬個公民拿3.03面獎牌，相較於美國每百萬人抱走0.33面獎牌，差不多是十倍之多。

澳洲尋才計畫的其中一部分，是讓一些選手離開他們已有經驗的運動項目，進入不熟悉但更適合他們的項目。愛莉莎・坎普林（Alisa Camplin）過去參加的都是體操、田徑、帆船競賽，1994年時轉為空中自由式滑雪選手。坎普林是很傑出的全能運動員，但從來沒看過雪，她初次做跳躍動作時就摔斷了一根肋骨，第二跳時又撞上樹。坎普林告訴澳洲的第九電視台：「大家都覺得是笑話，他們告訴我我年紀太大了，說我起步太晚了。」但到1997年，坎普林參加了世界盃循環賽，而在2002年鹽湖城冬季奧運，儘管比賽六週前她的雙腳踝關節骨折，最終仍奪得金牌。即使在坎普林獲勝後，看著經驗貧乏的她滑雪，仍舊像是在看長頸鹿滑輪溜冰似的，她在設法滑下山坡參加金牌得主的記者會時摔倒，壓壞了獲勝收到的花束。

50

　　人才成功轉移證明了，一個國家能在某項運動上取得成功，不僅僅是因為有很多選手努力練習專項運動技能，也在於最初就讓最佳的全能運動員從事合適的運動項目。舉例來說，研究發現，比利時男子草地曲棍球國家代表隊的隊員，累積練習時數平均超過一萬小時，比荷蘭隊的選手多出幾千小時，然而比利時隊始終表現普通（就像世界草地曲棍球界的克里夫蘭布朗隊），而吸引優秀選手加入這項運動的荷蘭隊，卻多年以來一直是世界強國。

• • •

　　事實是，就連在最基礎的程度，這也始終是軟硬體兼具的故事。沒有了軟體，硬體就無用武之地，反之亦然。如果沒有特定基因加上特定環境，就不會習得運動技能，而且基因與環境往往必須在特定時間同時發生。

51

　　然而，康皮泰利和哥貝特的西洋棋研究還有一個驚人的發現，就是如果棋士沒有在十二歲前開始認真下棋，達到國際大師級的機會就會大減。只要在十二歲前開始，究竟多早開始就未必重要。有些開始得較晚的棋士仍然達到了國際大師等級，但他們的機會急遽減少，因此十二歲或許是約略的臨界年齡，在那之前，必須學會某些記憶區塊，強化某些神經元連結，以免失去機會。

　　過去認為，我們的腦會在成長學習的過程中形成神經元，但現在看來，我們的腦生來就布滿神經元，初期沒使用的神經元會被修剪掉，而使用到的那些會強化並彼此連結；大腦的多功靈活度會降低，但特定功能的效率會提升。

　　哈洛德・克拉文斯（Harold Klawans）在他的《喬丹為何打不到球》這本書中指出，儘管麥可・喬丹（Michael Jordan）有超凡的運動能力，他還是永遠學不到職棒大聯盟等級的擊球技巧（在他第一次宣布從NBA退休之後），因為用來學習適當預期技能所需的神經元，在他很早以前忙著打

籃球時就已修剪掉了。[8]

　　這正說明了，嚴格刻意練習法的提倡者為何建議練習越早開始越好。不過我們並不清楚，哪些運動真的需要為了菁英級表現，而在兒童早期就進行專項化訓練。當然，女子體操選手必須及早起步，但有越來越多科學證據顯示，就許多運動項目來說，為了達到最高水準而早早在兒童期便進行專項化訓練，這種做法不只沒有必要，可能還應該極力避免。

　　在短跑項目，劇烈又專項化的早期訓練若造成了令人擔心的「速度高原期」，就有可能阻礙速度發展，也就是說，運動員會停滯在某個極速和跑步節奏，這似乎是從兒童期訓練就根深柢固的。國際田徑總會（IAAF）發布的科學報告指出，「速度高原期最常出現在新手身上，他們過早接觸運動專項訓練，犧牲了整體發展。」南非運動科學研究所的杜蘭特表示：「對於艾瑞克森的一萬小時模型，並不是我們不相信訓練，而是現在大家過度訓練運動員。」

　　在2011年針對243個荷蘭運動員所做的一項研究發現，提早專項化訓練要麼完全沒必要，不然就是確實會對最終的發展產生不利影響。這項研究把運動員分成兩組，一組是已經在各自領域頂尖等級（如奧運）參賽的菁英，另一組是次一級的準菁英。研究只鎖定「cgs制運動」，也就是以公分、公克或秒來計成績的運動，如自行車、田徑、帆船、游泳、滑雪、舉重。菁英組與準菁英組都從幾項運動的青少年選手中「抽樣」，但準菁英組可由某個標記提早專項化訓練的特質來識別：他們在十五歲前比菁英組練習得更多。菁英組到了十五歲之後，才加快練習腳步，而到十八歲時，練習時數已經超越準菁英組的同齡選手。這項研究有個違反直覺、違反一

8　喬丹在職棒2A小聯盟的127場比賽中，平均打擊率是2成02，顯然不會很快升上大聯盟。不過，十五年沒碰棒球卻能進入2A球隊、與前大學球星和未來的大聯盟職業球員交手、打擊率還能到2成02的成年人有多少？我猜很多人的打擊率大概只有0。

萬小時法則的標題：〈後期專項化訓練：cgs制運動的成功關鍵〉。

那些運動項目的一致研究結果，讓南非運動生理學家兼作家羅斯·塔克（Ross Tucker）提出說，菁英組可能一直比較有天分，不必像準菁英組在生涯早期那麼勤奮訓練。塔克說：「他們的天賦讓他們不用像同齡人接受那麼多訓練，就能達到那個水準。在十六、七歲，大多數孩子已經發育成熟的年齡，他們會開始看出自己在運動方面有前途，必須增加訓練量。」[9]

有幾本忽視基因重要性的熱門書，把「老虎」伍茲（Tiger Woods）奉為一萬小時法則模型的榜樣，他的父親是幼年大量練習的推手。不過據伍茲的說法，當時他自己也想打球。伍茲在2000年時說：「直到今天，我爸爸從來沒有要我去打高爾夫球。是我向他要求的。重要的是孩子想要打球，而不是父母想要孩子打球。」關於伍茲的童年時期，常被忽略的一件事情是他六個月大的時候，可以穩穩地站在他父親厄爾（Earl）的掌心，跟著厄爾在屋子裡走動，而大部分六個月大的嬰兒才剛開始努力學習站立。並不是說這就讓伍茲注定長大成人後，會有超乎常人的協調性或體力，但最起碼，這似乎給了他比其他孩子更早開始練習的機會，讓他十一個月大時就在打球了。這或許又是一個說明體能硬體有利於專項運動軟體下載的例證。

以「全靠練習」來解釋伍茲的成就，有明顯的吸引力：它喚起我們的希望，讓我們覺得只要有適當的環境，什麼事都有可能發生，而孩子就像一塊黏土，在運動方面具有無限的可塑性。總之，這種解釋有最牢不可破的勵志觀點，比其他說法保留更多自由意志。不過，避談天賦的貢獻有可能對運動科學產生負面的副作用。

9 針對英國切騰音樂學校（Chetham's School of Music）音樂班學生所做的研究，也發現了類似的模式。在初期發展階段，「資賦優異」的學生實際上一直比「能力一般」的學生練習得少，要到後期他們的練習時數才有所增加。

偶爾有從事遺傳學研究的運動科學家告訴我，他們的研究工作會遇到一個公關問題，而這個問題源自一種看法：基因是嚴格遵循命定論的，否定自由意志或提升運動狀態的能力。有些基因是相當命定的，譬如讓你有兩顆眼珠的基因，或是引發退化性腦部疾病杭丁頓氏舞蹈症的基因——凡是帶有杭丁頓氏症基因缺陷的，就會得病。然而還有許多基因並不會決定生物學上的命運，只會讓人容易帶有某種體質。遺憾的是，主流媒體在報導關於新基因的研究時，經常把它描述得像是會完全取代施為者的某些方面，絲毫不見平衡報導。

在澳洲從事俯臥式雪橇實驗的加爾賓表示，「遺傳學」一詞在他所處的人才認證領域，已經變得太過忌諱，結果「我們要主動更改遺傳研究的相關用語，說我們在做『分子生物學和蛋白質合成』，而不說『遺傳學』。我們做的確實就是分子生物和蛋白質合成，『不要提到遺傳或基因二字。』可以的話，我們都不會在提交的研究計畫書中提及遺傳學。這樣就會聽到：『喔，如果你們做的是分子生物學和蛋白質合成，嗯，那就沒什麼關係了。』」儘管這其實是同一回事。

我採訪的幾名運動心理學家告訴我，他們公開支持把基因邊緣化的觀點，是因為他們認為這個觀點傳遞了正面的社會訊息。其中一位知名的運動心理學家告訴我：「不過，說自己是因為不夠努力才原地踏步，可能也有危險。」無論哪種情形，這種社會訊息都不會影響到科學事實。

連同艾瑞克森的研究工作，史塔克斯的研究成果也開啟了「（攸關成敗的）是軟體而非硬體」的時代，其實她始終認為遺傳差異在運動技能上有一定的作用，但過去不願公開這麼說。史塔克斯說：「三十五年前，大家很容易相信人有內在的天賦。隨著（習得的）知覺認知研究方法越來越為人所接受，也就讓我更偏向中間派。這真的非常像搖擺不定的鐘擺。……飛鏢算是你能想到最閉塞的運動技能了，但它仍然無法以練習來

解釋所有變異數；而要擊到（棒）球，你必須具備好一點點的視力，而且視力越好就更好，當然也需要軟體來配合。」

史塔克斯對技能練習研究的貢獻，不輸給其他運動科學家；她的研究成果，構成了嚴格一萬小時觀點支柱當中的完整主幹──這種觀點認為，運動成就完全取決於練習。然而，即使害怕說出來，她仍然知道如果不談基因，對運動專業技能的描繪就不夠完備。

史塔克斯補充說，要是累積練習時數真的很重要，那麼運動競賽為什麼還要分男女兩組？

這是個好問題。

4 男人為什麼有乳頭
Why Men Have Nipples

當然，瑪麗亞・荷塞・馬丁內茲－帕提尼奧（María José Martínez-Patiño）
毫無理由懷疑自己不是女兒身。她的臉瘦長又高貴，有高高的顴骨，肌膚
吹彈可破。她是在西班牙北部長大的普通女孩，除了跑跳方面比同齡的女
孩表現還要好之外。

1985年，具國際水準的二十四歲跨欄選手馬丁內茲－帕提尼奧，抵
達日本神戶主辦的世界大學運動會之後，才發覺自己忘了那份聲明她是女
性、可參加女子組競賽的醫生證明書。結果，她不得不在神戶按慣例做賽
前口腔擦拭取樣，證明她的生物性別。

性別檢測從1960年代就開始實行，當時國際田徑總會看夠了肌肉結
實的中東歐國家女子選手（其中有很多人參與了煞費心機的禁藥計畫），
於是國際田徑總會制定管制辦法，確保沒有男子選手假冒成女性。（從未
證實有這樣的情況發生。）剛開始實施的檢測方式很粗暴，女選手被迫在
醫生面前脫下褲子，到1968年的墨西哥城奧運，這種丟臉的手續就由令
人滿意的客觀技術取代了：用採樣棒擦拭口腔組織取樣，再檢驗染色體。
女性有XX性染色體，男性為XY。

只不過，有時情況沒那麼簡單。

1985年8月那天很晚的時候，西班牙代表隊的隊醫準備告訴馬丁內
茲－帕提尼奧壞消息。她的檢測結果出了問題，沒辦法上場比賽。馬丁內

茲－帕提尼奧想知道自己是不是得了愛滋病還是白血病（白血病才剛奪走了她哥哥的生命），但醫生沒再說什麼。

　　她非常焦慮地熬了兩個月，自己去看醫生，以免麻煩仍未走出喪子之痛的父母。接著，通知信來了，不是愛滋病，也不是白血病，但這個診斷將改變她的一生。信上寫著，分析五十個她的口腔組織細胞後發現，每個都帶有XY染色體。你是男人，想不到吧！國家代表隊官員力勸馬丁內茲－帕提尼奧假裝受傷，悄悄退役。

　　馬丁內茲－帕提尼奧不但拒絕退役，三個月後還在西班牙國內60公尺跨欄賽奪冠。然而勝利的榮耀，卻讓她成為公眾的笑柄。馬丁內茲－帕提尼奧的性別檢測結果在媒體上曝光了，她的名聲一落千丈，受到極其殘酷的對待。

　　能拿走的都被拿走了。西班牙官員取消了馬丁內茲－帕提尼奧的全國冠軍頭銜，把她踢出西班牙運動選手的宿舍，還撤回她的獎學金。他們刪除她的運動成績紀錄，彷彿她不存在似的。她的友人分成兩類，一種是留下來的，一種是離去的。她的未婚夫屬於後者。

　　馬丁內茲－帕提尼奧感到羞愧，喪失了活力，不過很快就展現出韌性。她在媒體上堅稱她確信自己是女性，誓言要反擊，而隨後她獲得遠道而來的援手。

　　芬蘭遺傳學家亞伯特・德拉夏培爾（Albert de la Chapelle）看到報導馬丁內茲－帕提尼奧爭取權益的新聞之後，公開發表意見。德拉夏培爾十分清楚，染色體不一定能判定一個人是男性或女性。他最先研究了帶有XX染色體的男性。當父母的X和Y染色體在交換資訊時沒有排列整齊，來自Y染色體尖端的基因斷開，最後跑到X染色體上，這時就有可能發生「德拉夏培爾症候群」（De la Chapelle syndrome）。

　　馬丁內茲－帕提尼奧花很多錢找醫生檢查，他們告訴她，她有睪丸，

藏在陰唇內的隱密處，而且她沒有子宮，也沒有卵巢。不過這些醫生還發現，馬丁內茲－帕提尼奧的睪丸雖然會產生跟男性同樣高的睪固酮濃度，但她有雄性素不敏感症候群（androgen insensitivity syndrome，簡稱 AIS），也就是說，她的身體對睪固酮的需求充耳不聞，因此她完全發育成女性。大多數女性可以善用體內分泌的少量睪固酮在運動方面帶來的好處，但馬丁內茲－帕提尼奧根本無法利用。

性別檢測結果公開後差不多三年，奧會醫學委員會在1988年首爾奧運開會，裁定應該恢復馬丁內茲－帕提尼奧的資格。只不過，她的運動生涯那時已經受到阻撓，以十分之一秒的差距失去1992年奧運的參賽資格。

受到馬丁內茲－帕提尼奧事件的鞭策，國際田徑總會在1990年從各國召集了一群科學家，想要決定如何一勞永逸地辨別女性選手當中的男性，以求競賽公平。專家們的回應是：**別問我們！**這群科學家反而建議徹底廢除性別鑑定檢測。到1999年，國際奧林匹克委員會（簡稱國際奧會）終於決定，只在遇有質疑聲浪時才對女性運動員進行檢測，儘管如此，他們還是沒有明確標準可用來判定何謂合格女性。

問題在於，人類生物學就是不會像體育主管機關希望的那樣，客氣地把人分成男性和女性，而且過去二十年的技術進展完全沒有帶來絲毫改變，未來也不會有任何改變。耶魯大學榮譽教授米隆‧吉內爾（Myron Genel）說：「我看不出我們要怎麼提出不同於二十年前所做的結果。」吉內爾也是建議國際田徑總會廢除性別檢測的一員。

醫生群最後判定，馬丁內茲－帕提尼奧受到不公平的對待。他們確定，就競技目的來說她是女性——是個既有陰道也有隱睪，有乳房、但沒有卵巢或子宮，而且體內雖有跟男性等量的睪固酮卻遲緩流著的女性。

不管是身體部位還是體內的染色體，都無法明確辨別男女運動員。那麼究竟有什麼遺傳學上的理由，要把男女分開考慮？

59

• • •

我在2002年還在讀大四時，第一次看到兩位UCLA生理學家的論文〈不用多久女性就會跑得比男性快？〉，當時我覺得這個標題很荒謬。在那之前我花了五個賽季，進行800公尺中距離跑步訓練，成績已經超越世界女子紀錄。而且我還不是自己接力隊上跑最快的。

但那篇論文發表在《自然》(*Nature*) 期刊上，這是世上極具聲望的科學期刊，所以一定有些道理。大眾就是這麼認為的。《美國新聞與世界報導》雜誌在1996年亞特蘭大奧運之前，對一千個美國人做了調查，結果其中有三分之二認為，「終有一天頂尖女運動員會勝過頂尖男運動員」。

《自然》期刊上那篇論文的作者，把男子組和女子組從200公尺短跑到馬拉松各項賽事歷年的世界紀錄畫成圖表，發現女子組紀錄進步得遠比男子組急速。他們用外推法從曲線的趨勢推斷未來，確定到21世紀前半葉，女性就會在各個賽跑項目擊敗男性。兩名作者寫道：「正因進步**速度**的差異實在非常大，而使（兩者）差距逐漸縮小。」

2004年，趁著雅典奧運成為新聞焦點之際，《自然》又特別刊出一篇同類型的文章〈2156年奧運會場上的重要衝刺？〉(Momentous Sprint at the 2156 Olympics?)——標題所指的，正是女子選手會在100公尺短跑比賽中，勝過男子選手的預計時間。

2005年，三名運動科學家在《英國運動醫學期刊》發表了一篇論文，省去問號開門見山在標題宣稱：〈女性終將做到〉(Women Will Do It in the Long Run.)。

難道男性主導世界紀錄的情況，始終是歧視女性、把女性排除於競技場外的結果？

20世紀上半葉，文化規範與偽科學嚴重限制了女性參與運動競技的機會。在1928年阿姆斯特丹奧運期間，有媒體（捏造）報導指稱，女性

60

選手在800公尺賽跑後筋疲力竭地躺在地上，這讓一些醫生和體育記者十分反感，使得他們認為這個比賽項目會危害女性健康。《紐約時報》上有篇文章就寫：「這種距離太消耗女性的體力了。」[1]那幾屆奧運之後，在接下來的三十二年間，距離超過200公尺的所有女子項目，都突然遭禁，直到2008年奧運，男女運動員的徑賽項目才終於完全相同。但《自然》期刊上的那幾篇論文指出，隨著女性參賽人數增多，看起來她們的運動成績到最後可能會與男性並駕齊驅，甚至比男性更好。

我去拜訪約克大學的運動心理學家喬・貝克時，我們談論到運動表現的男女差異，尤其是投擲項目的差異。在科學實驗裡證實過的所有性別差異中，投擲項目一直名列前茅。用統計學術語來說的話，男女運動員的平均投擲速度相差了三個標準差，大約是男女身高差距的兩倍。這代表如果你從街上拉一千個男子，其中997人擲球的力氣會比普通女性大。

不過貝克提到，這種情形可能是反映女性缺乏訓練。他的太太是打棒球長大的，輕輕鬆鬆就能贏過他。他打趣說：「她會發出一束雷射光。」那麼這是生物學上的差異嗎？

男性和女性的DNA差異極小，僅限於在女性身上為X或男性為Y的那單一染色體。姊弟或兄妹從完全相同的來源取得基因，透過重組母親和父親的DNA，確保兄弟姊妹絕對不會相近到變成複製人。

性別分化過程大部分要歸結到Y染色體上的「SRY基因」，它的全名是「Y染色體性別決定區基因」。若要說有「運動能力基因」，那就非SRY

61

1　各報上氣不接下氣地報導800公尺女子選手紛紛倒在跑道上。正如運動雜誌《跑步時代》（*Running Times*）2012年的一篇文章指出的，實情是只有一個女子選手在終點線倒下，其餘三名都打破了先前的世界紀錄。據稱人在現場的《紐約郵報》記者寫道，「11位淒慘的女性」當中有5人沒有跑完，5人在跑過終點線後倒下。《跑步時代》報導說，參賽的女運動員只有9個，而且全部跑完。

基因莫屬了。人類生物學的安排，就是讓同樣的雙親能夠同時生育出男性的兒子和女性的女兒，即使傳遞的是相同的基因。SRY基因是一把DNA萬能鑰匙，會選擇性地啟動發育成男性的基因。

我們在生命初期都是女性——每個人類胚胎在形成的前六週都是女性。由於哺乳動物的胎兒會接觸到來自母親的大量雌激素，因此預設性別為女性是比較合算的。在男性身上，SRY基因到第六週時會暗示睪丸及萊氏細胞（Leydig cell）該準備形成了；萊氏細胞是睪丸內負責合成睪固酮的細胞。睪固酮在一個月之內會不斷湧出，啟動特定基因，關閉其他基因，兩性投擲差距不用多久就會出現。

男孩還在子宮時，就開始發育出比較長的前臂，這使得他們日後投擲時會做出更有力的揮臂動作。儘管男孩和女孩在投擲技能方面的差異，不如成年男性和女性之間那麼顯著，但這種差異在兩歲幼童身上已經很明顯了。

為了確定孩童之間的投擲差距有多少與文化有關，北德州大學和西澳大學的科學家組成團隊，共同測試美國孩童與澳洲原住民孩童的投擲技能。澳洲原住民沒有發展出農業，仍過著狩獵採集生活，他們教導女孩丟擲戰鬥及狩獵用武器，就像教導男孩一樣。這項研究確實發現，美國男孩和女孩在投擲技能上的差異，比澳洲原住民男孩和女孩之間的差異顯著許多。不過儘管女孩因為較早發育長得較高較壯，男孩仍比女孩擲得更遠。

普遍來說，男孩不僅比女孩更善於投擲，視覺追蹤攔截飛行物的能力往往也出色許多；87%的男孩在目標鎖定能力的測試上，表現得比一般女

2　過去普遍認為，隨著比賽距離拉長，女子賽跑選手會超越男子選手。這是克里斯多福‧麥杜格（Christopher McDougall）在《天生就會跑》這本很吸引人的書裡談到的主題，但不完全正確。成績非常優秀的跑者之間的11%差距，在最長距離和最短距離同樣穩固存在。儘管如此，南非生理學家卻發現，當一男一女的馬拉松完賽時間不相上下，那個男士在距

62

孩好。另外，導致差異的部分原因，至少看起來是因為在子宮的時期接觸到了睪固酮。由於先天性腎上腺增生症，而在子宮裡接觸到高濃度睪固酮的女孩，上述項目的表現會像男孩一樣，而不像女孩；患有這種遺傳疾病的胎兒，腎上腺會過度分泌男性荷爾蒙。

受過良好投擲訓練的女性，能輕易勝過未受訓練的男性，但受過良好訓練的男性，表現會大幅超越受過良好訓練的女性。男子奧運標槍選手擲出的距離，比女子奧運選手遠大約三成，儘管女子組使用的標槍比較輕。此外，女性投出的最快棒球球速的金氏世界紀錄是65 mph（相當於時速105公里），表現不錯的高中男生的球速經常比這還要快，有些男子職業球員可以投出超過100 mph（相當於時速160公里）的球速。

在跑步方面，從100公尺到1萬公尺，經驗法則是把菁英級表現差距定在11%。從短跑到超級馬拉松，不管任何距離的賽跑，男子組的前十名都比女子組的前十名快大約11%。[2] 在職業等級，那就是個鴻溝。女子組的100公尺世界紀錄，跟2012年奧運男子組的參賽資格還差了四分之一秒；而在一萬公尺長跑，女子組的世界紀錄成績，與達到奧運參賽資格最低標準的男選手相比落後了一圈。

投擲項目與純爆發力型運動項目的差距更大。在跳遠方面，女子選手落後男子19%。差距最小的是長距離游泳競賽；在800公尺自由式比賽中，排名前面的女子選手，與排名前面的男子選手差距不到6%。

預言女性運動員將超越男性的那幾篇論文暗示，從1950年代到1980年代，女性表現的進展遵循一條會持續下去的穩定軌跡，但在現實中是有

離短於馬拉松的比賽中通常會贏過那個女士，但如果競賽距離加長到64公里，女士就會跑贏。他們報告說，這是因為男性通常比較高又比較重，比賽距離越長，這就會變成很大的缺點。然而在世界頂尖超馬選手當中，男女體型差異比一般群體中的差異小，而11%的成績差距，也存在於超級長距離的最優秀男女選手之間。

一段短暫爆發，隨後趨於平穩——這是女子運動員，而非男子運動員進入的平穩期。儘管到1980年代，女性在100公尺到1英里各項賽跑的最快速度，都開始趨於穩定，但男子運動員仍繼續緩慢進步，雖然只進步一點點。

數字很明確。菁英女子選手並未趕上菁英男子選手，也沒有保持住狀況，男性運動員則在非常慢地進步。生物學上的差距在擴大。

但為什麼原本就有差距存在？

• • •

大衛・吉里（David C. Geary）在他大辦公室窗台上一本像電話簿一般厚的字典旁，放著一個女性頭骨，她俯視著密蘇里大學的校園。吉里說：「你可以看出它的顱腔很小。」吉里有張瘦削的臉，青綠色的眼珠，額前一綹灰白鬢髮看上去有點像個問號，為他的臉賦予一股好問的氣息。他開玩笑說：「她的腦大概只有我們的三分之一那麼大，所以她得待在字典旁邊，勤加練習。」吉里指的是他的「露西」頭骨等比縮小模型，而露西（Lucy）正是現代人著名的阿法南猿（*Australopithecus afarensis*）祖先，她的骨頭是在衣索比亞發現的，年代距今320萬年前。

吉里花很多時間思索大腦。他是認知發展心理學家，研究生涯主要投入於理解孩童如何學習數學，而這讓他從2006年到2008年進入布希總統召集的「全國數學顧問小組」（National Mathematics Advisory Panel）。他在性別差異研究方面也是活的資料庫。

吉里從1980年代還在加州大學河濱分校讀研究所時，就對人類性別差異的演化很感興趣，但考慮到生物性別差異（至少是那些超出生殖器以外的差異）的研究，本質上經常引起焦慮，吉里等到獲得終身教職之後，才開始發表人類演化方面的研究結果。接著他就爆發了。他和人合寫出一本厚達千頁的教科書，這僅僅彙集了過去一百年關於性別差異（從出生體重到社會態度）的每一項嚴肅科學研究的結果。

64

　　吉里對運動界最有趣的貢獻，是550頁的大部頭書《男性、女性：人類性別差異的演化》(*Male, Female: The Evolution of Human Sex Differences*)，雖然他在我出現在他辦公室門口之前，可能還沒有這麼認為。這本書是把針對人類性別差異做過的**所有**研究納入性擇架構的第一本著述。

　　查爾斯‧達爾文（Charles Darwin）首先闡明了「性擇」的原則，不過比起他的另一個獨創概念「天擇」，性擇得到的主流大幅報導少了許多。天擇指的是人類DNA當中，應自然環境而留存或拔除的改變；而性擇是指由於競爭擇偶，而廣傳或消亡的那些DNA的改變。性擇是人類大部分性別差異的源頭，對理解人類運動能力至為重要。

　　在兩性的身體差異當中，男性通常比較重、比較高，手臂和腿相對於身高來說比較長，心臟和肺也比較大。男性慣用左手的機率是女性的兩倍──這在一些運動項目上是優點。[3]男性脂肪較少，骨密度較高，攜氧紅血球較多，骨骼較重而能支撐更多肌肉，而且臀部較窄，因此跑步更有效率，跑跳時受傷的機會減少──譬如前十字韌帶撕裂傷，就很常發生在女運動員身上。凱斯西儲大學（Case Western Reserve University）人類學兼解剖學教授布魯斯‧拉提摩（Bruce Latimer）說：「女性骨盆較寬，與膝蓋的角度就比較大，所以會浪費很多力氣去壓縮髖關節，這對前進沒有幫助。……骨盆越寬，浪費的力氣越多。」

　　兩性在身體方面極明顯的一項差異在於肌肉量。男性身體內任何一塊空間裡堆積的肌纖維比女性多，而且上半身的肌肉量比女性多出80%，腿

65

3　慣用左手的人很少，所以對手不常面對左撇子，腦中的對應身體動作資料庫也就很淺陋，套用科學家的話來說，這就給了左撇子「負頻率相依優勢」（negative frequency dependent advantage）。以1980年莫斯科奧運花式擊劍賽為例，進入決賽的六個人全是左撇子。法國科學家夏洛特‧弗里（Charlotte Faurie）和米榭爾‧雷蒙（Michel Raymond）分析了徒手搏鬥較多的土著社會中，左撇子比例較高的情況，他們和其他研究者假設，天擇把左撇子視為一種搏鬥優勢而留下了一些人，特別是男性。

部則多50%。這意味著兩性上半身的肌力相差了三個標準差。也就是說，若從街上拉一千個男性，有997人的上半身會比普通女性強壯有力。

吉里說：「上半身的肌力差異，就跟你在大猩猩身上看到的差不多。差異非常大。大猩猩是人類近親當中雌雄差異最大的，雄性的體型大約是雌性的兩倍大，所以體型大小的差異比人類大，但上半身力氣的差異差不多。」

我們和大猩猩相似的原因，正反映性擇如何塑造出人類（與大猩猩）的運動能力。倘若你想了解某物種的雄性或雌性體型是否比較大、是否比較孔武有力，那麼這個訊息特別有用：哪個性別的潛在繁殖率較高。

由於懷孕期和哺乳期很長，雌性大猩猩大約每四年才會產下一隻小猩猩。雄性大猩猩會建立並捍衛自己的妻妾群，所以潛在繁殖率高出許多。但每出現一隻妻妾成群的雄性大猩猩，就會有幾隻雄性大猩猩完全沒有繁殖機會，以致牠們要為多隻雌性激烈競爭，而這種「雄性間競爭」屬於搏鬥，至少是裝作要搏鬥的架勢，於是天擇就會凸顯讓大猩猩看起來比較會打架的表徵。吉里解釋說：「雌性有較高繁殖率的那些物種，情況就反過來了，雌性的體型會比較大，也比較具攻擊性。」負責照顧卵的雄海馬會偏好壯碩的雌海馬，就不令人意外了。

在更難靠體力巡邏保護的競爭區域，如天空，雌性的擇偶眼光就更加重要，這時天擇會凸顯一些像鳥羽顏色鮮豔動人、求偶鳥鳴聲悅耳等雄性表徵。但對於主要在陸地上生活的靈長類動物，如大猩猩和原始人類，肉搏戰可能就很重要，而演化彰顯了蠻力。

這一切都蘊涵了某些與人類有關、關於我們這種地球上的靈長類動物、特別是跟男性有關，而且不太討喜的看法：男性身上選出某些表徵的目的，是讓他們能夠弄傷、殺死或者至少威嚇彼此，而且最有辦法弄傷、殺死或威嚇其他男性的男性，有時會利用這份成就和多位女性成為配偶，生下許多子女。

66

　　證據的分量證實了上述這兩個含意。在狩獵採集社會中，約有30%的男子在搏鬥或打劫中死於其他男子之手，而且搏鬥或打劫經常是為了爭奪女人。哈佛大學心理學家史蒂芬·平克（Steven Pinker）的著作《人性中的良善天使》，談的是人類暴力的歷史與暴力在現代社會的減少。他在談到自己這本書時便說：「結果發現（湯瑪斯·）霍布斯是對的。在自然狀態下，人的生命是汙穢、野蠻、短暫的。」

　　至於第二個含意，即我們的祖先會爭奪多位配偶，從遺傳學證據來看是不容置疑的。由於父親的Y染色體DNA只會傳遞給兒子，只有母親會傳遞「粒線體DNA」，所以我們可以分頭上溯母系和父系的祖先。世界各地的研究結果都很清楚：不論科學家朝哪裡看，我們的男性祖先都少於女性祖先。要孕育出目前的世界人口數，需要的亞當比夏娃少了許多。（在某些情況下居然明顯如此：有1,600萬個亞洲男性〔即世上男性人口的0.5%〕有一部分的Y染色體幾乎相同，遺傳學家認為這可能來自以后妃上百人著稱的成吉思汗。）

　　在雄性間有激烈競爭的物種和靈長類身上，看得到另一個模式：對搏鬥很重要的體能，會透過青春期在雄性身上增強。對於迅速發育中的成年動物或成人，青春期凸顯了其在繁殖上很快就會需要的特質。因此，如果揮拳、擲石塊等運動特徵對繁殖很重要，就會在青春期增強。同樣的，男性完全遵循暴力的靈長類模式。女孩發育得比較早又快，男孩的青春期又晚又長，所以有更多時間成長，他們的運動能力也在這段期間爆發。

　　男孩和女孩在十歲以前身體很相似，女孩長得比較高，已經有稍多的體脂肪，但一些運動特徵在男女孩身上幾乎無法區分開來。十歲男孩和女孩的最快跑步速度幾乎一致，直到十四歲之前還是相近，而當男孩到十四歲時，就很像服了天然類固醇。

　　十四歲時，已經拉開的投擲差距會變成顯著的鴻溝。男孩發育出更

強壯的手臂、更寬闊的肩膀；到十八歲時，普通男孩的投擲距離可以達到普通女孩的三倍遠。成年男性還會發展出比男孩和成年女性更難擊倒的特徵：有比較重而可以保護眼睛的眉弓，且下顎增大，讓臉部在承受重擊時更有回復能力。玻璃做的下巴顯然不符合男性祖先的條件。

睪固酮在男性青春期急劇分泌，也會刺激紅血球生成，因此男性可用的氧氣比女性多，這也讓男性對疼痛比女性不敏感〔4〕——就像接受睪固酮注射的動物和人一樣。

接近十四歲左右，普通女孩逐漸逼近她生涯中的最快速度了。還未進入青春期的九歲男孩和女孩，短跑項目的分齡世界紀錄幾乎不相上下，這個年紀在運動方面的性別差異沒什麼生物學上的理由。然而過了十四歲，這些紀錄就不再屬於同一個運動世界了。〔5〕

在某些情況下，進入青春期的女性，其某些運動特質會變得**更糟**。由於雌性素導致脂肪堆積在變寬的臀部，大多數女孩在垂直跳項目上會停滯不前或退步。就連最瘦的馬拉松成年女子選手，努力減掉大約6%到8%的體脂肪，還是男子選手的兩倍。

針對奧運選手所做的研究都顯示，女運動員在某些項目的重要特徵，就是她們**不像**其他女性發育出較寬的臀部。如果女子體操菁英選手的身高或臀部突然明顯增長，她們的運動生涯高峰可以說就結束了。體型大小增加得比肌力快，攸關空中動作的動力體重比（power-to-weight ratio）就會朝錯誤的方向發展，她們在半空中做旋轉的能力也是如此。據稱，在二十歲

4 認為女性因為要經歷分娩過程而比男性更能忍受疼痛，這種看法是個迷思，針對該主題做過的每項研究都反駁了這個論調。女性對疼痛比較敏感，成為慢性疼痛病患的機率更大。不過，女性在臨近分娩時的確對疼痛變得比較不敏感。

5 400公尺短跑紀錄：
　九歲男孩：1:00.87　十四歲男孩：46.96
　九歲女孩：1:00.56　十四歲女孩：52.68

時女性體操選手就過了顛峰期，而男性體操選手仍處於生涯初期。國際奧會在確定女子體操選手董芳霄比最低參賽年齡十六歲還小兩歲之後，取消了中國隊在2000年雪梨奧運時奪得的女子體操團體銅牌。我們很有把握，在男子體操比賽中絕對不會看到類似的造假醜聞。

如此說來，有些女運動員具備的優勢，來自某些更常見於男性身上的特徵，例如低體脂肪、窄臀等。

現在看來，1970年代和1980年代時，女性在田徑運動方面之所以趕上男性的主要原因，以及《自然》期刊上的論文並未說明的原因，在於她們都只是透過注射睪固酮，來彌補所欠缺的SRY基因。從1960年代開始，冷戰競賽擴及運動場，有計畫地給女孩用禁藥（往往是在她們渾然不知的情況下），在像東德這樣的國家很普遍。從那個時代起，最需爆發力的比賽項目的頂尖參賽女性情況變得更糟，舉例來說，女子組推鉛球的前八十名紀錄，就有七十五個是在1970年代中期到1990年創下的，而且多半來自中東歐國家。第八十個成績是東德選手海蒂・克里格（Heidi Krieger）擲出來的，數十年後她在法庭上作證，說東德有系統地讓女性使用禁藥。那時她的身分已變成安德列斯・克里格（Andreas Krieger），由於使用大量類固醇（睪固酮的結構類似物）以致身體變得男性化，她最終選擇像男性一樣生活。時至今日，幾乎所有女子組短跑和爆發力型項目的世界紀錄，都是在1980年代創下的，這證明了男性荷爾蒙對女性選手具有強大效應。使用禁藥的極端時代一結束，有和沒有SRY基因的人之間的成績差距，就重新拉開了。現在我們很清楚，在大部分運動項目中，男性勝過女性的遺傳優勢非常強大，最好的解決之道就是把男女分開來。

西北大學費恩柏格醫學院（Feinberg School of Medicine）臨床醫學人文與生物倫理教授、運動性別檢測史權威愛麗絲・德雷格（Alice Dreger）告訴我：「在運動方面把女性區隔開來，是因為許多項目中最優秀的女子選

手，無法跟最優秀的男子選手競爭。大家都心知肚明，但沒有人願意說出來。基於我認為的各種好理由，女性的身體構造就像某類殘疾人士。」

判斷誰能獲准進入該類別，在2009年世界田徑錦標賽時是一大難題，當時800公尺賽跑的南非年輕黑馬卡絲特‧賽門亞（Caster Semenya），回頭朝肌肉發達的肩膀後方望了一眼，就一路領先到底，奪得世界冠軍。賽門亞的對手在全球媒體上嘲笑她。決賽中名列第五的俄羅斯選手瑪莉亞‧薩維諾娃（Mariya Savinova）語帶譏諷說：「你們看看她。」她指的是賽門亞的窄臀和宛如鎧甲般的軀幹。然而，光看著她是看不出答案的。

世界錦標賽後，有報導指稱賽門亞有隱睪，沒有卵巢或子宮，而且有高濃度的睪固酮。（賽門亞未曾證實該報導或做出回應。）如果屬實，那麼應該把她歸入哪個類別？耶魯大學小兒科學教授麥倫‧吉內爾（Myron Genel）表示，若想開始按照特定生物表徵來細分運動類別，「就必須進行像『西敏寺狗展』這樣的國際比賽，每個品種都有專屬的競賽。」西班牙跨欄選手馬丁內茲－帕提尼奧有Y染色體也有SRY基因，但由於她對睪固酮的作用不敏感，所以最後獲准參加女子組競賽。

2012倫敦奧運前夕，由於賽門亞一例持續引發爭議，國際田徑總會和國際奧會宣布，將採睪固酮濃度作為性別判斷依據。不單要測分泌的睪固酮量，還要測身體能夠利用的量。

睪固酮濃度值並非連續的。典型女性體內的睪固酮濃度為每公合（deciliter，一公合等於100毫升）血液低於75毫微克，男性一般是在240到1,200毫微克之間，因此男性濃度範圍的最低值，仍比女性的最高值高出200%。2011年，全美大學體育聯盟經某個贊同全美女同志權益中心（National Center for Lesbian Rights）的智囊團指導，決定凡是接受變性手術成為女性的男性，都必須停賽一年等睪固酮濃度下降，才可以加入女子隊伍。由此可以看出，大家已把睪固酮視為男性運動能力優勢的根源。不過，

它可能不是唯一的源頭。

我訪談研究雄性素不敏感症候群女性患者的內分泌學家時，他們全都認為，像馬丁內茲－帕提尼奧那樣染色體為XY，卻根本無法利用睪固酮的女性，在體育圈裡的人數超出人口比例，而非低於比例。

1996年亞特蘭大夏季奧運，即進行口腔擦拭取樣檢測的最後一屆奧運，發現3,387名參賽選手中有7位女性（大約是1/480），帶有SRY基因且患有雄性素不敏感症候群。據估計，雄性素不敏感症候群的典型發生率，介於1/20,000和1/64,000之間。五屆奧運會中，平均每421名女性參賽者，就有1人經判定有Y染色體，因此在世界最大的運動競技舞台上，患有雄性素不敏感症候群的女性人數大幅超出人口比例。如此說來，除了睪固酮，帶來優勢的東西也許和Y染色體有關。

患有雄性素不敏感症候群的女性，四肢的比例往往比較像男性，她們的手臂和腿相對於身體的比例比較長，平均身高也比一般女性高個十公分。譬如身高一米八的巴西排球選手、2000年奧運銅牌得主艾麗卡・寇因布拉（Erika Coimbra），就是少數幾位患有雄性素不敏感症候群，而且名字被公開的運動員。（我訪談過的其中兩位內分泌學家說，在模特兒界，染色體為XY的女性也有人數遠多於典型發生率的現象，因為她們除了身高很高又有雙長腿外，外形上往往也非常女性化。在個人醫療資料不幸在媒體上曝光之前，高䠷金髮的寇因布拉有「巴西芭比」的稱號。）

染色體為XY且對睪固酮不敏感的女性，身高之所以增高可能是成長期延長所致，因為她們沒有聽從荷爾蒙的**停止**訊息，也可能是Y染色體上會影響身高的基因導致的。多一個Y染色體的男性往往長得很高，國際高個子俱樂部（Tall Clubs International）裡身高最高的會員戴夫・拉斯姆森（Dave Rasmussen）有221公分高，他就是染色體為XYY的男性，他父母親的身高分別是193公分和175公分。

《英國運動醫學期刊》曾有篇論文指出，染色體為XY的女性人數超過人口比例，這個現象僅僅「觸及體育界雙性人問題的表面」。休士頓的內分泌科醫生傑夫‧布朗（Jeff Brown）就在幫助一些最優秀的美國運動員（他的病人總共奪得十五面奧運金牌），他治療過許多患有局部21-羥化酶缺乏症（partial 21-hydroxylase deficiency）的女性奧運選手，這種疾病會在家族中擴散，導致睪固酮分泌過量。[6]據布朗估計，這種病症在女性運動員當中的人數嚴重超出人口比例。布朗說：「問題可能是，那會不會讓她們比沒有此病症的人更有優勢？答案當然是肯定的。但那是老天賜予的。……我在跳躍運動員、短跑及長跑選手當中都看過這種疾病。」

• • •

沒有哪位科學家能夠聲稱，自己了解睪固酮對個別運動員有何確切影響，不過2012年有一項研究，花了三個月追蹤包括田徑和游泳等多項運動的女運動員，結果發現，菁英級競技者的睪固酮濃度，一直維持在非菁英級的兩倍以上。而且還有具渲染力的趣聞軼事。[7]

五十五歲的醫學物理師喬安娜‧哈珀（Joanna Harper）生為男兒身，後來轉變成女性，而且恰好也是全美成績優異的分齡賽跑選手，她在2004年8月開始，用荷爾蒙療法抑制體內的睪固酮，身體轉變成女性之後，她就像任何一位優秀的科學家一樣，開始收集數據。哈珀認為她會逐漸變慢，但意外發現自己在第一個月結束前已經越跑越慢，越變越虛弱無力。

6　布朗也在男性病患身上看過局部21-羥化酶缺乏症，但效果沒那麼引人矚目。布朗表示，大體來說，菁英運動員的內分泌系統與大多數成年人明顯不同。他說：「運動員有各種獨特的特徵，就荷爾蒙環境而言，他們就生得跟我不一樣。」

7　研究運動員和睪固酮的生理學家克里斯提安‧庫克（Christian J. Cook）說：「有個正在浮現的模式是，頂尖級的瞬間爆發力型菁英女運動員，睪固酮濃度往往和男性比較相近……那些女性往往很有本事藉由訓練增添爆發力。」庫克在2013年所做的小型研究發現，睪固酮濃度較高的女運動員，會比睪固酮濃度較低的夥伴選擇更劇烈的肌力訓練。

她說：「我在跑步時沒覺得不同，但就是不像以前那麼快。」哈珀在2012年奪得全美55至59歲組越野跑冠軍，不過年齡和性別分級的成績標準卻顯示，哈珀如今身為女性的表現，與過去身為男性的表現具同樣的競爭力。也就是說，女身哈珀相對於女性而言的表現，和轉變前相對於男性的表現一樣好，但是遠比她自己的高睪固酮前身跑得慢。

哈珀在2003年以男子的身分，在波特蘭主辦的赫爾維提亞半程馬拉松（Helvetia Half-Marathon）以1小時23分11秒完賽，而於2005年以女子的身分在同個比賽中跑出1小時34分01秒的成績，男身哈珀的完賽時間比女身時間每英里快了大約50秒。她也收集了其他五名從男變女的賽跑者的數據，發現全都顯示她們的速度大幅減慢。有位跑者連續十五年參加同一個5K賽，前八次以男性的身分，後七次是在進行過睪固酮抑制治癒後以女性身分參賽；結果，男性身分的成績始終在19分鐘以內，女性身分一直超過20分鐘。[8]

因此，男性典型的荷爾蒙模式（高睪固酮）、骨架（身高較高、肩膀較寬、骨密度較高、手臂較長、臀部較窄）和基因（SRY及其他基因），能夠賦予某些運動優勢。那麼接下來就有個有趣的演化問題，即：為什麼女性還會擅長運動？

就像男性祖先，我們的女性祖先也需要夠擅長運動，才能長途跋涉、背孩子和木柴、砍樹、挖塊莖。不過，女性不太有機會打鬥、奔跑，或是由爬樹等費力的活動去練就出上半身的肌力。吉里和其他幾位科學家告訴

8 我跟哈珀初次進行訪談，是為了2012年《運動畫刊》的文章〈跨性別運動員〉，這篇報導是我和帕布羅・托雷（Pablo S. Torre）一起寫的。我和帕布羅還採訪了凱・阿倫斯（Kye Allums），他曾是喬治華盛頓大學女子籃球隊員，也是史上第一位公開跨性別的NCAA一級男籃球隊選手。為了變成男性之身，阿倫斯最近開始注射睪固酮。他說他的手腳和頭部已經有所增長，聲音越來越低沉，開始長出少量鬍子，而且能夠跑得更快。醫學研究已經在病患身上發現，睪固酮的施打劑量，與增加的肌肉量和肌力之間有相依關係。

我，女性擅長運動的部分原因，或許是男性也擅長運動。

想一想類似的問題：為什麼男性有乳頭？答案是因為女性有乳頭，所以男性也有。乳頭對於女性成功繁殖是絕對必要的，而在男性身上又沒什麼害處，沒有非捨棄不可的天擇壓力。哈佛大學人類學家丹・李伯曼（Dan Lieberman）研究的，是肌耐力跑（endurance running）在人類狩獵和演化上的作用，他就曾告訴我：「男性和女性不能完全分開來設計，不能像訂紅色或藍色車子那樣訂製我們。我們的基本生理特性大致相同，只有一點點差別。如果女人不需要跑步，你就可以辯稱她們的腿部不需要充當彈簧的跟腱，但這要怎麼辦到？你必須讓某個性別失去跟腱。」相反的，自然界替人類保留了一套系統，讓荷爾蒙能夠選擇性地啟動基因來達成不同效果，而不是讓大量基因產生變化。

男人和女人有幾乎完全相同的基因，但那些很小的基因差異，如SRY基因，會引發大量的生理結果，這會導致比賽場上的龐大差距，而不僅僅是影響身高、四肢長度之類的明顯固定特徵。男性的肌肉在舉重時增長得比女性更快，心臟對肌耐力練習的反應也比女性大又快。所以，Y染色體上有一些小小的DNA差異，最後會影響此人的可訓練性（trainability，指目標能力因訓練而進步的幅度）。

而且影響其人是否為可造之才的，不只有這條染色體上的基因。

5 可造之才
The Talent of Trainability

男孩的祖母喊他吃飯，但他不會來，畢竟他正投出精采的一戰，而此刻他直視著對戰球隊的重砲強打者。男孩在祖父母家對著石牆丟出一記又一記超猛的快速直球，球打在牆上發出一聲聲悶響，他可以持續丟上幾個小時。

當然沒有打者，只有男孩和他的想像，還有他要當投手的夢想。或是當捕手，或三壘手，或隨便什麼守備球員都好，說真的。甚至不一定非棒球不可。從有記憶以來，男孩就夢想成為運動選手，並且盡力而為。他就是想要加入球隊，任何球隊都行。他對上學不特別感興趣，所以除了靠身體，他要怎麼樣讓自己有突出的表現？

某天他看完黑白老電視機播出的一集《超人》，就跑去翻箱倒櫃，從櫥櫃裡搜刮出所有材料，從酸黃瓜到可樂和番茄醬，拿來調製能夠讓他有飛行能力、從此脫胎換骨的特製奶昔。只不過，調製出來的超能力奶昔很噁心，而且沒效。沒有一樣東西有效。

自從教會改用更長的壘線，他就再也進不了教會的棒球隊了。他太虛弱無力，無法把球從三壘傳到一壘且不落地。儘管他比大多數的孩子長得高，仍然被踢出初中籃球隊。想當然耳，男孩找其他方式提振自己被擊潰的自尊心。

到六年級時，他常罵人、打架。他跟老師頂嘴，還曾被逐出校門一天。

他把裝滿香菸的釣魚工具箱偷藏在自己家附近的灌木叢裡，每天早上出發送報前點一根。他在保齡球館遊蕩，抽菸，吃垃圾食物，學會從停著的送貨車上搶走剛出爐的派。有了偷竊經驗之後，男孩很快就在漫畫店和街角糖果店順手牽羊。他開始質疑從小在要求嚴格的基督教會裡信仰的上帝。

但儘管男孩從叛逆行為和輕微小罪中尋得同儕認可，他仍然渴望擁有某樣非常遵循傳統、非常實質的東西：校隊毛線外套。而且他在初中裡真的只剩一種運動可以嘗試了：田徑。於是他做了最後一次嘗試，看看能不能加入克蒂斯初中（Curtis Junior High School）九年級田徑隊。前幾年他參加過選拔，成績不佳。他不會跳遠，在嘗試撐竿跳時竟然還把自己敲暈了。七年級的時候，他撞倒跨欄，八年級時他在50碼衝刺中拉傷了肌肉。所以這一次，在1962年春季，他選擇了田徑隊提供的距離最長的比賽，恰好就是400公尺，在跑道上跑一圈。選拔開始前，他請求上帝幫助他成功加入田徑隊。

當體育老師一喊完：「預備——起！」男孩就衝到最前面。他找到他的強烈願望。他一馬當先，雙腳像活塞一般重重捶著跑道，腳下只有劈啪作響的煤渣，眼前和頭頂上方是藍天。這種狀態持續了200公尺，接著他的腿變得像磚頭似的，肺部則像被砂紙裹著，這時其他幾個男孩追上他，把他甩在後頭。他只花不到60秒就跑完了，但這個成績還是不夠好，進不了田徑隊。

不過他一度領先，雖然只是暫時的。他心想，如果自己堅持下去，說不定有朝一日可以跑出很不錯的52或53秒，到時也許就能領到那件校隊毛線外套。因此，在他進威契托東部高中（Wichita East High School）讀十年級之前的那年暑假，有幾次他走出家門，衝刺兩個街區再折返，然後又轉身衝刺，最後累癱在草坪上。那年秋天越野跑教練在集合時講的話，彷彿是針對著他講的。教練說：「你們很多人在初中時運動表現可能不好，

但是別氣餒。每個人的發育速度都不一樣，有些人還有很大的成長空間。」教練不是隨便說的，不管是從字面上還是從隱喻上解釋，所以男孩決心要嘗試。

在越野跑校隊的第一次耐力跑，他和道格‧博伊爾（Doug Boyle）配成一組，博伊爾也是十年級生，可喜的是兩人志同道合，也同樣缺乏經驗。幾十年後男孩會回憶起這段往事：「我們轉向對方說：『以前我從來沒有一次跑五英里不停下來，我們要互相幫助。我們要慢慢跑，這樣就能跑完全程。』」於是他們辦到了，兩人都興高采烈。接下來挑戰變大了。

第一次的英里計時賽中，男孩跑出5分38秒，這是還不錯的開始，但在隊上只排第十四名。他的母親憂心忡忡地勸說：「放棄吧，你因為不舒服，晚飯才吃兩口，而且老是累得筋疲力盡。」

他的父親說：「這太刁難你了。」但男孩的隊友都為他打氣，而且跑步有某種特質感染了他，全神貫注於身體的感覺很好。於是他留在隊上，然後意想不到的蛻變開始了。

第一次越野賽中，男孩只跑出全校第二十一名，理所當然編在C隊。不過真正的訓練已經展開，現在他可以跑十英里（16公里）不停下來。那個訓練季開始六週之後，在接受了與C隊隊友相同訓練的情況下，男孩晉升到二軍。兩個月後，男孩帶領校隊參加堪薩斯州錦標賽，這讓他自己都大感吃驚。

儘管有驚人的進步，男孩還是沒有打定主意要跑步。日後他會寫道：78「我很喜歡成功的感覺，可是我真討厭那種痛苦！」所以他休息了一個冬天，心想也許春季會有比較令人愉悅的活動。他幻想著舉重競技，思索自己有多麼喜歡高爾夫球。但春天來了，他發現自己在跑道上。而同樣的，他的幾個隊友宛如嬰兒般一點一滴進步，他的進展卻像巨人的步伐一般。

那年三月，距離他在英里計時賽跑出5分38秒的成績才六個月，男孩

在一英里賽跑中就跑出4分26秒，擊敗企圖衛冕的堪薩斯州冠軍。隨後他又進步到4分21秒。全隊坐車回家的路上，教練鮑伯‧堤門斯（Bob Timmons）把男孩叫到前面，問他他覺得自己能跑多快。男孩說，今年也許到4分18秒或4分19秒，高中結束前可能跑到4分10秒。教練卻不那麼想。堤門斯在十年前見識到，羅傑‧班尼斯特（Roger Bannister）向世人證明有人能用不到四分鐘跑完一英里，而且雙腿不會化為塵土。而此刻教練在這個男孩——吉姆‧萊恩（Jim Ryun）身上，看到他自己的年少版班尼斯特。他告訴萊恩，日後他會變成第一個跑進四分鐘的高中賽跑運動員。萊恩心想，教練發瘋了，不過這種子已經深埋在他心中。

　　萊恩在十年級，也就是他的第一個田徑賽季結束時，會跑出一英里4分08秒的成績。隔年，他開始像職業選手一樣進行訓練。他告訴他的牧師，每週去教會三次讓他難以達成四分鐘內跑完一英里的目標。他固定進行100英里的訓練週，在賽季過後的夏天，他和教練住在一起，進行極度劇烈的練習，例如四十趟四分之一英里的耗體力跑步訓練。在高中的第二年，也就是才進入第二個田徑賽季，他就跑出3分59秒的成績，轟動全國。那年夏季，他入選1964年奧運美國代表隊。1966年，他以堪薩斯大學的十九歲一年級新生身分，創下3分51秒3跑完一英里的世界紀錄。隔年夏天，萊恩在加州貝克菲爾（Bakersfield）叱吒田徑場，成為史上最超乎尋常的長跑競賽之一。現今長跑項目的世界紀錄，絕大多數都會出現在設有「領跑員」的比賽中，領跑員的職責是替企圖破紀錄的選手設定配速，減少風阻，但在1967年6月23日，萊恩沒有藉助半個領跑員甚至競爭對手，便打破了他自己的紀錄，而且還是跑煤渣跑道。他從鳴槍起跑到終點線都一路領先，用了3分51秒1，此紀錄維持了將近八年才被打破。

　　如今他仍是公認的史上最佳中距離賽跑運動員之一。後來他靠著自己的運動偉業，選上堪薩斯州共和黨眾議員，回憶過去祈求上帝至少讓他順

利進入田徑隊時他說：「禱告的時候，祈願千萬要小心！」ESPN電視網在2007年把萊恩列為美國史上最優秀的高中運動員，排名還超前「老虎」伍茲和勒布朗·詹姆斯（LeBron James，綽號「詹皇」）。

如果沒有教練在他心中種下跑進四分鐘的種子，沒有積極狂熱的訓練，萊恩可能就只是個出色的高中賽跑選手，而不是在維基百科占有詳盡個人頁面的運動員。不過特別反常甚至比他的世界紀錄更醒目的，也許是1962年到1963年，在萊恩還沒開始積極投入目標之前的那段期間。當時他從高中越野隊成績慘兮兮的隊員，進步為全州最優秀校隊中的最佳選手，隨後從秋季到春季又讓跑完一英里的時間縮短了九十秒，使自己的配速幾乎就和一年前衝刺四分之一英里的速度一樣快。他在日後提到自己進步神速時是這麼寫的：「我無法解釋發生了什麼事，其他人也沒辦法。」反正，那時候還無法解釋。

● ● ●

1992年，加拿大和美國五所大學聯手開始募集受試者，準備進行「HERITAGE家族研究」（HERITAGE Family Study）這項計畫；HERITAGE的全名是「HEalth, RIsk factors, exercise Training And GEnetics」（健康、風險因子、健身運動訓練及遺傳學）。這幾所大學招募到九十八個小家庭，讓家庭成員接受五個月相同的飛輪健身車訓練，每週練習三次，強度一次比一次高，且由實驗室嚴格控制。

進行該計畫的科學家想知道：規律的健身運動，會給未經訓練的這些人帶來怎樣的改變？他們的心臟強度會如何變化？或是運動時心臟的耗氧量有何改變？膽固醇和胰島素的含量會如何變動？血壓可能會下降，但會降多少？每個人下降的程度都一樣嗎？

不同於以往的研究，他們將收集所有481個參與者的DNA，檢驗基因是否會影響不同人的健康變化。這些研究人員感興趣的一大表徵，是生

理學所說的「有氧能力」(aerobic capacity)或說「最大攝氧量」(VO$_2$max)。有氧能力是在測一個人使出全力跑步或騎腳踏車時,身體能夠運用的氧氣量,而這個最大攝氧量取決於心臟唧出多少血液,肺部輸送多少氧氣到那些血液中,以及肌肉從快速流經的血液中抓取並利用氧氣的效率高低。能利用的氧氣越多,肌耐力就越好。[1]

現任職於路易斯安那州立大學潘寧頓生物醫學研究中心(Pennington Biomedical Research Center),同時也是HERITAGE家族研究策劃人的克勞德·布夏爾博士(Dr. Claude Bouchard),已經略知研究結果的可能樣貌。布夏爾在1980年代,就曾讓三十位很少運動的受試者進行相同的訓練計畫,看看他們的有氧能力會改善多少,結果發現,耐力型運動對人體有極大的影響:會產生更多血液流經新生的微血管,這些微血管就像扎根般往肌肉裡生長;受試者的心肺功能增強了,細胞裡負責製造能量的粒線體數量大增。

這次布夏爾認為他會看到,最大攝氧量的增長幅度會因人而異,然而他表示,「我沒想到變化範圍會從0%到100%。」他覺得這結果很有意思,因此決心利用三個不同的研究,測試同卵雙胞胎,每項研究都有獨一無二的訓練程序。果然,對於訓練有高反應者,也有低反應者。布夏爾說:「但在兄弟檔本身,相似性非常明顯,如果看由訓練結果帶來的反應,兄弟檔與兄弟檔之間的差異幅度,是雙胞胎兄弟彼此間的差異幅度的六到九倍,而且結果非常一致。我就是這樣說服國家衛生研究院(NIH)提供經費給

---

1 持平而論,最大攝氧量並非預測肌耐力的唯一指標,但卻是很重要的一個。得知馬拉松選手的最大攝氧量,雖然不足以判斷完賽名次,但仍然能告訴你哪些是職業選手,哪些是大專生,哪些是週末才有時間運動的人士,哪些又是場地清理人員到場時還在跑的人。對於另一些運動項目,有氧能力可能更具預測性。根據瑞典生理學家彼庸·耶克布隆(Björn Ekblom)的研究,來自1970年代的數據顯示,最大攝氧量對奧運越野滑雪金牌選手的預測結果相當不錯。

HERITAGE這項大型研究的。」收集HERITAGE的所有資料花了四年，模式也保留在裡面。

在四個HERITAGE研究的中心——美國的印第安那大學、明尼蘇達大學、德州農工大學，以及加拿大魁北克的拉瓦爾大學（Laval University）——自願受試者都應要求健身運動，研究結果極為一致。儘管每個研究成員都採用同樣的健身運動計畫，但在四個地點，有氧能力的提升範圍都非常大且類似，在其中一端，有15％的參與者經過五個月訓練後有一點點或沒有改善，而在另一端，則有15％的參與者大幅改善，身體能利用的氧氣量增加了至少五成。

令人吃驚的是，任何人感受到的改善程度，和他們原本的狀況無關。在某些個案中，貧者相較之下變得更貧（本來有氧能力低的人提升了一點點）；而在另一些情況下，攝氧量的富者相較之下變得更富（原本有氧能力較高的人迅速提升）；還有介於中間的各種變異——具高基準有氧能力，但只改善一點點的人，以及一開始有氧能力不足，隨後身體有急劇轉變的人。

沿著改善曲線，家族往往黏在一起，也就是說，家庭成員通常會從訓練中獲得相似的有氧能力益處，而不同家族間的變異非常大。統計分析顯示，每個人藉由訓練提升最大攝氧量的能力，大約有一半是由父母親決定的。此研究中任何一個人的提升程度，都與他們原本相較於其他人的有氧健康程度無關，不過那個基準也有大約一半來自家族遺傳。

2011年，HERITAGE研究團隊發布了運動遺傳學上的一項突破：他們鑑定出21個基因變體（因人而稍有不同的基因版本），這些變體可預測個別受試者有氧能力提升的遺傳成分。雖然這仍然把半數的有氧能力可訓練性留給其他因素，但21個基因標記已具備描述高反應者和低反應者的能力。至少擁有19個「有利」基因版本的HERITAGE受試者，其最大攝氧量的提升幅度，是擁有不到10個的受試者的將近三倍。

82

　　科學家從事這項研究之前，基本上還檢測不出可能可以預測肌耐力提升的基因。十年前大家盛讚人類基因體定序開啟了個人化醫療時代之時，科學家都冀望有個單純的生物系統，其中的單個或少數幾個基因就能界定單一特徵。如今顯見的是，大部分的表徵實際上複雜得多。

　　基因體是裝在人體每個細胞裡的食譜，告訴身體要如何建構出自己。這部食譜中，有大約23,000頁寫出了建構蛋白質的直接指令說明──或說基因。科學家原本希望，他們讀了那23,000頁，就能完全了解身體是如何構成的，可惜事與願違。23,000頁當中有一些寫著大量功能的指令，而且如果其中一頁改了或被撕掉，其他22,999頁裡的某些頁面，可能就會突然帶有新指令。換句話說，指令說明頁會交互影響。

　　人類基因體定序完成後的那些年，運動科學家選出他們猜測會影響運動能力的一些單一基因，然後在小規模的運動員組和非運動員組之間比對這些基因。很遺憾，該研究中的單一基因多半只有很小的影響，微小到在小型研究裡還檢測不出來。由於科學家低估了遺傳學的複雜程度，因此就連像身高這樣易測量的表徵，其相關基因大多也檢測不到。

　　布夏爾及HERITAGE後續工作跨國研究團隊的一個創舉，是讓基因體告訴科學家該研究哪些基因，而不是由科學家事先猜測基因。在某個獨立於HERITAGE之外的實驗中，研究團隊讓24名習慣久坐不動的年輕男性，接受六週的自行車訓練，然後在這些人訓練前及訓練後，從他們的肌肉組織中取樣，檢驗哪些基因有較多或較少的「表現」──也就是它們的蛋白質製造活動被調大還是調小了。29個基因的表現量差異，可區分出高低反應者，換句話說，雖然所有受試者都帶有某些基因，不過這些基因在可訓練性高的人和可訓練性低的人身上，也有高低不同的活性。研究人員隨後利用它，預測健康組和進行劇烈間歇訓練的那組人的訓練反應，結果基因表現印記仍是有效的。（有些人類高反應基因也預測出大鼠的運動

適應性。）重要的是，29個基因的表現量並沒有因健身運動而改變，這顯示那些基因表現量是真正的個人印記，而不是先前所受訓練的結果。

我們仍然不知道，布夏爾和其他研究人員鑑定出的預測基因，本身是不是很重要，或者是否只是更廣泛的基因網路的標誌物。基因表現數據顯示，每個人對健身運動的反應牽涉到上百個基因，而某些基因，如RUNX1基因，可能參與了肌肉組織裡的變化或血管的新生。不過有研究發現，三十多億年前，海洋中的細菌開始製造地球大氣中豐富的氧氣時，其他基因曾幫助生物適應這種環境下的生活。

由於遺傳學相當複雜，解釋研究結果時應該時時保持謹慎。儘管如此，HERITAGE的研究發現，仍然使我們更加了解可訓練性的基因體架構，而且獨立的研究成果也支持這些發現。邁阿密大學「遺傳學運動及研究」（GEAR，全名是Genetics Exercise and Research）的研究人員，讓442名沒有血緣關係、族裔多元的成人，接受同樣的有氧運動和重量訓練計畫，結果發現，就像在HERITAGE研究中，身體免疫和發炎反應過程牽涉到的基因，能預測有氧能力可訓練性的個別差異。出現在HERITAGE研究中的基因，有幾個也出現在GEAR研究中。

當我向參與HERITAGE研究的科學家托莫‧萊肯寧（Tuomo Rankinen）提到，有些人似乎是期待訓練的「有氧定時炸彈」，他笑著說，若改稱「可訓練性炸彈」會更貼切。這個想法把與生俱來的天賦和訓練前就顯現的某種特質混為一談。至於可訓練性範圍的另一頭，《應用生理學期刊》（*Journal of Applied Physiology*）上有一篇時事評論則指出：「很遺憾，這些研究當中的低反應者預先決定好的（遺傳基因）字母湯裡，可能就拼不出『runner』（賽跑選手）這個詞。」不過即使在他們身上，還是有光明的一面。

HERITAGE研究的最終目標，和人類基因體計畫的初衷是一致的：邁向個人化醫療。倘若醫生知道病人對健身運動的反應情形，就能判斷某

個健身計畫是否可以帶來預期的健康效益，譬如使血壓下降或心血管功能增強，或者某名低反應者是否需要給藥治療。所幸接受HERITAGE研究的所有受試者都因健身運動獲益，就連有氧能力毫無進步的那些人，他們的血壓、膽固醇、胰島素敏感度等其他健康參數也有所改善。（同樣的，帶有特定基因變體的兩個副本的少數健身運動者，胰島素敏感度其實不升反降，這表示體能活動雖然減少了大多數人罹患糖尿病的風險，卻可能導致少數人更容易得病。）

　　研究團隊測量的每個身體特質，都出現了反應從低到高的各種人，於是他們忙著為各個表徵搜尋能夠預測可訓練性的基因。已經有研究確認了透過訓練有助於個人血壓下降、心跳速率放慢的基因。研究發現，影響心律的CREB1基因的變異，能幫助我們預測一個人變得更健康時，心跳速率減慢的幅度。

　　HERITAGE的研究發現有個意想不到的結果，就是確定了能將像博伊爾的人和像萊恩的人區別開來的遺傳基因基礎，至少在那個研究樣本中是如此。博伊爾並不差；他在高三開學時的英里計時賽跑出4分39秒，在威契托東部高中校隊裡排名第三。但在同時，萊恩的成績達到4分06秒。

　　不過，當初想到跑五英里就感到畏縮的萊恩和博伊爾，到那個時候兩人的技能水準已是天壤之別。萊恩已經參加過東京奧運，躋身世界頂尖賽跑選手。醉心於自己還在調製超人奶昔時夢想的成就，加上教練特別關注他，萊恩充分利用高反應的身體，逼迫自己每週跑120英里（約193公里），進行劇烈訓練，大多數賽跑選手哪怕是想到都會覺得很痛苦。萊恩專心致志，想跑得越快越好，也促使他在運動史上占有一席之地，這點無庸置疑，但那是得自他的身體對訓練特別能夠產生反應。

　　我們不禁要問，萊恩家族在HERITAGE的研究結果當中，會落在哪個範圍。當被問到有沒有其他家人對肌耐力訓練也顯現出很快的反應，萊恩

85

說：「好問題。不過我是家裡唯一擅長運動的人，其他人都沒興趣。」他的妹妹呢？他說：「我覺得她沒參加過賽跑，她在這方面沒什麼天分。」話說回來，當初她的哥哥也沒有。或者該說，在開始訓練前看起來沒有多大的天分。

這樣的故事不時在美國的每個跑道上發生，表現差不多的男女孩雖然接受同樣的訓練，卻奇蹟般地出現差異，儘管沒那麼高潮迭起。在這些故事沒有任何生物學解釋的情況下，我們找了其他的故事來解釋，這些故事就不是沒有結果的了。

• • •

位於紐約曼哈頓上城區168街的軍械庫田徑館（Armory Track and Field Center），空氣汙濁是出了名的。那是2002年的一月天，我在哥倫比亞大學的第四個室內田徑賽季，而我不打算放過那乾燥的空氣。在田徑館跑完比賽後的夜裡，我因為拚命搔抓胸口而疼痛得難以入眠。如果那就是代價，為什麼不乾脆省略所有訓練，直接吸入鐵屑就好了？但我在那個賽季開始表現得不錯，而且很期待那天和訓練搭檔史考特（Scott）較量一下。

剛才我們還一起熱身，但現在他沒一起跑。史考特再度出現時告訴我，他只打算跑前面600公尺，然後就退出比賽。比賽前最後一刻做這個抉擇很奇怪，不過我能理解。

兩年前我還是大二學生，史考特則在讀高三，我是他的招募參訪行程的接待生。我知道他是很有希望的人選，因為我們的其中一位助理教練交代我「要對這個小子非常非常友善」。儘管助理教練如此叮嚀，但我並沒有非常實力。史考特專攻的比賽項目跟我一樣是800公尺（半英里），當時我是個還未入選學校田徑隊的小角色，對於招募小我兩歲、但在半英里賽的成績已經比我的兩分鐘整快了五秒的奇才，我不怎麼有興致。

1997年，也就是我十一年級開始練田徑的那年，史考特在他的加拿

大家鄉，創下14至15歲組400公尺分齡賽紀錄。他不僅看起來有天分，而且有好勝心、聰明、經驗豐富，就像加拿大其他大有可為的年輕賽跑選手；他也參加了比大部分美國高中校隊提供更專業訓練的社團田徑隊。史考特看起來就是天生很會跑，他的母親曾在1969年奪得加拿大100公尺青少年組金牌，她和史考特的父親還分別是1973至1974年溫莎大學（University of Windsor）女子及男子田徑「最有價值選手」。

那麼，為何這個天生好手在還沒鳴槍起跑前，就突然決定要在600公尺退出比賽？那個賽季史考特的內心在交戰，他的計時成績沒有進步，而打算退出是紓解壓力的方法。如果你在600公尺時退出，沒有人會說你的800公尺計時成績又沒進步。沒有人會說你具備別人求之不得的天賦，但既然沒辦法跑得更快，那你一定是蠢蛋。

而在同時，我相對來說進步得較快。我在高中的足球、籃球、棒球等運動生涯起步得晚，經驗不如我所招募的訓練搭檔，不過回想起來，我相信我就像HERITAGE研究中的一組受試者：基準低的高反應者。

我在高中剛開始參加徑賽時，很難在距離更長的賽跑中保持下去，於是我去找胸腔內科醫生檢查我的呼吸系統，結果發現我每次呼吸呼出的空氣，只有同齡人的六成左右。雖然我還年輕，但醫生的一份後續報告寫道，我的檢查數值太低，符合非常初期的肺氣腫症狀。我在狀況不佳時，就真的很糟糕，比方像我爬樓梯時會喘不過氣來。

大學時每個秋季，我都會像所有的800公尺選手一樣，在完成規定的輕鬆暑訓後向學校報告，不過我的狀況總會比其他人差。但投入艱苦的訓練後，我很快就會趕上。冬季去找胸腔內科醫生報到時，檢查結果顯示，
我奇蹟似的變成呼氣力道跟同儕一樣有力的年輕人。低基準，快速反應者。跟我同個訓練小隊的每個人，似乎都有較高的有氧能力基準，但我們對訓練的反應程度不一。

　　至於史考特則會以相對較好的狀況進入賽季，緩慢又小幅地進步，因此很容易讓人覺得他是沒有善用出色天賦的大天才。這樣的故事開始出現後，後果可能會很嚴重，那天史考特在田徑館亟需釋放壓力，就可見一斑。

　　反觀我承受的，卻是個更感榮幸的情況。我是個沒有天分的蠢材，要是成績能再快個四分之一秒，我就準備去表演吞劍了。痛苦對我來說不算什麼，我是把自己低淺的才能盡力發揮出來。這當然是事實。過去我經常在最耗體力的操練之後嘔吐；如果來得及，我會偷偷摸摸走到某個隱蔽的垃圾箱旁，這樣隊友就不會察覺。

　　我和史考特並肩練跑時，我很羨慕他，會偷瞄他流暢的跨步，但我心想，我就是得比他剛強，因為我沒有那種天賦。教練和隊友強化了這個想法，每個田徑隊都是如此。我欣然接受自己在別人眼中是個陪襯的，狠下心從沒有天賦的身體榨出幾滴進步。但現在，在涉獵了 HERITAGE 家族研究之後，我認真思考這件事時深信，這故事其實涉及基因以及基因與訓練之間的相互影響，只不過這層面從表象是看不出來的。

　　大四時，有一天我在找隱蔽角落好嘔吐時，看到了史考特。他已經在乾嘔。後來又有一次，我看到他把頭伏在垃圾桶上。我看過一次又一次。有幾次我甚至看見他在訓練中途就衝出跑道去吐，再回來把練習跑完。原來，他像鈦螺絲釘一樣堅韌。我由於練得比他多，每個賽季從頭到尾都沒趕上他。一步一步地，在我大學生涯的後期，我和他就進行完全相同的訓練了。我會趕上他，也許是因為我有很低的基準，而對訓練有快速的反應。在根本沒聽過什麼 HERITAGE 研究或高低「反應者」之前，每季開始時我就已經會用同樣的話給自己打氣：「別擔心，他們的狀況都會比你好，不過你對訓練的反應會像加了火箭燃料一樣。」

　　HERITAGE 研究的某位科學家檢查了我的部分基因數據，他指出我對有氧訓練的反應可能高於一般人。我也知道我的血壓在運動時會迅速下

89

降。根據大學時對我最有幫助的那種訓練，我推測自己對以全速跑為主的訓練有更大的反應。就像有氧訓練的情形，利用以爆發力型健身運動為主的訓練計畫來進行的實驗，也曾證實有高反應者和低反應者。（若是從運動遺傳學這門分支有吸取到什麼經驗，那就是沒有一體適用的訓練計畫。如果你懷疑自己對某個訓練刺激的反應不像你的搭檔那麼好，那有可能是對的。與其放棄，不如嘗試別的訓練。）

在軍械庫田徑館的那個一月天，史考特決定不認真比賽，因期望帶來的重擔因而減輕了，最後他決定跟我比完賽，但在還剩下150公尺時我超越了他，跑出1分54秒，第一次擊敗了他。這比我十一年級時跑出的成績快了30秒。

史考特終究離開了800公尺的競技場，生涯中越來越少參加這個項目，而選擇了其他競賽項目並取得亮眼成績。至於我，我的速度持續加快，後來因為長足進步而贏得一個木頭及玻璃製的耀眼獎框，叫做「古斯塔夫耶格紀念獎」（Gustave A. Jaeger Memorial Prize），這個獎頒發給哥大校隊中「面對艱辛挑戰之下獲得特殊運動成就」的大四選手。現在我們要來看看，有氧能力基準高的人設法贏得這個獎的歷程。

• • •

有些人提升肌耐力的速度比別人快，他們天生就有很好的可訓練性，另有些人則是生來就有很高的有氧適能基準。但那個基準會有多高？或者該問另一個對競技運動至為關鍵的問題：有沒有人在接受訓練前，就具備菁英水準的有氧肌耐力？約克大學人體運動學教授諾曼・格雷德希爾（Norman Gledhill）在1970年代就開始思考這個問題；他曾主持北美職業冰球聯盟（National Hockey League）的選秀前聯合體測。其中有幾個案例，看起來是在訓練前就稍有一點肌耐力，這燃起了格雷德希爾的好奇心，而銘記在他心中的，是就讀附近喬治亨利中學（George S. Henry Secondary

90

School）的高中生南西・蒂納里（Nancy Tinari）的故事。

　　1975年，先前沒受過任何訓練的蒂納里，穿著不修邊牛仔短褲和破爛的Keds帆布鞋來上體育課，在十二分鐘的跑步測驗中她輕鬆跑了兩英里（約3,200公尺）。蒂納里說：「我不覺得自己是運動健將，我對裝備或遵守訓練要求並不熱衷，我其實對這種事不感興趣。」不過蒂納里很幸運——在那個秋日拿著馬錶的人，喬治・葛路普（George S. Gluppe），對她的情況可感興趣了，日後他自詡「（我）夠機靈，意識到眼前有個很特殊的人」。後來葛路普纏著蒂納里，激勵她開始接受訓練。他告訴她：「南西，你可以去跑奧運，你知道嗎？」她大笑起來。但最後蒂納里答應接受訓練，也實現了葛路普的那番話。

　　她一展開訓練，就開始贏得比賽。高中畢業後，蒂納里在約克大學參加賽跑，隨後成為職業選手。1988年，儘管她因為受傷，每週的訓練減少到30至35英里，她仍然參加了首爾奧運10,000公尺比賽。至今，蒂納里仍是15,000公尺的加拿大全國紀錄保持人。

　　格雷德希爾從未忘記這個女孩在體育課被發掘，後來成為約克大學最優秀賽跑選手的故事。在1980年代和1990年代，他和同事薇若妮卡・亞姆尼克（Veronica Jamnik）測了上千名受試者的肌耐力，從年長女性到菁英自行車選手和划船選手，過程中他就常想起這段故事。他們偶爾會發現，某個人的最大攝氧量不符合本身缺乏運動的生活型態。

　　1990年代後期，格雷德希爾、亞姆尼克，連同約克大學的研究員馬可・馬提諾（Marco Martino），想看看他們能不能發現並研究像這樣天生就有強健體能的人。他們的部分工作，是替想當多倫多消防員的年輕男性進行體適能篩選。兩年下來，這組人測了1,900名年輕男性的最大攝氧量。

　　在這些人當中，有六人完全沒有訓練紀錄，然而有氧能力卻和大學校隊賽跑選手不相上下。「天生就有強健體能的六個人」（這是澳洲生理學家

91

達米安・法洛〔Damian Farrow〕和賈斯汀・肯普〔Justin Kemp〕在《為什麼佛斯貝里一跳成名》〔*Why Dick Fosbury Flopped*〕這本運動科學書中對他們的稱呼），儘管都喜歡窩在沙發上的活動，但他們的最大攝氧量，比未受過訓練的普通年輕男性高出五成以上。約克大學的研究人員檢查他們的「隱藏天分」時，發現這些天生體能強健者沒透過任何訓練或自身的努力，就有個十分重要的天賦：血流豐沛。若看這些人生來就具備的血容量，可能會誤以為那屬於受過肌耐力訓練的運動員。格雷德希爾在提及心肌放鬆好讓血液流回心臟之下的心搏時，解釋說：「這是增加的舒張充血期。右半邊心臟填充了較多血液，就會把更多血液打進左心，接著左心再把這些血液送到全身。由於有額外的血容量，回流到心臟的血液就增強了。」

血容量增加是訓練有素的運動員的身體跡象之一。有時候，會有職業運動員為了提升肌耐力而違規增血，結果被抓到。然而，天生就有強健體能的那六個人不是；他們生下來就如此，血容量自然而然增加了。

世上最優異的幾位耐力型運動員，似乎也是生來就比他們的同儕狀況更好。就像克莉西・威靈頓（Chrissie Wellington）這樣的運動員。

· · ·

三十六歲的英國三項全能運動員威靈頓，在鐵人（Ironman）三項全能賽事中打響名號，鐵人三項的賽程包括：游泳2.4英里（約3,800公尺），接著騎自行車112英里（約180公里），最後是跑26.2英里（約42.2公里）的全程馬拉松。

她是史上最傑出的鐵人三項女性運動員，而且是非常傑出。在十三場鐵人距離（iron-distance）的賽事中，包括四場鐵人世界錦標賽，她從未輸過。2011年7月，威靈頓締造了耐力型競技運動史上極不尋常的表現：她在德國以8小時18分13秒完賽，成績排名僅次於四名男性選手；這比2007年她沒參加三項全能賽事前的世界紀錄，快了半個多小時。

92

據威靈頓自己說,她自小在費特維爾(Feltwell)這個英國東部小鎮長大,孩提時的熱愛是環保運動,對劇烈運動並不感興趣。她說:「小時候我會在社區舉辦資源回收。」威靈頓還是有參加競技運動,但「我在學校的目標是盡量考出最好的成績,運動比賽更像是為了好玩而參加」。所以她每一項都嘗試一下:賽跑、草地曲棍球、籃網球,她還代表當地的塞福海豚俱樂部(Thetford Dolphins)去比賽游泳。

威靈頓十五歲那年,她的父母發覺他們家裡出了個水上運動天才。威靈頓回憶起她與父母的某次交談:「我父母對我說:『你看,你在游泳方面有潛力呢,想不想去那個離我們家一個小時的大型游泳俱樂部,我們每天早上開車載你過去?還是說,你十六歲時要準備大考了,你想專心準備考試?』結果我說:『不用啦,我寧願待在我們這裡的游泳俱樂部,不要那麼認真游,然後專心準備考試。』那就是我還小的時候所做的選擇。」

威靈頓把重心放在學業上,對她很有助益。她在1998年以優異成績從伯明罕大學畢業,然後去世界各地旅行,隨後在曼徹斯特大學攻讀國際發展碩士學位。2002年,她進入英國環境食品暨鄉村事務部(Department for Environment, Food, and Rural Affairs,簡稱DEFRA)任職,兩年間她努力工作,在貧困的鄉村執行開發計畫,她還協助草擬英國官方的伊拉克戰後重建政策。在此期間,威靈頓也開始休閒跑步運動。第一次跑馬拉松時,她本來預期花3小時45分鐘跑完,結果3小時就完賽,自己也嚇了一跳。威靈頓非常熱愛自己的公務員工作,但是到2004年,她已經厭倦為了推動漸進式政策改革要經過那麼多繁文縟節。她渴望有一番實實在在的影響。於是她移居到尼泊爾,在某個受內戰摧殘的地區從事汙水衛生計畫。就在喜馬拉雅山脈,她的三項全能職業生涯靈感誕生了。

當時威靈頓沒有參加過公路自行車賽,她在二十七歲時才第一次騎公路自行車,但在2004年5月,在她就要出發前往尼泊爾前,有個朋友

93

不斷慫恿她參加一場超級短跑距離（super-sprint-length）的業餘三項全能競賽，那場比賽的賽程包括400公尺游泳、10公里自行車、2.5公里跑步。威靈頓借了一台破爛的公路自行車，據她說是「黑配黃色的，看起來很像熊蜂」。不像那些認真的參賽選手，威靈頓沒有騎公路車專用的卡鞋，比賽中途她的鞋帶還絞進大齒盤，差點摔車。儘管如此，她仍然奪得第三名，狂歡慶祝。就這樣，威靈頓又參加了兩次超級短跑距離三項全能賽，都名列前茅。飛抵尼泊爾後，她就買了一台自行車。

在尼泊爾，威靈頓有時早上會和朋友一起騎車。她立刻注意到，「我可以整天一直騎下去。」有一次她趁工作餘暇的兩週休假，跟一群朋友去西藏拉薩旅行，然後騎車穿過喜馬拉雅山脈回到加德滿都，騎了將近一千三百公里。

威靈頓在海拔約1,500公尺的加德滿都住了八個月，所以有一定程度的高山適應，不過假期騎車大多是跑去海拔4,500公尺以上的地方，最高點是海拔約5,365公尺的聖母峰基地營（Everest Base Camp）。在海拔4,500公尺以上的地方，空氣稀薄到水土不服的人連走路都難，遑論騎車了。這對幾個跟威靈頓同行的男性來說不成問題，他們不但是經驗豐富的自行車手，還是在尼泊爾土生土長、以帶領登山者攀登聖母峰為生的雪巴人。威靈頓說：「他們的專業技能遠勝過我，不過我跟他們一樣可以爬上山坡和大山。」

她說：「我（在2005年年底）從尼泊爾回英國之後，下定決心要認真試一試三項全能競賽。只是當時我還沒想過要轉職業選手。」

2006年2月，才返國不久的威靈頓去紐西蘭參加婚禮，結果被朋友說服去參加一個穿越南阿爾卑斯山脈（位於紐西蘭南島），總距離243公里，項目包括跑步、自行車、愛斯基摩艇的冒險競賽。威靈頓此前受過的愛斯基摩艇訓練，就只有過去一個月的速成班個別指導課。雖然比賽時她在愛

斯基摩艇賽程中翻了幾次船，最終仍名列第二。9月時，一邊接受訓練、一邊全職工作的威靈頓，贏得了業餘三項全能世界錦標賽冠軍。五個月後，也就是在2007年2月，她成為職業選手。

同年10月，儘管只受過專為距離較短的競賽所做的訓練，威靈頓仍然報名參加了鐵人三項世界錦標賽。當時她在競爭對手眼裡，幾乎是個無名小卒，但這種情況只持續到2007年10月13日午後——此時她進行到賽程的跑步項目，比緊追在後的女子選手超前了兩分鐘。威靈頓說：「我一直料想會有其他選手急起直追趕過我，沒想到差距越拉越大。」到終點線時，差距已經拉大到五分鐘了。

英國三項全能運動聯盟（British Triathlon Federation）把這次獲勝譽為「非凡的戰績，對於第一次挑戰鐵人三項世界錦標賽的任何新手運動員來說，這都是幾乎不可能辦到的事」。威靈頓擊敗了像名列第二的莎曼莎・麥格隆（Samantha McGlone）這樣的運動員。過去五年，威靈頓還在協助運送飲用水到第三世界國家時，麥格隆就一直是加拿大國家菁英三項全能代表隊裡的職業選手，她已經參加過2004年雅典奧運三項全能競賽，而且不像威靈頓，她實際上還為了參加鐵人距離的競賽而刻意練習。威靈頓說：「我們都有天分，那些天分有時候會隱藏起來，必須敢於嘗試新事物，要不然你可能就不知道自己擅長什麼。」

在2012年12月威靈頓從前後五年的生涯退役之前，她不再將三項全能運動當下班後的嗜好。身為職業選手，她積極投入訓練，每週經常會進行六輪游泳、自行車、跑步，一天常常要訓練六小時，訓練後還得做按摩，飲食和睡眠也都細心安排。她在整個職業生涯中不斷進步，最佳訓練成果可能仍然超前。不過最令人大吃一驚的，是她崛起之速。

有人問威靈頓，她與競爭對手相比有什麼弱點，她馬上指出是游泳項目，而有趣的是，這是她最常訓練的一項。

95

• • •

　　在約克大學的研究中，1,900名年輕男性中有6人天生具備強健體能，這乍聽起來非常少，但1,900人有6人就是表示，大多數的大型高中，都有幾位天生好體能的男學生，而且若研究結果能外推到女性，那麼美國二十到六十五歲的人當中，天生有好體能者就超過十萬人。按照這個觀點，我們就有理由懷疑：體育史上的所有職業耐力型運動員，他們的強健體能有沒有可能並非天生的？

　　從校內體能測驗（就像讓南西‧蒂納里踏上奧運參賽之路的那個測驗）發現未來的舉世無雙好手，可說屢見不鮮。厄利垂亞裔的梅布‧克夫雷茲吉（Meb Keflezighi）在2009年，成為二十七年來贏得紐約市馬拉松冠軍的第一名美國人；他最初感覺到自己有非凡的肌耐力，是七年級在聖地牙哥上體育課跑一英里（1,600公尺）的時候。克夫雷茲吉在自傳《跑向勝利》（*Run to Overcome*）裡，寫到他一英里跑出5分10秒的經過：「由於想拿到高分，所以我跑得很賣力；我根本不知道策略或配速。」後來體育老師打電話給聖地牙哥高中的越野賽跑教練，告訴他：「我們這邊有個奧運選手。」他說對了。克夫雷茲吉後來在2004雅典奧運奪得馬拉松銀牌。他寫道：「體育課扭轉了我的人生，雖然當時我並不知道會這樣。」

　　二十五歲的美國人安德魯‧威汀（Andrew Wheating）是全美一英里賽跑的頂尖好手，他在位於新罕布夏州的金堡聯合學院（Kimball Union Academy）讀十二年級時，才參加了生平第一次田徑賽。他的賽跑生涯，從他一英里跑出5分鐘的成績之後就展開了；一英里跑步是他十一年級足球賽季之前的體能訓練項目之一。威汀的足球教練顯然感覺到他的運動前途在田徑場上，而不在足球場，於是建議他轉攻越野賽跑。威汀聽進去了，他申請到奧勒岡大學的田徑運動獎學金，這是體能強健者的跑步學程。就讀奧勒岡的第二年夏天，威汀的第三個田徑賽季，他入選800公尺美國奧運代表隊。

96

兩年後，在2010年田徑賽季尾聲，威汀以3分30秒90的成績拿到1,500公尺世界排名第四，相當於一英里跑3分50秒不到。

1976年，古巴賽跑選手艾貝托・胡安托雷納（Alberto Juantorena）成為史上唯一在400公尺及800公尺都奪得金牌的運動員。他在1971年時還是個雄心勃勃的籃球員，但當時國家籃球代表隊教練建議他改參加賽跑。胡安托雷納堅決地說：「謝謝你的提議，不過我不想換。你也知道籃球是我的生命啊。」結果教練回他：「對不起，我們已經決定你要改換運動項目了。從明天起，你就是賽跑選手，不是籃球員。」隔年，胡安托雷納就參加了慕尼黑奧運。

然而，有些天生體能強健的人也有可能像HERITAGE研究中的低反應者，而不像威靈頓或威汀，訓練並未讓他們迅速進步。（對於最大攝氧量數值非常高的三百名耐力型運動員，布夏爾的研究小組也從他們的身上取得DNA。不出所料，他們根據這些人的基因變體預測，沒有人落在反應範圍的最低端。）布夏爾根據資料，估計有氧能力一開始就提升（雖然不像體能天生強健的那六人那麼高）的人，介於十分之一到二十分之一之間，而高有氧能力反應的人，則介於十分之一到五十分之一之間。布夏爾說：「一個人擁有高天分而且可訓練性也高的機率，是這兩個機率值的乘積。這個數字並不好看，它落在百分之一到千分之一之間。」

當然，最後的綜合體會是一開始有氧能力就大幅提升、且對訓練有快速反應的人。我們很難在訓練開始前便發掘出這樣的人，因為運動員通常要等到已達到某種成果之後，才會接受實驗室測試。以科學去檢驗一個菁英運動員，再追溯他為何成功，比起在運動員開始訓練前就去找出誰可能會成功、對訓練可能有反應，然後再進行追蹤，成效會好得多。

不過，運動生理學家傑克・丹尼爾斯（Jack Daniels）博士做過一點獨特的相關科學工作。丹尼爾斯曾是美國奧運現代五項選手，還是世上備受

97

推崇的耐力型運動教練。幾十年前，他追蹤了一名奧運賽跑選手長達五年，至少每六個月測一次他的各種生理特徵。這名選手經過全面訓練後，最大攝氧量大約是未受過訓練的健康普通男性的兩倍。然而研究進行到第三年時，遇上出乎預期的麻煩：這名選手對比賽厭倦了。由期望產生的壓力，加上間歇訓練帶來的苦悶沒完沒了，他感到相當難受。在某場全國錦標賽中，他還沒跑到一半就退出跑道，接著有一整年不願再跑半步。超過一年半之後，他才又認真思考重返競技場。

98

丹尼爾斯並未放棄這項研究，而是趁著這名運動員的倦怠年進行測試。中斷訓練的運動員有可能在幾週內，喪失自己過去所累積的最大攝氧量的15%。等到丹尼爾斯替這名運動員測試時，他的最大攝氧量已經減少了20%。在缺乏訓練的情況下，這名奧運選手的有氧能力，就跟約克大學研究中天生有強健體能的那六人完全一樣。（數十年後，這會變成丹尼爾斯很熟悉的模式。1968年，丹尼爾斯為了自己的博士論文，測試了二十六名菁英賽跑選手，當中有十五人後來進軍奧運。他在1993年替這些人重測，結果發現，就連多年前已不再跑步、體重超重的那些人，最大攝氧量還是高於普通男性。丹尼爾斯在接受運動網站 *FloTrack* 採訪時表示：「甚至連沒有（繼續）好好跑的人，也證明有遺傳基因的特徵。」）

經過一年的心理恢復期，這名賽跑選手開始和妻子一起慢跑，而隨著奧運賽的時間越來越近，他對全日訓練也重燃起熱情。他漸漸增加訓練強度，所以他在那段沉寂期失去的20%有氧能力，很快就失而復得。

從生理學的角度來看，丹尼爾斯五年間記錄的內容，和某項為時七年、針對日本青少年男子長跑選手所做的研究，結果一致。該項研究選定的男孩，都曾經是日本青年錦標賽（Japan Junior Championship）中長距離賽跑的獲勝者。隨後，研究團隊追蹤他們從十四歲到二十一歲，每週訓練五到六天、每天兩小時的進展。結果發現，他們剛開始的有氧能力水準，

幾乎和丹尼爾斯的那名奧運選手休練期間的水準相同──和天生有好體能的那六人差不多。經過多年訓練，那些男孩都進步了，但自然而然分成兩組：研究組一，他們的有氧能力提升了13%；以及研究組二，到十七歲時有氧能力提升至9%就處於停滯，比賽計時成績的進步也遇到了瓶頸。第二組的男孩都無法再進步，過了十七歲就完全放棄賽跑。事實上，可能還有某種形式的自然自我選汰過程，只讓那些持續進步的男孩留在競技運動群體中（並努力邁向他們的第一萬小時）。這並不是說，繼續比賽的男孩只是因為運氣好。這個研究顯示，越有進步的潛力，就必須花越多時間和努力才會進步。但進步的能力可能會讓他們持續下去，盡心盡力訓練。

因此第一組日本男孩就像丹尼爾斯研究的那名奧運選手，似乎有高基準的有氧能力，也比同齡者有更好的進步能力。但丹尼爾斯的那名奧運選手進步得更多，而幾個與他同齡的選手表現則沒有起色，於是轉而投入其他興趣，就像第二組日本男孩一樣。看樣子，丹尼爾斯研究的那名奧運選手不但天生就有極佳的有氧適能，對於訓練也有非常好的反應。

對了，那位奧運選手就是吉姆·萊恩。

6

從巨嬰、渾身肌肉的惠比特犬，談基因如何影響肌肉鍛鍊

Superbaby, Bully Whippets, and the Trainability of Muscle

小男嬰是在世紀之交出生的，抽搐的動作此時攫住了護士的目光。是沒錯，這個男嬰稍微重了些，但對柏林夏里特（Charité）醫院的嬰兒室來說不足為奇。然而那些抖動就不同了。他出生後才幾小時，就開始發出微微的答答聲和顫動，醫生們擔心他可能患有癲癇，所以把他送到新生兒病房。在那裡，小兒神經科醫生馬庫斯・舒爾克（Markus Schülke）注意到他的手臂肌肉。

這個男嬰的二頭肌略微凸起，像是在子宮重量訓練室鍛鍊過似的。他的小腿肚稜角分明，四頭肌的皮膚有點緊繃。像嬰兒屁股般柔嫩？這個嬰兒可不是這麼回事。他的臀肌可以讓一枚五分鎳幣反彈。醫生用超音波檢查男嬰的下半身，結果顯示他的肌肉量超出嬰兒圖表的最高值，脂肪量卻低於圖表的最低值。

除此之外，一切正常。男嬰的心臟功能正常，那些抽搐抖動兩個月後就減少了。也許這名男嬰就像《班傑明的奇幻旅程》中的男主角，只不過一出生時體態健美，日後肌肉會漸漸消失。但不是這樣。他到四歲時，就能不費吹灰之力提起將近三公斤的啞鈴，雙臂打直並呈水平位置。（想像一下那家人要如何做幼兒居家安全防護。）

　　這一家人都力大無比。男孩的母親力氣很大，她的哥哥和父親也是，而她的祖父還因為徒手從卡車上卸下150公斤的路緣石，在他的修路工班廣受稱讚。

　　男孩穿著衣服時，在同齡孩子間並不出眾，如果在街上跟他擦身而過，你不會盯著他未發育成熟的胸肌。然而他的上臂肌肉和腿部肌肉，大概是同齡男孩的兩倍大。**雙倍肌肉**。這讓舒爾克想起了某件事。

• • •

　　1990年代初，約翰霍普金斯大學遺傳學家李世進（Se-Jin Lee，音譯）為了找出肌肉消耗病（如肌肉失養症）的治療方法，開始在他的實驗室裡尋找肌肉。他要找的不是肌肉組織本身，而是構成肌肉的蛋白質支架。李世進和一群同事鎖定的目標，是稱為「轉形生長因子β」（transforming growth factor-β）的一組蛋白質家族，他們先複製出這些蛋白質的編碼基因，然後像拿到新玩具的孩子般開始尋找，想弄清楚每個基因有什麼作用。

　　他們先替這些基因取了很平凡的名字——生長分化因子（growth differentiation factor，縮寫為GDF）1到15，然後培育出一些有基因缺陷的小鼠，且讓每批小鼠都只缺少其中一個基因的操作副本，這樣他們才能看看會發生什麼結果，進而推斷出每個基因的功能。缺少GDF-1基因的小鼠，器官會生長在錯誤的那一側，而且存活不久。缺少GDF-11基因的小鼠有三十六根肋骨，也是很快就死亡了。然而缺少GDF-8基因的小鼠存活了下來，牠們就像某種畸形展上供人觀賞的齧齒類動物——牠們有**雙倍肌肉**。

　　1997年，李世進的研究團隊把GDF-8這個位於二號染色體上的基因及其蛋白質，命名為「肌肉生長抑制素」（myostatin，拉丁文myo-意指肌肉，而-statin是停頓的意思）。肌肉生長抑制素的某個作用，會指示肌肉停止生長。他們發現了肌肉停止信號的遺傳基因版本。若缺少肌肉生長抑制素，肌肉生長就一發不可收拾，至少在實驗室裡的小鼠身上是如此。

　　李世進想知道，這種基因對於其他物種是否也有相同的影響。他聯絡了蒂伊・蓋若斯（Dee Garrels），蓋若斯是密蘇里州斯托克頓（Stockton）湖景比利時藍牛牧場（Lakeview Belgian Blue Ranch）的業主。比利時藍牛是第二次世界大戰後為了生產更多肉，供應歐洲戰後經濟的擴大需求，而育種出來的產物。比利時育種員讓荷蘭乳牛和健壯的英國達蘭短角牛雜交，生出有很多肌肉的肉牛──說得確切些，是雙倍肌肉。比利時藍牛看上去，就像是有人拉開牛皮上的拉鍊，塞進很多保齡球似的。蓋若斯那頭名叫「熱線」的1,100公斤冠軍比利時藍牛，有一次在衝向發情母牛的途中，把鋼製的柵門從門軸鉸鍊上扯下來，甩到一旁。

　　李世進請蓋若斯把她的雙倍肌肉牛的血液樣本提供給他。果然，比利時藍牛的肌肉生長抑制素基因中，少了11個DNA鹼基對（總共有超過六千個鹼基對）。這導致牠們的肌肉沒有停止信號。另一個雙肌肉牛品種皮蒙特牛（Piedmontese），也有某種遺傳突變，導致肌肉生長抑制素無法發揮功能。

　　於是李世進開始尋找人類受試者。第一站是超市，他的購物車裡放滿了封面上盡是緊身衣肌肉男照片的健美雜誌。李世進有個同事戲稱他是「全世界最瘦的男人」，而他還記得那個超市收銀員投來的斜眼。儘管如此，他仍然在《肌肉與健身》（Muscle and Fitness）雜誌登了招募廣告。結果，立刻湧入積極的自願者，有許多人還寄來自己秀肌肉且穿得很少、或根本沒穿衣服的照片。李世進從150個肌肉發達的男性身上取樣，但沒發現任何肌肉生長抑制素突變。

　　他把這項研究擱置在一旁，直到2003年舒爾克打電話來，談論三年前在夏里特醫院出生、而且發育情況一直受他監測的壯碩男嬰。隔年，舒爾克、李世進和一群科學家共同發表了一篇論文，向世人介紹這個「巨嬰」（Superbaby）──這是媒體給他的稱呼。這個身分受到悉心保護的德國男

孩，是比利時藍牛的人類版，他的兩個肌肉生長抑制素基因發生突變，使他的血液中沒有可檢出的肌肉生長抑制素。更讓人感興趣的是，巨嬰的母親有一個肌肉生長抑制素基因和一個突變的肌肉生長抑制素基因，所以她的肌肉生長抑制素比兒子多，但比一般人少。她是唯一經證據證實，帶有肌肉生長抑制素突變的成人；她也是個職業短跑選手。

●　●　●

雙倍肌肉看似無條件的賜福，但身體會分泌肌肉生長抑制素是有原因的：按演化的說法，它具有「高度保留性」。肌肉生長抑制素基因在小鼠、大鼠、豬、魚類、火雞、雞、牛、羊和人身上，提供同樣的功能，原因可能是肌肉很寶貴。肌肉需要卡路里和蛋白質來維持，特別是蛋白質，而對無法穩定獲取所需蛋白質的生物（如人類祖先）來說，擁有大量肌肉可能是非常大的問題。然而在現代社會，這個問題越來越不令人擔憂。

對於前述的巨嬰，醫生起初擔心，他的心臟可能會因為缺少肌肉生長抑制素而生長失控，不過到目前為止，他與母親都未曾通報過重大的健康隱憂。[1] 因此，帶有肌肉生長抑制素突變的人，似乎根本不可能想到要接受檢查。這導致沒有人知道肌肉生長抑制素突變到底多罕見，只知道大多數人（和大多數的動物）沒有突變。但是，一個帶有兩個罕見肌肉生長抑制素基因變體的男孩力大無比，而且他的母親跑得非常快，這兩件事並非巧合。巨嬰和他的母親的情形，恰好與跑得飛快的惠比特犬相符。

19世紀末，追求速度的惠比特犬育種員無意中培育出一些賽犬，像
巨嬰的母親一樣只帶有單一肌肉生長抑制素突變，而且速度快如閃電。在級別最高的A組惠比特犬競賽中，這些賽犬最快可跑到時速56公里，其中超過四成帶有極為罕見的肌肉生長抑制素突變；在B組競賽中，只有約

---

1 在經常舉重的人身上，肌肉生長抑制素減少事實上是一種正常的適應，身體顯然藉此準備好鍛鍊出肌肉。

14%帶有突變基因，而在C組中差不多都沒有突變基因。

　　即使在A組競賽中，肌肉生長抑制素突變也不是先決條件，但顯然是有利的條件。惠比特犬育種制度的缺點就是，有些狗的肌肉過於發達。

　　每隻惠比特幼犬從父母雙方，各遺傳到一個肌肉生長抑制素基因副本，如果兩隻各帶有一個肌肉生長抑制素突變副本的疾速惠比特犬生下四隻幼犬，情況很可能是這樣：其中一隻幼犬不帶有突變基因，是普通的賽犬；兩隻幼犬帶有一個突變副本，就像巨嬰的母親一樣，是短跑健將；第四隻幼犬會帶有兩個突變副本，就像巨嬰一樣，而成了有雙倍肌肉的「渾身橫肉」惠比特犬。渾身肌肉的惠比特犬有卡通般的健美身材，貌似一堆用收縮膜包裝的石塊上黏了一張可愛的臉，牠們過於笨重，無法快跑，所以育種員往往會將牠們安樂死。

　　科學家研究得越多，就發現越多物種也帶有這種因肌肉生長抑制素基因突變而速度快的模式。2010年年初，有兩項獨立的研究分別發現，純種賽馬身上的肌肉生長抑制素基因變異，頗能預測出哪些馬是短跑健將還是長跑好手。帶有C版本肌肉生長抑制素基因（一種會導致肌肉生長抑制素變少、肌肉增多的變體）的賽馬賺進荷包的銀子，是攜帶了兩個T版本基因、且有較多肌肉生長抑制素的賽馬的五倍半。

　　後來，發掘這些現象的科學家，開設了專為純種賽馬育種員服務的基因檢測公司，這毫不令人意外。

· · ·

　　李世進在1997年一發表第一批強壯小鼠的實驗結果，立刻就收到令他應接不暇的訊息，一部分來自患有肌肉失養症孩童的父母（不難想見），另一部分則來自非常樂意獻身做基因實驗的運動員（想不到吧！）。有些 105
運動員根本不太清楚自己在說什麼。他們問李世進，哪裡能買到肌肉生長抑制素，完全不曉得其實是缺乏肌肉生長抑制素才會讓肌肉生長。

李世進本人是超級體育迷，他可以背出過去四十五年美國NCAA大學男子籃球聯賽的冠軍隊伍，還要先想到同一天聖路易紅雀隊的投手是誰，才能回想起二十年前和太太約會的情形。不過，他一直不願和體育記者談到他的研究。令他困擾的是，運動員顯然很樂意利用根本談不上是技術的技術，而這項「技術」僅適用於沒有其他選擇的病人。他希望，未來以肌肉生長抑制素為基礎的任何治療方法，都不會像類固醇那樣，背負運動圈禁藥醜聞的惡名。

事實證明，偶爾窺見一點遺傳學尖端技術，對運動選手來說是某種強烈的誘惑，這點不難理解。研究過肌肉生長抑制素之後，李世進又做了進一步的實驗，同時在小鼠身上阻斷肌肉生長抑制素，並改變另一個跟肌肉生長有關的蛋白質：濾泡抑素（follistatin）。結果產生了四倍肌肉。隨後，李世進和惠氏（Wyeth）藥廠的研究人員合作開發出一種分子，他們證明這種分子會與肌肉生長抑制素結合，並發揮抑制作用，而且只要注射兩次，就能讓小鼠的肌肉在兩週內增長60%。製藥公司Acceleron進行的後續試驗在2012年提出報告，說這種分子只需使用單劑量，就能增加停經後婦女的肌肉量。現在有幾家藥廠的肌肉生長抑制素抑制劑，已進入臨床試驗階段。

對藥廠來說，這不僅是在尋找肌肉消耗病的藥物，更是在尋找前所未有的製藥金罈子──可治療正常人因老化而導致肌少症的藥物。而在尋求肌肉激增的過程中，肌肉生長抑制素並不是唯一出現的基因。

在李世進的健壯小鼠登上新聞版面的隔年，賓州大學生理學教授李・史威尼（H. Lee Sweeney）也讓世人認識了他所養的肌肉發達的齧齒動物，他替這些實驗鼠注射一種轉殖基因（也就是在實驗室裡改造的基因），以產生可製造肌肉的「似胰島素生長因子」（insulin-like growth factor）IGF-1。和李世進一樣，史威尼也接到無數通電話，當中有個高中摔角教練和一名

足球教練，都主動提議讓自己的校隊做他的遺傳實驗對象。（當然，提議都遭到婉拒了。）

使用基因禁藥（gene-doping）的時代也許已經來臨。在2006年，德國田徑教練托馬斯・史普林斯坦（Thomas Springstein）因為被指控提供未成年人提升表現的藥物而受審，審訊期間出現的證據顯示，該教練過去一直在找一種貧血藥物Repoxygen，這種藥物可以運送一種刺激身體生成紅血球的轉殖基因。

在我去參加2008北京奧運之前，有位前世界舉重冠軍告訴我一家中國公司的名字，他說有些健美運動員在利用這家公司，進行基因治療技術。我一到中國就聯繫了這家公司，還真的有一名代表回應我，說可以討論可能的基因技術。不過我懷疑，這只是一種引誘病人入彀的策略，這家公司其實不是在做基因療法。

然而史威尼表示，有個運送轉殖基因的方法，就是直接把轉殖基因倒入血流中，這方法未必安全，卻十分簡單，正在修分子生物學的聰明大學生就能做到。史威尼已經在協助世界反禁藥組織（World Anti-Doping Agency）的要員準備對抗基因禁藥，但他說，倘若基因療法證實是完全安全的，他就沒有理由還要將療法拒之於運動圈外。[2]

不過最有趣的問題也許是：基因上的常見DNA序列變異，好比IGF-1與肌肉生長抑制素等等，是否與罕見突變相反，反倒能判定上健身房的某人會不會比重訓搭檔更快練出肌肉。針對有練舉重和很少運動的受試者，比較他們身上的人類肌肉生長抑制素基因常見變體後，結果並沒有太令人瞠目。有些研究發現了些微差異，有些沒發現任何差異。不過，為何有些人做了重量訓練就能雕塑出肌肉，有些人卻練了也是白練？要弄懂這個問

107

2　在法國有個著名的基因療法試驗，成功治癒了十二個罹患X性聯嚴重複合型免疫缺乏症（俗稱「泡泡男孩症候群」）的男孩，但其中幾人後來得了白血病。

題，和肌肉增長過程有關的其他基因也開始變得極為重要。

• • •

　　肌肉是由數不清的緊實纖維組成的肉塊，每條纖維有幾毫米長，而且非常細，細到在針頭上幾乎看不見。纖維上都有一些指揮中心，即肌細胞核，會控制所在區域的肌肉功能。每個指揮中心掌管各自的纖維領地。

　　肌纖維的外圍有衛星細胞（satellite cell）徘徊，這些安靜守候在周邊的正是幹細胞，等到肌肉受損時（舉重時可能會發生這種狀況），衛星細胞就會介入，修補並修建肌肉，修復後的肌肉會變得粗壯有力。

　　在一般情況下，肌力增加時並不表示有新的肌纖維增生，而是原有的肌纖維增大了。隨著肌纖維增長，每個肌細胞核的指揮中心所控制的區域更大，直到纖維增大到指揮中心需要候補者為止。此時，衛星細胞就會形成新的指揮中心，好讓肌肉繼續增長。阿拉巴馬大學伯明罕分校（University of Alabama–Birmingham）核心肌肉研究實驗室，與位於伯明罕的退伍軍人事務部醫學中心（Veterans Affairs Medical Center）在2007年及2008年做過一系列研究，顯示基因與衛星細胞活性的個別差異，對於判別人對重量訓練的反應極為重要。

　　他們讓六十六個不同年齡的人，接受四個月的肌力訓練計畫，內容包括深蹲、腿部推舉、抬腿，所有人的感受強度都相當於他們自己能舉的最大重量負荷的某個百分比。（一組典型訓練是反覆做十一次、每次要能做到最大負荷量的75%。）訓練告一段落時，受試者差不多剛好分成三組：大腿肌纖維增粗50%者、增粗25%者，以及完全沒有增粗的人。

　　儘管受試者做了同樣的訓練，改善幅度仍有零到五成不等的差距。覺得似曾相識嗎？就像HERITAGE家族研究發現，可訓練性有非常大的差異，只不過此處是肌力訓練，不是肌耐力訓練。十七名重訓者「有極大的反應」，肌肉大幅增粗；三十二人有中度反應，增粗成效還不錯；另外

108

十七人毫無反應，肌纖維沒有增粗。[3]

甚至早在開始做肌力訓練前，最後肌肉增粗量最多的那組受試者，他們四頭肌附近等著活化並修建肌肉的衛星細胞，就是三組當中最多的。這些人的原廠設定就比較容易從重量訓練獲益。（附帶一提，類固醇之所以有助運動員迅速增大肌肉，可能是因為類固醇會促使身體製造更多讓肌肉粗壯的衛星細胞。）

類似的肌力訓練研究，全都指出受試者對重量訓練反應不一。在邁阿密大學的GEAR研究中，442名受試者做腿部推舉和胸部推舉後，肌力增加幅度少至不到50%，多到超過200%。有個由醫院和大學組成的跨國團隊，進行了一項為期十二週、針對585名男女所做的研究，結果發現上臂肌力的增加幅度從0到超過250%不等。

這些研究結果讓人想起美國運動醫學會的新座右銘：「運動即良藥」（Exercise Is Medicine）。正如科學家已經確定，基因體的某些區段會影響不同人對咖啡、止痛藥泰諾（Tylenol）或膽固醇藥物的反應程度，每個人對各特定類型的訓練良藥，生理上的反應似乎也因人而異。

伯明罕的那些研究人員在尋找基因，以預測哪些人的衛星細胞較為活躍，或判斷哪些人對肌力訓練計畫有極佳反應時，採取了類似HERITAGE研究的做法。就像HERITAGE研究和GEAR研究在肌耐力方面的發現，對肌力訓練有極大反應的人身上，某些基因的表現量非常突出。

研究人員分別在訓練開始前、第一節訓練及最後一節訓練，給所有受試者進行肌肉生檢。在所有做了重訓的人身上，某些基因有類似的開關表現，但有些基因只在有反應的人身上開啟。對訓練有極大反應的人身上，表現更多活性的其中一個基因是IGF-IEa，這個基因跟史威尼用來飼養出

109

3 我們必須記住，訓練做得越努力，越不可能「毫無反應」。受試者越勤奮，越有可能至少獲得一點反應，即使所獲的反應不如同齡的人。

他的「健美」小鼠的那個基因有關。另外兩個特別的基因是MGF和肌細胞生成素（myogenin）基因，兩者都參與了肌肉功能和生長。

在高反應者身上，MGF和肌細胞生成素基因的活躍程度，分別開啟了126%和65%；在中等反應者身上，分別是73%和41%；至於肌肉沒有增粗的人，則完全沒有開啟。

• • •

科學家才正要開始描繪調節肌肉生長的基因網路，不過肌力鍛鍊結果的個別差異有個生物學上的原因，這點已廣為人知。有些選手比其他運動員更具有肌肉增長潛力，是因為他們一開始就有不同的肌纖維配額。

粗略來說，肌纖維分兩大類：慢縮肌纖維（第一型）和快縮肌纖維（第二型）。做激烈動作時，快縮肌纖維的收縮速度，至少是慢縮肌纖維的兩倍，但快縮肌纖維很快就會疲勞——肌肉的收縮速度已證實是人類衝刺速度的限制因素。〔4〕接受重量訓練時，快縮肌纖維的增長速度也是慢縮肌纖維的兩倍，因此肌肉裡的快縮肌纖維越多，增長潛力越大。

大多數人的肌肉中，慢縮肌纖維的比例略多於一半，但運動員身上的纖維類型組合，則與他們本身的運動項目相符。短跑選手的小腿肌肉中，快縮肌纖維占了至少75%。跟我一樣跑800公尺的運動員，小腿肌肉的慢縮肌與快縮肌組合往往接近一半一半，而且競技程度越高，選手的快縮肌纖維比例也越高。至於長距離賽跑選手，就具備較多無法迅速產生爆發力、但疲勞速度非常慢的慢縮肌纖維。取樣發現，最後一個在奧運馬拉松奪冠的美國男子選手法蘭克・蕭特（Frank Shorter），腿部肌肉的慢縮肌纖

4　慢縮肌纖維需要大量氧氣，因此周圍有許多血管，所以呈暗紅色。你可以看出感恩節晚餐桌上的火雞絕大多數時候是在地上行走，而不是飛行，因為暗紅色的肉在腿部，而呈白色的快縮肌則在胸部。慢縮肌纖維富含鐵質，所以如果你希望飲食中添加一點鐵質，可選擇火雞腿。

維占了80%。這不禁讓人想問：運動員的獨特肌纖維比例，是不是因訓練而產生的？或者他們是因為生來已具備的條件，而愛上自己的運動項目並且有所成就？

有大量證據顯示，情況多屬後者。目前做過的訓練研究，都無法讓人身上的慢縮肌纖維實質轉換成快縮肌纖維，每天給肌肉八小時的電刺激也辦不到。（電刺激可讓小鼠身上發生纖維類型轉換作用，但在人身上不行。）2010年，《斯堪地那維亞運動醫學暨科學期刊》（*Scandinavian Journal of Medicine & Science in Sports*）針對肌纖維類型研究做了評論，對於纖維類型是否能經由訓練產生明顯轉換的問題，給了這個答覆：「簡略（又掃興）的答案是：『恐怕不行。』長篇大論的回答則有一些令人振奮的細微差異。」〔5〕這表示有氧訓練可以提升快縮肌纖維的耐力，肌力訓練能促使慢縮肌纖維更強壯，不過這些肌纖維本身無法徹底翻轉。（極端的情況除外，比方說脊髓斷裂，在這種情況下，所有纖維會回復為快縮肌纖維。）

111

基因和肌纖維類型的數據都顯示，每個人與生俱來的條件，也保證了不會有一體適用的運動或訓練方法。某些運動科學家已經實際運用這個概念了。

● ● ●

丹麥只有550萬居民，承擔不起糟蹋頂尖運動員的後果。因此，耶斯珀·安德森（Jesper Andersen）確保丹麥運動員和教練有去思考肌纖維類型。

安德森以前是400公尺國手，後來擔任丹麥短跑國家代表隊教練。現在他是世界知名的哥本哈根運動醫學研究中心（Institute of Sports Medicine

5　2009年有一項針對1,423名俄羅斯耐力型運動員和1,132名非運動員所做的研究，發現受試者帶有的慢縮肌纖維比例，以及有獨立研究認為與肌耐力有關（儘管關聯往往站不住腳）的十種基因在該名受試者身上的版本，兩者間有中度且具明顯統計顯著性的相關性。不過，關於那些影響肌纖維類型比例的特定基因，所知甚少。

Copenhagen）的生理學家，和許多菁英運動員合作，從奧運賽跑選手，到丹麥最優秀、獲歐洲冠軍聯賽參賽資格的足球隊哥本哈根足球俱樂部（F.C. Copenhagen）的球員。而且他每天都會看個人對訓練計畫的反應情況。

2003年，安德森在做了丹麥鉛球選手的肌肉生檢後，發現約沁‧歐森（Joachim Olsen）肩膀、四頭肌、三頭肌的快縮肌纖維比例，比其他頂尖選手高得多。有鑑於此，安德森確信歐森幾乎還沒達到他的肌肉增長潛力。於是他力勸歐森整年不要做重量訓練，而投入在較短時間舉起極大重量的舉重，緊接著休息一段時間完全不舉重。一個賽季下來，歐森的肌纖維激增（又做了一次生檢證實這件事），隔年夏季，他在2004雅典奧運奪得銅牌。這個成績使他成了丹麥的名人，隨後又在《與明星共舞》（Dancing with the Stars）丹麥版的實境節目中獲勝，還當選了國會議員。

安德森還發現，丹麥愛斯基摩艇國家代表隊中一位選手（和他哥哥）的肩膀肌肉裡，慢縮肌纖維的比例居然超過90%。這名愛斯基摩艇選手很想取得500或1,000公尺奧運競賽參賽資格，但他的對手在起點線就爆發力十足，就算競賽後半段他總是能追上，但始終未達標準，無緣進入奧運代表隊。安德森告知這名選手他的肌纖維類型分配比例，並建議他改換競賽項目。他轉換到長距離的競賽，結果很快就躋身世界頂尖選手之列。

儘管安德森把肌纖維研究成功應用到田徑和愛斯基摩艇運動上了，足球仍令他百思不解。足球教練都想要速度最快的球員，因此安德森想知道：許多丹麥職業球員的快縮肌纖維，怎麼會比街上的普通人還要少？他找上哥本哈根足球俱樂部的培訓學院，結果在那裡他發現，最敏捷的球員在還沒達到頂尖水準之前，就因慢性傷害而折損了。他說：「快縮肌非常多的人能承受的訓練，其實不像其他人那麼多。而有很多（快縮肌纖維）、肌肉收縮速度很快的人，膕旁肌（腿後肌）等肌肉受傷的風險，就比做不到同類型爆發性收縮、但也從未受傷的人高出許多。」

　　較不容易受傷的球員挺過了培訓階段，也因此丹麥菁英級球員身上的慢縮肌纖維比例偏高。安德森說：「在美式足球中，體格壯碩的傢伙會排在陣式的各位置上，而速度最快的人會成為外接員，訓練的方式也有所不同。但足球球員都接受同樣的訓練，我經常聽到教練說：「他老是受傷，所以我們不能派他上場。」如果他一直受傷，可能就是因為我們給他的訓練錯了，必須有所改變。我們不該損失速度最快的球員。」

　　即使教練可從國際足球賽事獲得這麼多經費和榮耀，跑得最快的球員有一部分可能還是會在踏上職業球場之前就折損——至少在丹麥是如此。開給每位運動員的處方不應該是一樣的，對有些人來說，減少訓練才是對症下藥。

• • •

　　倘若沒去解釋肉眼觀察不到的先天體型差異，比如肌纖維比例，有些運動員就成了「同樣的艱苦訓練對每個人都有成效」這個觀念的犧牲品。那位慢縮肌纖維比例超高、從競速賽轉換到長距離賽的愛斯基摩艇選手，要不是安德森建議他朝有獲勝機會的長距離比賽發展，他的職業生涯也許就因為輸掉短距離競賽而糟蹋掉了。

　　而在另一些情況下，則是更清楚看到，既定的身體特徵，如何適應瞬息萬變的競技運動基因庫裡的特定運動項目。

7 體型大霹靂

The Big Bang of Body Types

數十年前，尤其是歐洲，地方上的俱樂部運動隊伍供養了許多有競爭力、甚或半職業性的運動員，這些人往往是表現出類拔萃的社會菁英。直到科技讓一切改觀。

如今，幾十億消費者只要按一下遙控器，就能觀看奧運、世界盃、超級盃賽事。結果，現在大多數的體育迷都是菁英運動員的觀眾，而不是平常時候花錢窩在躺椅上，看一小撮真正的四分衛打球的眾多四分衛。這種場景創造了經濟學家羅伯・法蘭克（Robert H. Frank）所稱的「贏者全拿」（winner-take-all）市場。觀看超凡運動表現的顧客群擴大之後，名聲和財務報酬也會歪向表現金字塔的細窄上層。隨著報酬越多、越向頂端集中，贏得報酬的運動員也變得越快、越強壯、技能越好。

有一群運動心理學家，特別是恪守「一萬小時法則」的那一派追隨者辯稱，個人運動世界紀錄和團體運動技能水準在上個世紀大幅進步，甚至比演化明顯改變基因庫的速度還快，因此歸根究柢，這種進步一定是加強練習的結果。頂尖運動員獲得的報酬越多，就有越多運動員為了贏得報酬而投入更多練習。

不過，即使在簡單的運動中，有一部分的進步很顯然是技術提升的結果。舉例來說，研究人員分析傳奇短跑名將傑西・歐文斯（Jesse Owens）的生物力學影片後發現：在1930年代，他的關節活動速度就像1980年代

的卡爾・劉易士（Carl Lewis）一樣快，只是歐文斯跑在煤渣跑道上，這種
跑道耗掉的能量，遠多於劉易士創下紀錄的合成橡膠跑道。

　　然而，大家經常忽略的進步根源不光是技術而已。毫無疑問的，練習
增多及練習的精準度都有助於提升表現，但「贏者全拿」效應，加上有個
全球市場允許更多人嘗試爭取越來越有利可圖的極少數選手名額，確實已
經改變了基因庫。並非全人類的基因庫，但菁英運動圈內的基因庫肯定改
變了。

• • •

　　1990年代中期，澳洲運動科學家凱文・諾頓（Kevin Norton）和提姆・
歐茲（Tim Olds）開始彙集運動員的體型資料，想看看在20世紀有沒有重
大變化。畢竟運動科學已有劇烈的轉變。

　　在19世紀晚期，人體測量學（anthropometry，也就是研究體型的科學）
學者做出的結論，會受到幾方面的影響：一是古典哲學，如柏拉圖的理型
（ideal form）概念；二是藝術，如達文西的素描名作〈維特魯威人〉（Vitruvian
Man），畫中男子的頭、腳掌、手指剛好碰觸到一個圓形和正方形，顯現
理想的人體比例；三是引發種族爭議的問題。19世紀末某篇列舉運動員
特徵的文章寫道：「人有完美的身形或體型，而種族（即白種人）趨向於
達成這種類型。」

116　　人體測量學家當時認為，人類的體態呈常態分布，鐘形曲線的最高
峰（平均數）是完美身形，位於兩側者則都是意外或失誤造成的偏離，因
此他們斷言，最優秀的運動員都會有最全面發展、或說中等的體型。不要
太高或太矮，也不要過瘦或過於臃腫，而是生得恰到好處的人。（而且只
限男性。）當時所有運動都採取這個信念：中等的體能狀況對所有體育活
動來說都是最理想的。這種融合了主觀理論和哲學的觀點，主導了20世
紀初期運動教練和體育教員的日常工作，也展現在運動員的身體上。在

1925年，一般的菁英排球員和鐵餅選手身高差不多，世界一流的跳高選手和鉛球選手也一般高。

但就如諾頓和歐茲看到的，隨著「贏者全拿」市場興起，20世紀初的運動員單一完美體型典範漸趨式微，開始轉向比較少見、非常專項化的合適體型，彷彿雀鳥為了適應各自的運動生態區位，而演化出大大小小的喙。諾頓和歐茲畫出了現代世界級跳高選手和鉛球選手的身高體重關係圖，發現這些運動員已有極大的區別。如今，一般菁英鉛球選手比一般國際跳高選手高出6公分，體重多59公斤。

他們在身高體重關係圖上，標出二十幾項運動的菁英運動員平均體型；一個數據點代表1925年各項運動的選手的一般體型，另一個數據點代表七十年後同一項運動的選手的一般體型。

他們把每項運動代表1925年的點，跟代表現在的點相連起來後，有個明顯的模式出現了。20世紀初期，各項運動的頂尖好手群聚在教練昔日偏好的「平均」體型附近，在圖上也聚集成相對緊密的一團，但自此之後就朝四面八方發散出去。這張圖看起來，就像天文學家想呈現加速擴張的宇宙中星系相互遠離所繪出的圖，因此諾頓和歐茲稱之為「體型大霹靂」（Big Bang of body types）。

星系彼此間正快速遠離，各項特定運動成就所需的體型，也分別加速朝向運動員體態宇宙中，非常專項化而孤零零的角落。比起人類全體，菁英長跑選手越來越矮，必須在半空中翻轉的運動員如跳水選手、花式滑冰選手、體操選手，也是如此。過去三十年間，菁英女子體操選手平均從160公分縮到145公分，同時，排球員、划船選手和足球員則變得越來越高。（在大多數運動中，身高非常重要。在1972年和1976年奧運，身高180公分以上的女子選手，進入決賽的機率是不到152公分者的191倍。）職業運動界已成了極端自我選拔（或像諾頓和歐茲所稱的「人為選拔」，

117

相對於天擇）的實驗室實驗。

　　有了體型大霹靂數據之後，諾頓和歐茲就發展出一種測量方法，他們稱之為「雙變項重疊帶」（bivariate overlap zone，BOZ），可算出從一般大眾隨機選拔出來的人，其體態可能符合某項運動菁英等級的機率。隨著贏者全拿的市場推動體型大霹靂，任何一項體育運動所需要的基因越來越稀少，大部分運動的雙變項重疊帶也大幅縮減，這並不奇怪。現在有大約28%的男性，身高體重的組合與職業足球員相符；23%和菁英短跑選手相符；15%符合職業曲棍球員；9.5%符合十五人制橄欖球前鋒隊員。

　　在NFL職業美式足球聯盟中，身高多一公分或體重多三公斤，平均來說大約可以多賺45,000美元。（需要獨特體格的特殊職業，擁有更集中的贏者全拿結構，甚至超越了職業運動。區域型走秀模特兒的雙變項重疊帶少於8%，國際名模降至5%，超級名模則只有0.5%。）

　　體型大霹靂也延伸到身體部位的層次。雖然個子高的運動員長得更高的速度，比全體人類快得多，個子矮的運動員相對變得更嬌小，但某些運動項目的選手仍需要十分特殊的身體表徵。1980年到1998年間，針對克羅埃西亞菁英水球球員做的計測結果顯示，球員臂長在這二十年間增加了2.5公分多，是同時期克羅埃西亞全體人民臂長增加速度的五倍。由於運動表現的要求越來越嚴格，只有具備所需身體結構的運動員，才能一直達到菁英等級的標準。手臂較短的球員多半會遭到淘汰。

　　除了整體而言手臂較長之外，現在頂尖水球球員手臂上的骨骼比例也有所改變。菁英球員下臂相對於整隻手臂的長度，比普通人來得長，讓他們揮擲起來更有效率。需要長桿來進行反覆用力划水動作的運動員也是如此，比方說加拿大式艇或愛斯基摩艇的選手。相反的，菁英舉重選手的手臂相對於身高長度，卻逐漸比普通人短，尤其是前臂，這對他們把槓鈴舉到頭上的動作，有相當大的槓桿作用優勢。以NFL身高體重組合檢驗選

118

秀時可能獲選者的人體計測值，有許多缺點，其中一項是測肌力時並未考量手臂長度。仰臥推舉（bench press，簡稱臥推）對手臂較短的人來說容易得多，但實際在足球場上，手臂長反而是好事。所以，因為推舉實力而在選秀中排在前面順位的球員，事實上可能是因手臂短這個不理想特徵獲得了加分。

籃球、排球等跳躍運動的頂尖運動員，現在的體型是軀幹短，腿相對來說比較長，有利於讓下肢加速，起跳時得以更有力。職業拳擊手有各種體型和身高，但很多人是手臂長而腿短，因此觸及範圍較大，而重心較低且穩。

短跑選手的身高對本身的最佳表現往往十分重要。60公尺短跑競賽的世界頂尖選手，絕大多數比100公尺、200公尺、400公尺短跑選手來得矮，因為腿較短、重心較低有利於加速。（短腿的轉動慣量比較小，這基本上就代表起步時受的阻力比較小。）短跑選手會在100公尺和200公尺競賽中跑到最高速度，但60公尺競賽的加速時間按比例延長。加速短促的優點，或許解釋了要靠迅速起跑急停謀生的NFL跑鋒和角衛，為什麼在過去四十年間平均起來身高變矮了，儘管人類整體而言變高了。

有些時候，運動技巧上的變化，幾乎在一夕間就改變了得天獨厚的體型條件。1968年，跳高選手迪克・佛斯貝里（Dick Fosbury）首創「佛斯貝里式跳法」（Fosbury flop，也就是背向式跳高），就給了身體重心較高的運動員優勢。佛斯貝里新創這種跳法之後短短八年，菁英跳高選手的身高平均增加了十公分。[1]

在另一些例子中，體型有更細微的影響。身材嬌小對耐力型賽跑選手通常是有利的，然而女子馬拉松世界紀錄保持人寶拉・雷德克利夫（Paula Radcliffe）卻有172公分高，比大多數世界級競爭對手高出一大截。身高雖未妨礙這名形象強悍的英國人在2002年到2008年的生涯顛峰時期，摘下

119

八次馬拉松冠軍，卻有可能使她的大部分戰績局限在秋季。馬拉松選手之所以偏向身材嬌小，有個原因是個子小的人皮膚表面積相對於身體體積而言比較大，這意味著這個「人體散熱器」越好，身體排熱越快。（也因此，矮瘦的人比高胖的人容易覺得冷。）散熱對耐力型運動的表現十分關鍵，因為核心體溫降到大約攝氏40度時，中樞神經系統就會強迫身體放慢或完全停止出力。[2]

處於全盛時期的雷德克利夫，雖然在秋季早晨涼爽氣溫下舉行的比賽中戰無不勝，但在暑氣中她就有氣無力了。2004年雅典奧運的馬拉松賽在35度高溫下舉行，儘管她是個人成績最佳的選手，但那次比賽卻無法跑完全程，整個人癱倒在路旁。獲得這場比賽冠軍的女子選手，身高僅僅150公分。2008年北京奧運的馬拉松賽，氣溫是26度多而且潮溼，雷德克利夫只跑出了第二十三名。從2002年到2008年，雷德克利夫在涼爽或溫和天氣下，馬拉松參賽紀錄是8次全勝，而在熱得要命的夏季奧運賽中是2次全敗，甚至連贏的機會也沒有。

● ● ●

有個跨國研究團隊花了整整一年，蒐集了1,265名來自92國、參加1968年墨西哥城奧運（馬術除外的）各項運動的選手資料，做出有史以來最著名的運動員體型研究。爾後該團隊又花了六年彙集研究結果，並公開發表在一本236頁的書裡。這本書有一半內容是人體計測資料表，即使沒有文字說明，仍然清楚傳達了某個訊息——奧運的大部分競賽項目中，選

1　幾乎所有運動項目中，在全球各地尋覓越來越適合的運動員體型都大有斬獲。幾個世紀以來，相撲比賽都是日本力士的天下，因為參賽的只有日本人。從17世紀到1990年為止，只有出生於日本的相撲力士獲得「橫綱」這個最高頭銜。然而在現今全球體育市場上，來自人口眾多的國家的運動員，已經大舉進入相撲比賽了。令部分相撲守舊派人士鬱悶的是，最近七位橫綱力士當中，有五位不是日本人，而是蒙古人或出生於夏威夷的美國人。

手彼此的體型相似程度,一般來說比我自己兄弟間的相似度還大。

在田徑項目中,大多數選手甚至可由他們的人體計測值,對號到某項賽事。400及800公尺或短距離跨欄的男女參賽選手,是賽跑選手當中最高的一群——想想跨欄項目的目標,是要靠越少的重心移動通過障礙物,就不會覺得這有什麼好奇怪的了;另一方面,馬拉松選手則是最矮的,這也不奇怪。然而,相似之處還延伸到沒那麼顯而易見的骨骼表徵上。

參加某項運動或賽事的運動員,身高體重往往很相近,而且通常和非運動員的對照組有所差異,另外,他們的髖骨寬度與肩膀的骨骼結構也彼此相近。

該研究中當作對照組的非運動員女性,髖骨寬度計測值當然要比非運動員男性來得寬,但女子游泳選手的髖骨,要比對照組中的普通男性來得窄。此外,女子跳水選手的髖骨又比女子游泳選手更窄,而女子短跑選手的髖骨比女子跳水選手還要窄。(窄臀可提升跑步效率。)女子體操選手的臀部就更窄了。

女子短跑選手的腿長,比對照組中的女性長得多,且和對照組中的男性差不多。男子短跑選手的身高,比對照組中的男性多出約五公分,而且百分之百是多在腿部,所以坐下來時,男子短跑選手和對照組中的男性一樣高。

男子游泳選手平均比短跑選手高出3.8公分以上,不過腿卻短了1.3公分。軀幹較長而腿較短,與水接觸的表面積就比較大,相當於加拿大式艇

---

2 安非他命雖然非法,卻對提升耐力型運動表現十分有益,這是因為安非他命似乎能消除大腦因為過熱所產生的抑制控制,而讓運動員能夠在核心體溫超過40度的情形下繼續撐下去。這對運動表現而言非常好,但也會導致運動員在比賽時中暑死亡。在2009年,美國肯塔基州有一名高中足球隊教練因涉嫌殺人接受審判,起因是他指導的一個球員在酷熱高溫下做練習時倒地死亡。結果該教練獲判無罪。調查顯示,那名球員當時服用了處方安非他命治療注意力不足過動症(ADHD)。

有較長的船身，這對於在水中高速行進非常有用。據說身高193公分的麥可·菲爾普斯（Michael Phelps）要買褲管內縫81.3公分長的褲子，比摩洛哥中長跑名將希舜·奎羅吉（Hicham El Guerrouj）所穿的褲子還短，奎羅吉身高175公分，是一英里賽跑的世界紀錄保持人。（就像其他頂尖游泳好手，菲爾普斯的手臂和手腳也都很長，這種偏長的體型表明他可能患有「馬凡氏症候群」〔Marfan syndrome〕這種危險疾病。菲爾普斯在自傳《水面之下》〔*Beneath the Surface*〕中透露，由於體型比例異常，他每年都得接受馬凡氏症檢查。）[3]

菁英競技運動市場越是從參與式的事務，轉移到觀眾人數不斷增加的賽事，獲得成功所要具備的身體就會變得越罕見，吸引那些罕見之身從事某項運動所需的金錢也越多。在1975年，美國主要運動項目的運動員，平均年薪大致是美國男性年薪中位數的5倍，到了今天，那些運動圈內的平均年薪，大約是全職工作年薪中位數的40至100倍。若要賺得身價最高的運動員的年薪，全職工作年收入落在全美國中位數的普通美國人得工作500年。

• • •

基因會影響體重。人體測量學表徵基因研究聯盟（Genetic Investigation of ANthropometric Traits Consortium，簡稱GIANT聯盟）針對10萬個成人做了一項研究，發現會影響體重的DNA變體有六種。FTO基因本身，可能就會影響人對高脂食物的喜好，許多研究顯示它是造成體重增加的原因。不過，正如那些曾在節慶餐桌上狼吞虎嚥過後量體重的人能夠證明的，體重基本上是受生活方式影響。

3　像游泳、愛斯基摩艇、袋棍球等運動，選手往往有非常高的「臂指數」，也就是前臂相對於上臂來說比較長，這會讓手臂更適合推進。需要穩定性和肌力的舉重選手與摔角選手，臂指數就非常低。

脂肪是人體內對訓練和飲食反應最靈敏的組織。（而體重對某些藥物又有極快的反應。諾頓和歐茲仔細研究了NFL防守截鋒越來越壯碩的體型，發現在1960年代晚期和1970年代初，體型有顯著的加速增長趨勢，當時正是美式足球圈開始大量使用類固醇的年代。從1940年代到1990年代，NFL防守截鋒的身體質量指數（BMI）從30上升到36；以身高188公分的截鋒來說，這相當於體重從106公斤增加到127公斤。）

很顯然，早在近來肥胖症蔓延工業化世界之前，FTO基因就已經存在了。科學家一定還會發現更多影響體重的基因（針對雙胞胎和養子女所做的研究，就顯示還有更多基因），而遺傳學、生活方式、體重之間的複雜相互影響，才剛開始要釐清。即使把GIANT聯盟找出的所有DNA變體集合起來，也只占了一小部分而已。（根據我的DNA分析結果，我68公斤體重當中，只有3.8公斤多一點是那些基因造成的。）

123

就像每個人的快縮肌纖維與慢縮肌纖維比例會影響肌肉增長潛力，這個比例也會影響脂肪燃燒能力。美國和芬蘭的研究人員分別證實，雖然快縮肌纖維比例高的成人可以增長出肌肉，但他們減去脂肪的過程也會比較艱辛。脂肪燃燒基本上發生在慢縮肌纖維中的能量製造過程，身上的慢縮肌纖維越少，脂肪燃燒能力就越差——這大概多少可以解釋，為何短跑選手和瞬間爆發型運動員即使在四處征戰那些年之前與之後，也往往比耐力型運動員矮壯。

儘管飲食和訓練顯然會大幅改變運動員的體型，但還是有限度的。每個人的骨架勾勒出了限度。

布宜諾斯艾利斯的運動暨營養研究員法蘭西斯‧候威（Francis Holway），從小就對體型的限度很著迷。他最初的靈感是人猿泰山的故事。被人猿收養並移居叢林的英國貴族之子，怎麼會發展出能與犀牛相搏的體魄，以及在樹藤上擺盪的技能？這令他十分入迷。候威七歲時進行了第一

批實驗，那時他會吞下幾匙燕麥片，吃完後馬上彎起二頭肌，觀察肌肉有沒有變粗壯。

小時候他的第一個念頭，就是運動決定了身形；打球會讓籃球員長高，蹲低會讓舉重選手變得又矮又胖。他成年後做的研究，在某種程度上，證明了同樣令人吃驚的現象。候威測量了世界排名前二十的網球選手的前臂長，結果發現他們持球拍的手臂，和另一隻手臂的增長情形略有不同。球員持拍的手的前臂骨長度，比非持拍手臂的前臂骨增加了約0.6公分，持拍手臂的肘關節也寬了1公分。就像肌肉一樣，骨頭對運動也會有所反應，甚至連非運動員拿筆寫字的那隻手臂，也會因為較常使用，骨頭變得較為強健，能支撐更多肌肉。候威說：「骨頭適應重複應力的能力真是太神奇了。」那些職業網球選手的發球上網戰術，確實造就出較長的前臂。不過，這種可塑性是有限的。

密蘇里大學的人類學家莉比・考吉爾（Libby Cowgill）研究了來自世界各地的骨骼，企圖確定某些族群究竟是透過兒童期的活動練出強健骨骼，還是生來就具備能支撐一大堆肌肉的堅固骨架。考吉爾表示：「我們可以看出，不同族群在一歲時，骨骼強度就已經出現差異。我所發現的現象，顯示這些差異就是存在，而且會隨著你成長過程中的作為而拉大，但看來我們人天生就會因遺傳而傾向變強或變弱。」

考吉爾的一項研究，是比較中世紀一群南斯拉夫牧人與1950年代美國丹佛的兒童，兩者的骨骼差異。她說：「那群牧人的孩子，是我見過最高大健美的兒童。根據現代美國兒童的數據，就身體的骨量而言我們真是弱。」但嚴格的兒童訓練計畫，有沒有可能讓美國孩童搖身變成強壯有力的中世紀牧人？考吉爾說：「可以做的活動很多，特別是要提早開始。但現在看來，越來越有可能還有遺傳因素。」

我們遺傳到的骨架，跟往後能不能達到特定運動項目所需的重量，有

很大的關係。候威拿空的書櫃來比喻骨架。若有兩個書櫃,其中一個寬度多出十公分,它的重量只會比另一個書櫃稍微重一點。但兩個書櫃擺滿書之後,較寬的書櫃多出的那一點寬度,就會突然化為相當可觀的重量。人類骨架的情形正是如此。候威從足球、舉重、摔角、拳擊、柔道、橄欖球等領域幾千名菁英運動員的測量值中,發現每公斤的骨頭最多可支撐五公斤的肌肉。五比一,這就是人類「肌肉書櫃」的一般上限。〔4〕

候威說:「先前我們請人來做諮詢,結果他們都想增加肌肉量,理由是這樣比較好看。我們替他們測量,若測出的結果接近五比一,就會詢問他們花了多久鍛鍊出這個程度或這種肌力。他們會說是在最近五年或七年,然後就無法再超越了。」候威拿自己當實驗品,花了幾年做重量級訓練,搭配高蛋白質飲食,並補充肌酸。但當他快要逼近五比一時,吞下越多牛排和奶昔只會增加脂肪,而非肌肉。

候威測過的男子奧運肌力型選手,如鐵餅選手和鉛球選手,他們的骨骼只比普通男性重了約3公斤,不過那也表示,經過適當訓練後,可多支撐13.6公斤以上的肌肉。候威利用這些計測結果,為運動員量身擬定專屬的訓練計畫。舉例來說,選手在推鉛球時不必移動得太遠,因此就算額外增加了脂肪,或許也是值得的,因為選手必須讓身軀壯大,才會變得比所推的鉛球相對龐大。但在標槍項目,選手卻必須跑得快又擲得用力,就不該輕易嘗試讓體重增加到超過五比一的比率,因為增加的可能是脂肪。或者想想相撲力士,或是美式足球中只想讓對手難以移動的進攻線鋒,額外增加脂肪對他們也許是好事。進攻線鋒十分壯碩,但他們八成不會有健美的肌肉線條。

同樣的,若把天生的生物學差異考量進去,成功的訓練計畫顯然會是

4 候威記錄到的女性上限是4.2比1。兩個上限值都是未使用類固醇的。使用了類固醇的運動員會超過這個5比1的上限。

那些按個人生理狀況量身打造的專屬計畫。正如傑出生長專家（同時也是世界一流的跨欄選手）譚納醫生（Dr. J. M. Tanner）在《從胎兒長成人》（*Fetus into Man*）一書所寫的：「每個人的基因型都不一樣。因此如果要達到最佳的成長情況，每個人都應該有不一樣的環境。」

● ● ●

要讓運動表現達到難以企及的水準，既需要特殊的訓練，也需要有特殊的身體來接受訓練。

在今天，運動員體型的宇宙擴張速度放慢了。許多自我選拔或人為選拔的工作已經做完了。和世上其他人相比，個子高的運動員變高的速度不再像二十年前那麼快，個子矮的運動員變矮的速度也是。不斷打破世界紀錄的速度，也隨之放慢。

20世紀的大部分時候，「紀錄本來就是要打破的」這句至理名言長期以來似乎一直是對的，然而歷史上參與度很高的大多數（當然不是全部）運動賽事的紀錄，現在前進得緩慢——如果有前進的話。從1950年代到2000年間，男子一英里和1,500公尺（前者是在美國的比賽）令人嚮往的世界紀錄，每隔十年合計起來大約打破八次，但此後就再也沒刷新紀錄。其他紀錄還在繼續匍匐前進，但差距通常很小。看看牙買加短跑名將尤塞恩・波特（Usain Bolt）賺得盆滿缽滿，有沒有吸引更多像他一樣具備少見的爆發力和身高組合的運動員，從其他運動項目轉換到短跑，這會是一件很有趣的事。

提出體型「大霹靂」的科學家之一歐茲說：「這世界仍有一些未開發利用的地方，但我們已經發展到大部分的全球市場。我們越來越接近身體根源族群的極限。全球人口發展正在減緩，所以我們即將看到，身高和身形以及運動紀錄的增長都在放慢。」正如在世界上探險過去看起來一定像是冒險家永無休止的嘗試一般，不斷刷新紀錄的年代也許大多是過去式

了，而未來將會是小步向前。

由於運動體格的擴張宇宙向外加速膨脹，努力尋覓那些越來越少有的身體，已經使得全球獵才規模越來越大、且越來越花錢。

這件事情，沒有哪個體育聯盟做得比NBA更成功。

8 NBA球員的身體比例

The Vitruvian NBA Player

在他還沒有成為流行文化的形象之前，在他和瑪丹娜短暫交往或與卡門‧伊萊克特拉（Carmen Electra）結婚，或是他自己穿著婚紗當作宣傳噱頭之前；在他頂著像消防車一般紅的頭髮，戴著金屬鉚釘項鍊，手臂上舉著一隻藍色鸚鵡，一臉得意擺好姿勢出現在《運動畫刊》雜誌封面之前；在他宣布自己要成立一個上空女子籃球聯盟之前，還有在他和北韓領導人金正恩廝混之前，丹尼斯‧羅德曼（Dennis Rodman）只是個缺乏自信的小男孩。

128

小時候他住在達拉斯橡樹崖（Oak Cliff）的公共住宅區，每天夜晚入睡前都會躺在床上想著：「丹尼斯‧羅德曼將來一定會做出一番大事。」當時他一點也不知道，**一番大事**會是他本人。

當時羅德曼的兩個妹妹已是籃球明星，且日後都成為大學全美最佳球員，而他這個全家當中的矮冬瓜則又矮又拙，還在努力上籃得分。他在高中籃球隊裡坐了半個賽季的板凳，然後就退出了。他高中畢業時身高僅175公分，跟比自己高大健壯的妹妹一起打球時，要忍受朋友嘲弄。

羅德曼高中畢業後，在達拉斯／沃斯堡國際機場找到一份大夜班掃地工作。某天夜裡，他用掃帚卡住某個已拉下鐵門的禮品店的安全門，搜刮出幾十只手錶，還在朋友之間分贓。後來他就被抓到了。那份工作羅德曼沒做多久，不過他的**一番大事**已經開始發生了。高中畢業後的兩年間，羅

129

德曼長高的速度快得像巨藻一樣，他在奧斯摩比（Oldsmobile）汽車的一家經銷商兼職洗車賺取時薪3.5美元時，身高飆到了203公分。

於是羅德曼重拾籃球，結果他發現，儘管自己變高且肌肉更加發達，忽然也變得沒那麼笨手笨腳了。他的球技很快就迎頭趕上，彷彿籃球仙子某天晚上在他的枕頭下放了籃球技能似的。他自己是這麼說的：「就好像我原來的身體不知道該怎麼做所有屁事，但現在有個新的身體知道了。」

羅德曼家的某個朋友說服羅德曼，去參加當地社區籃球隊的選拔。他打了一陣子，就因為學業退出了。隔年，也就是1983年，他獲得東南奧克拉荷馬州立大學（Southeastern Oklahoma State University）的籃球獎學金，這間鮮為人知的學校是全美學院運動聯盟（NAIA）的成員。羅德曼在那裡稱霸了三年，平均每場比賽貢獻25.7分，鬼使神差似的搶下15.7個籃板球。其餘的則是籃球場上的歷史了。他入選NBA，在十四年裡幫球隊奪得五次總冠軍，兩次當選年度最佳防守球員，還成為NBA史上最優異的籃板王。2011年，這名二十一歲前幾乎沒在團體中打過籃球的球員，入主美國籃球名人堂。

• • •

在1990年代，比死亡和繳稅這兩件注定要發生的事發生機率小一點的，就是芝加哥公牛隊贏得NBA總冠軍。

王朝地位全是沾了三名日後入主名人堂、在最後關頭突然加速長高的球員的光采。公牛王朝三巨頭在身高抽高之前，無法單靠球技脫穎而出。

其中一人當然就是羅德曼，另一人是史考提・皮朋（Scottie Pippen），他的情況與羅德曼相似。皮朋高中畢業時身高僅185公分，最初是中阿肯色大學（University of Central Arkansas）的球隊經理。他在大一結束前抽高到190公分，才開始替球隊效力。第二年夏末，皮朋長到195公分，到他的大三賽季時已經200公分出頭，NBA球探開始湧進看台，觀看名不見經

130

傳的中阿肯色大學球隊比賽。多年後,他獲選為NBA史上前五十大球星,而且比羅德曼早一年入主名人堂。

　　麥可·喬丹的時間就沒有卡得那麼緊。喬丹在高中時已是出色的籃球員,九年級開始灌籃時才快要173公分,但他出身比較矮小的家族,十年級時居然已經長到快183公分高了。喬丹十一年級時雖有大學球探評鑑他,不過看起來他比較適合小型學校。喬丹判斷,他身高170公分的哥哥賴瑞(Larry)跟自己一樣擅長運動,而且在他迅速抽高前,賴瑞在自家後院的比賽中一直占上風。喬丹到高中後期又長了15公分,於是放棄棒球,全心全意打籃球。他申請到大學籃球重地北卡羅萊納大學的獎學金。其餘的故事幾乎不必贅述了。

　　羅德曼、皮朋和喬丹組成了公牛隊的核心,在1995至1996賽季創下72勝10負的空前絕後戰績,他們的傳記都證明了「身高至上」這件事。

　　這並不是說,長到198或203公分高就自然而然能成為職業籃球員,更別說進入名人堂了。正如ESPN名人科林·考沃德(Colin Cowherd)在他的廣播節目中說的:「天才不是從娘胎掉出來的……在美國,身高203公分但不是NBA球員的有一百萬人。」不過話說回來,他這樣講也不對。

　　根據美國人口調查與統計局(U.S. Census Bureau)和國家衛生統計中心(National Center for Health Statistics)的資料,身高203公分以上的二十歲到四十歲美國男性,可能不到兩萬人。所以,像丹尼斯·羅德曼或詹皇這麼高的人,並不是百萬之中選一,而是像密蘇里州羅拉市(Rolla)這麼多的人口中就有一個。

　　身高是極度嚴格受限的人體表徵。美國男性有整整68%的人,身高落在170公分到185公分這範圍內。成人身高的鐘形曲線,很像在平均數兩側陡降的喜馬拉雅山坡。只有5%的美國男性在190.5公分以上,而NBA球員的平均身高則長期在200公分上下徘徊。全體人類的身高和NBA球

131

143

員的身高，重疊部分遠遠少於考沃德提到的數字，少到幾乎沒什麼重疊，這點無須多說。

　　儘管在20世紀的大部分時間裡，生活在工業化世界中的人，可能是由於蛋白質攝取量增加，阻礙發育的兒童期感染減少，也可能是因為基因更普遍混合，「高個子」基因勝過「矮個子」基因，因而以大約每十年一公分的速率長高。不過NBA球員的增高速率仍然是一般人的四倍多，而最高大的NBA球員更達到了十倍。

　　葛拉威爾在《異數》一書中，拿職業籃球界的身高和智商相比，來提出自己的觀點。他寫道，超過一定的門檻值之後，再高就不是很重要了。他指出，智商超過120的人已經排擠掉大多數人，聰明到能夠思索最艱深的腦力問題，但智商再高並不表示在現實世界中會更有成就。他補充說：「（在籃球界）身高188公分可能比185公分好些……但超過了一定的程度，身高就沒那麼重要了。」不過這個智商「門檻假說」，並未受到相關領域科學家的研究證實，NBA球員身高的門檻假說也沒有球員資料佐證。

　　根據NBA、NBA選秀前聯合體測（只採用球員脫鞋後量得的真正計測值）、美國人口調查與統計局、美國疾病管制暨預防中心（CDC）國家衛生統計中心的資料，在NBA當中身高比人高的好處實在很多，結果身高在183公分（6英尺）以上的二十到四十歲美國男性，每高出5公分，身為NBA現役球員的機率也會增加將近一整個數量級。身高介於183到188公分的男性，目前為NBA球員的可能性是百萬分之五；在188到193公分，可能性增加到百萬分之二十；身高介於208到213公分的男性，這個機率衝上百萬分之三萬二千，也就是3.2%。213公分（7英尺）高的美國男性非常少見，CDC甚至沒列出對應的身高百分位數。不過，綜合NBA計測值和CDC的數據產生的曲線，可以看出身高213公分的二十到四十歲美國男性當中，有17%此時此刻是NBA球員，這個比例相當驚人。[1]去找

132

來六個誠實的213公分大漢，裡面就有一人將進入NBA打球。

提出體型大霹靂的兩名科學家諾頓和歐茲，把1946年到1998年身高213公分的NBA球員增加人數繪成圖表後發現，213公分高的NBA球員比例，緩慢但平穩地上升了三十五年，從1946年沒有半個人，到1980年代初期已占所有球員的5%左右，而當時正是美國職籃「贏者全拿」市場即將超高速興起的前夕。

1983年，NBA和球員達成一項前所未有的共同協議，讓運動員成為聯盟的合作夥伴，有權享有來自授權協議、門票銷售收入、電視轉播合約的利潤。隔年，剛出道的喬丹與Nike簽下了一份算是首開先例的合約，讓他拿到按照同名品牌球鞋銷售量支付的權利金。

突然間，職籃球員的賺錢潛力衝破了球場屋頂，**有可能打NBA的人**都很想進入NBA。而在同時，NBA球隊開始在世界各地尋覓身材特別高大的人。新版勞資協議生效後短短三年，NBA球員中身高有213公分者的比例，就增加了超過一倍，達到11%，此後大致一直維持這個比率。歐茲說：「這也代表，世上身高達213公分而且會打籃球的每個人，基本上都在球賽裡參了一腳。我們可以說達到了某個群體的極限。」

要達到這個目標，就需要提升全球化的程度。美國球員的平均身高大約是200公分，而非美國籍球員則將近206公分。看來NBA有許多外籍球員，是因為球隊幾乎沒有夠高的本國籍球員可用了。這麼一來，NBA當中的人數有穩定比例的國家，比如克羅埃西亞、塞爾維亞與立陶宛等，它們能躋進世上身高最高的國家之列，也許就不奇怪了。身高是一種「常態分布」（即呈鐘形曲線）的人體表徵，所以一國的平均身高若出現些微差異，

133

1　有很多人在NBA球員名單上聲稱有213公分（7英尺）高，結果發現他們在聯合體測時脫鞋後量得的身高矮了2.5公分，甚至5公分。不過俠客‧歐尼爾（Shaquille O'Neal）在脫鞋後量得的身高是216公分，一公分也沒有灌水。

就代表落在極端（譬如213公分）的人數有很大的差距。

以異常身高來說，美國女子職籃聯盟（Women's National Basketball Association，簡稱WNBA）就遠遠落後男子職籃聯盟。WNBA球員的平均身高介於180到183公分，和普通美國女性的差異，不像NBA球員跟普通美國男性之間差那麼多。一般WNBA球員只比普通美國女性高出10%左右，而一般NBA球員比普通男性高出將近15%。

也許需要花時間吸引更多高個子的女性來打籃球，或是需要一個更強勢的贏者全拿市場。WNBA球員的年薪只有上萬美元，而普通NBA球員一年可以進帳超過500萬美元。不難看出為什麼很多具備運動員身材的女性，會比較想選擇讓她們握有更多賺錢機會的其他運動，比如網球。隨著網球拍越輕，發球越重要，選手也越變越高了。在我寫到這段文字的時候，世界排名前三的女子網球選手平均身高是182公分，跟WNBA球員的平均身高差不多。

這些都不是在說，個子較矮小的男女無法在籃球場上出人頭地。像160公分的「小蟲」泰隆‧包格斯（Tyrone "Muggsy" Bogues）、172公分出頭一點點的內特‧羅賓遜（Nate Robinson）、穿上厚襪才有170公分的「馬鈴薯」安東尼‧韋比（Anthony "Spud" Webb）這些NBA球員，全都在巨人國裡發展得好好的。不過他們都具備了彌補身材的長項。羅賓遜和韋比是NBA史上最矮的兩人，他倆都奪得了灌籃大賽冠軍；包格斯聲稱自己垂直跳能夠離地44英寸（約111.8公分）高，但他的手掌小，很難單手抓球，所以他實際上喜歡用排球灌籃。

矮個子的人通常進不了NBA，除非有超凡的跳躍能力。但情況未必會像包格斯、羅賓遜和韋比一樣，只要想想在選秀前聯合體測時無法變高到抓住籃框的那些人，最後被選中進入NBA的歷來總人數就行了——一個也沒有。不過還有其他的因素，可以讓矮小的NBA球員變高大。

134

　　達文西的畫作〈維特魯威人〉兩臂展開後的臂長和身高相等，我確實是如此，所以你可能也是，或者差不多。但內特·羅賓遜身高172公分，臂展185公分，他實際上不像他看起來的那麼矮。事實上，幾乎沒有哪個NBA球員像他們看上去的那麼矮，包括奇高無比的那些球員。

　　NBA球員的臂展身高比，平均為1.063。（在醫學上，這個比率若大於1.05，就符合馬凡氏症候群的其中一項傳統診斷標準；馬凡氏症是人體結締組織出了問題，導致手腳特別長。）中等身高的NBA球員，身高差不多在200公分多一點，臂展是213公分。如果要以NBA球員的比例畫維特魯威人體圖像，達文西應該會需要一個長方形和一個橢圓形，而不是工整的正方形和圓形。

　　根據身高而被標記為就場上位置來說「太矮」的NBA球員，通常有特別長的臂展來彌補身高的不足。1999年NBA選秀會的狀元艾爾頓·布蘭德（Elton Brand），身高將近204公分，擔任大前鋒的話身高算是普通，但如果想想他手臂伸開後有227公分長，那他在大前鋒當中可就是個巨人了。身為2010年選秀狀元的控球後衛約翰·沃爾（John Wall），脫鞋後身高只有190公分，但手臂展開有206公分長。邁阿密熱火隊在2010至2011年賽季前，大肆宣傳球隊新打造的三巨頭組合——克里斯·波許（Chris Bosh）、詹皇、德韋恩·韋德（Dwyane Wade），這三人的身高加起來不到603公分，但臂展卻長達646公分。這絕非巧合。

　　根據2010至2011年賽季開始時，NBA參賽名單上的球員統計資料，球員的臂展會影響幾個關鍵統計數字。希望增加球隊阻攻（蓋火鍋）次數的NBA總經理，簽下臂長多個一公分而非身高多一公分的球員應該會更好。紐奧良鵜鶘隊的安東尼·戴維斯（Anthony Davis）是2012年選秀狀元，身高206公分出頭，臂展有227公分。一般預測，身材像戴維斯的球員的單季阻攻次數，平均會比出賽分鐘數相同、但臂長和身高相當的216公分

巨人多個十次。假如球隊總經理想讓進攻籃板變多，他簽下臂長多一公分的球員和簽下身高多一公分的球員，兩者應該都很好。而在防守籃板方面，雖然身高是比臂展略好的預測指標，不過兩者都很重要，而且若不考慮跳躍能力、體重、陣容位置、一般搶籃板技能等特質，NBA球員的防守籃板球有一半可以歸因於身高和臂長。

具備統計常識的球隊總經理一定已經注意到了。出身麻省理工學院（MIT）的休士頓火箭隊總經理達雷爾・莫雷（Daryl Morey），以籃球界的「魔球」（Moneyball）理論著稱，他就在選秀時選過看上去最矮的NBA球員當中的幾位。（針對火箭隊是否策略性鎖定選秀會中有高臂展身高比的球員，莫雷沒有發表任何意見。）三個賽季前，火箭隊派出NBA史上最矮的先發中鋒查克・海斯（Chuck Hayes），他的身高才197公分不到。幸虧他的臂展達208公分。

最重要的是，NBA球員不只要高人一等，還要有從身材比例來看長得離譜的臂展。一名NBA球員若欠缺他在運動員體型宇宙中容身所需的身高，那他八成會有超長的臂展來彌補。在體型「後大霹靂」時代，不論身高還是臂展，入選NBA的球員的體型，差不多都符合他在比賽陣容位置的典型功能，並且往往落在全人類的邊緣。根據2010至2011年賽季NBA名單的現有官方數字，只有兩名球員的臂展短於身高。其中一位是密爾瓦基公鹿隊後衛瑞迪克（J. J. Redick），他身高193公分、臂展191公分，簡直就像NBA球員當中的霸王龍。[2]另一人是已退役的火箭隊中鋒姚明。不過，身高226公分出頭的姚明，父母親是中國籃球協會為了優生考量而

2　一流拳擊手的手臂往往也比較長，但此趨勢遠不如NBA球員當中那麼普遍，即使在最優秀的重量級拳手身上也不是十分常見。1923年生的洛基・馬西安諾（Rocky Marciano），是他那個拳擊時代裡的「瑞迪克」，身高180公分，臂展據說是170公分。而1932年生的桑尼・利斯頓（Sonny Liston）身高183公分，臂展卻達213公分。

湊成對的，可說是適得其所。

　　針對家族和雙胞胎所做的研究一再發現，身高的遺傳率大約是80%，136 這表示在被研究的組別裡的人，有80%的身高差距可歸因於遺傳，而有大約20%是環境因素造成的。（在非工業化社會中，身高的遺傳率比較低，原因是營養不足或傳染病等，會阻礙許多公民達到從遺傳獲得的身高潛力，使得他們好比在貧瘠土壤中生長的植物。）因此某個族群裡最高的5%公民，如果比最矮的5%高了30公分，當中有24公分要歸因於遺傳因素。

　　在20世紀的大部分時間，工業化社會的居民差不多每十年增高一公分。在17世紀，一般法國人的平均身高為162.5公分，這是美國女性現在的平均身高。移民美國的日本雙親所生的第一代日裔美國人，就比他們的父母還高。

　　生長專家譚納在1960年代曾檢查一對同卵雙胞胎，結果顯示出由環境導致的身高變異範圍。這對雙胞胎兄弟出生後就分開了，一個在重視教養的家庭長大，另一人由施虐成性的親戚撫養，被鎖進陰暗的房間，還得苦苦哀求才能喝幾小口的水。兩人成年後，重教養的家庭裡長大的那位，比他的雙胞胎兄弟高了近8公分，但兩人的許多身體比例相近。譚納在《從胎兒長成人》一書裡寫道：「和身高比起來，體型比較密切受到遺傳控制。」這對雙胞胎中較矮的那人，是較高那位的受虐縮小版。

　　不過，我們對實際影響身高的遺傳基因了解很有限，因為就連表面上看來單純的表徵，背後往往也牽涉非常複雜的遺傳學。2010年有一項發表在《自然遺傳學》（*Nature Genetics*）期刊上的研究，需要3,925個受試者和294,831個單核苷酸多型性（single nucleotide polymorphism，即DNA上單字母編碼會因人而異的片段），來解釋成人之間45%的身高差異，而且137 這是研究可做出的最好結果了。找出所有的身高基因所需的研究規模和複雜程度，比科學家十年前料想的大得多。

雖然難以確知涉及身高的基因，但從同卵雙胞胎的研究可以清楚看到，身高本質上是照著遺傳指令發展的。由於子宮內的條件不同，同卵雙胞胎出生時的身長，相似程度經常不如異卵雙胞胎。不過同卵雙胞胎在出生之後，當中身長比較小的很快就會追上比較大的，而在成年時身高差不多或完全一樣高。同理，女子體操選手雖因激烈的訓練延後了發育高峰期，但這並未縮減她們成年期的身高。在兒童生長速度方面，遺傳指令的影響也顯而易見。第一次和第二次世界大戰期間，歐洲兒童經歷了短時間的饑荒，這使得他們幾乎停止生長，但等到糧食又充足了，他們的身體生長速度也像踩了油門似的，結果成年後的身高並沒有縮減。譚納寫道：「營養不良的孩子放慢速度，等待好日子到來。所有的幼小動物都有能力做到這點……人類並不是在當今的超市社會裡演化出來的。」

先天與後天因素如何相互影響從而決定我們的身高，對此至今我們無法理解。想想兒童在春夏季生長得比秋冬季快，而且這顯然是從眼球進入身體的陽光訊號所致，因為全盲孩童的生長速度也有類似的變動，但與季節變化不同步。

20世紀時都市社會居民身高變高，主要是因為腿部抽長的關係。腿變長的速度比軀幹快。在開發中國家，在營養攝取和傳染病預防上，中產階級與貧民之間有很大的落差，生活安逸者與生活困苦者的身高差距，全反映在腿上。

日本在第二次世界大戰後的「經濟奇蹟」期間，展現了令人吃驚的生長趨勢。從1957年到1977年，日本男性的平均身高增加了4.3公分，女性則增加了2.5公分。到1980年，在日本生活的日本人，身高已經追上在美國生活的日本人。更驚人的是，他們身高的增長完全是腿長增加所致。與歐洲人相比，現代的日本人仍然很矮，但不像以前那麼矮，而且他們現在的身材比例跟歐洲人更相似了。

138

• • •

　　不過長時間下來，某些體型差異還是存在，也一直受到運動人體測量學家所關注。探討種族體型差異的各項研究，都有證據證實黑人和白人間仍然存在差距，不管他們的居住地在非洲、歐洲還是美洲。不管比較坐高（sitting height，也就是人坐在椅子上時，從椅面到頭頂的高度）多少的人，非洲人或非裔美國人的腿都比歐洲人來得長。如果看坐高61公分的情形，非裔美國男孩的腿長往往比歐洲男孩多6公分。有近代非洲血統的人，腿長占身長比例較大。〔3〕菁英運動員也是如此。

　　針對奧運選手所做的研究一致發現，非洲人、非裔美國人、非裔加拿大人及非裔加勒比海人，身材比他們的亞洲及歐洲血統競爭對手更「直線型」。換句話說，他們往往腿比較長、骨盆比較窄。

　　科學家蒐集了1968年墨西哥城奧運1,265位參賽選手的計測值後，做出以下總結：不論是哪個族裔，在某個運動項目中取得成功的體型彼此之間，要比不同運動項目（成功的）的體型之間相似得多，但在運動項目中「持續存在最久的差異」，是具有近代非洲血統的運動員具備的窄臀與長手長腳。研究人員寫道：「這些差異幾乎出現在所有比賽項目中。」

　　對運動選手做過計測的現代科學家，在他們的著述中有時會不太情願地提到，這些體型差異對運動表現會產生影響。這些科學家通常很小心地指出，某種體型整體而言沒有比較好，但或許更適合某種運動項目而非另一種。提出體型大霹靂的專家諾頓和歐茲，在他們的教科書《人體測量學》（Anthropometrica）裡寫道：「這種模式在一定程度上，可能解釋了直線型且四肢相對長的東非人，為何容易在耐力型比賽項目中表現優異，而四肢較

139

3　近代非洲人的後裔四肢往往比較長，因此馬凡氏症的傳統診斷標準已經更新，針對非裔美國人和美國白人各有不同標準。非裔美國人的軀幹與腿長比率，要小於0.87才可能罹患馬凡氏症，但在美國白人身上，診斷的軀幹腿長比率是0.92。

短的東歐人和亞洲人，則歷來在舉重及體操方面有亮眼成績。」

　　四肢長度的差異也反映在NBA球員的數據上。[4] 在NBA現役球員的選秀前體測結果中，NBA白人球員的平均身高為201.9公分，平均臂展長208.3公分，而非裔美籍球員平均身高196.9公分，臂展達長210.8公分；NBA非裔美籍球員比較矮，手臂卻比較長。NBA球員不論是白人還是黑人，臂展身高比都比美國整體平均值高出許多，但白人與黑人球員之間差距相當大：白人NBA球員的平均比是1.035，而非裔美籍NBA球員則為1.071。不過，在個別族裔當中，球員之間差異很大。就舉兩名白人球員為例：寇比・卡爾（Coby Karl，身高：191.8公分，臂展：210.8公分）和科爾・奧德瑞奇（Cole Aldrich，身高：205.7公分，臂展：225.4公分），兩人的臂展身高比都接近1.10，但與其他NBA白人球員相比，他們是明顯的異類。根本沒有其他白人球員那麼接近這個值，倒是有幾名黑人球員的比值更高。我把這個數據拿給一位研究運動員身體的科學家看，他回應說：「這麼說來，也許不是白人不會跳，而是白人的手臂就是伸不了那麼高。」[5]

　　就某種意義上，這對一直在研究體型的科學家來說，是久遠以前的舊聞了。美國動物學家喬爾・阿薩夫・艾倫（Joel Asaph Allen）在1877年，就發表了一篇影響深遠的論文，指出同一種動物若生活在越靠近赤道的地方，肢體就越細長。要區分非洲象與亞洲象，我們可以看像船帆般垂著的象耳，原因是象的耳朵就如你我的皮膚，是釋放熱量的散熱器。散熱器的表面積相對於體積的比率越大，能越快釋出體熱。在較靠近赤道的地方演

140

4　NBA球員族裔的相關數據，與楊百翰大學（Brigham Young University）經濟學家約瑟・普萊斯（Joseph Price）不吝分享出來的數據一致；普萊斯曾分析NBA裁判當中涉及吹判犯規的種族偏見，十分有趣。

5　這一章引用的NBA聯合體測計測值，只論及非常特殊的運動員樣本，但根據此份數據，在聯合體測中NBA白人球員立定垂直跳的高度平均為69.32公分，黑人球員則是75.29公分。

化出的非洲象，已經發展出較大的耳朵來散熱。由於名副其實的滿滿一整櫃研究，「艾倫律」（Allen's rule，即「生活在氣候較溫暖地帶的動物，肢體比較長」）已經擴及到人類身上了。

1998年，有研究人員分析了針對上百個全球當地族群所做的研究，發現地理區域的年均溫越高，祖先曾在該區域居住的人的腿比例越長。研究對象包括了各大陸數十個當地族群的男性和女性，而論及腿長時是按地理位置分組的。低緯度地區的非洲人與澳洲原住民，腿的比例最長，軀幹比例最短，因此嚴格說來，與其說是跟族裔有關，還不如說是跟地理有關，或者說得再具體一點，是跟緯度和氣候有關。祖先生活在遠離赤道的非洲大陸南半部的非洲後代，四肢不見得特別長。然而，不論該項分析研究的非洲人究竟來自奈及利亞，還是來自遺傳基因與生理上均不同的衣索比亞，只要來自低緯度地區，他的腿很可能就比身高相仿的歐洲人來得長，而且鐵定長過加拿大北部的因紐特人（Inuit），因為因紐特人往往又矮又壯，四肢結實，骨盆寬大。[6]

在19世紀，艾倫推測低緯度地區的動物之所以肢體細長，是溫暖氣候直接導致的。換句話說，如果有非洲象寶寶讓亞洲象父母收養，在亞洲高緯度地區長大，他猜那隻小象會和亞洲象一樣有一對小耳朵。他猜錯了。把祖先來自赤道非洲與歐洲，現在居住在同一個國家（如英國或美國）的這些後人加以比較，會發現四肢的差異仍然存在，因此氣候對肢體的影響，主要是透過代代相傳的遺傳選擇。四肢較短的祖先儲存了較多熱量，所以較有機會在寒冷的北緯地區存活下來，並繁衍後代。

杜克大學（Duke University）和霍華德大學（Howard University）一個多元種族研究團隊，在2010年時勇敢面對與血統所致的體型如何影響運動

141

6 務必記住這些都是一般的陳述。舉例來說，我們都會同意男性平均起來比女性高，然而個體差異夠大，所以不難找到比許多男性高大的女性。

表現這個問題。為了避免種族被定型，該團隊裡的科學家做了個後彎動作。他們寫道：「我們的研究不推動種族的概念。」研究團隊的其中一名黑人成員艾德華·瓊斯（Edward Jones）在新聞稿裡強調，有運動設施可使用對於運動員的發展至為重要，像他在南卡羅萊納州長大，就被勸阻不要游泳。儘管如此，研究人員在報告中指出，和特定身高的成年白人相較起來，成年黑人的重心位置（大約在肚臍的高度）高出3%左右。他們採用身體通過空氣或水等流體的工程模型，判斷出3%差異可轉換成肚臍位置較高的運動員（即黑人運動員）在跑步速度方面占了1.5%的優勢，而肚臍位置較低的運動員（即白人運動員）則在游泳速度方面占了1.5%優勢。

　　正如瓊斯指出的，忽視接觸器材及教練指導的重要性，是既盲目又愚蠢的。不過這本書要談的是遺傳學和技競運動能力，對於那些帶有特定地理血統的選手在某些全球皆可參賽、進入門檻頗低的運動上顯然徹底占有優勢，若略而不談，那也是同樣盲目。我所指的，當然就是在短跑比賽和長距離賽跑中，腳程飛快的那些黑人選手。

9 我們（某種程度上）都是黑人
種族與基因多樣性

We Are All Black (Sort Of):
Race and Genetic Diversity

在1986年，你可以把一袋血帶上飛機。在位於紐約市皇后區荒蕪角落的甘迺迪機場中，舉行了一場遞交儀式，它就此改變了科學家對種族與人類祖先的理解。

耶魯大學遺傳學家肯尼斯‧季德（Kenneth Kidd）的兩名同事，從非洲一路轉機回到甘迺迪機場，所以他來迎接他們，取回巴亞卡人（Biaka）和姆布逖人（Mbuti）的血液樣本；巴亞卡人和姆布逖人分別是居住在中非共和國及剛果民主共和國的民族。

季德是加油站經理之子，在加州的塔夫特（Taft）長大，從十二歲就對遺傳學很感興趣，經常在花園裡東弄西弄，對不同顏色鳶尾花的雜交結果大感驚奇。成年之後，他又更進一步，研究人類DNA。在甘迺迪機場的遞交儀式之前，季德對他即將發現的事物已略有了解。

早在1971年，在義大利舉辦的一場紀念達爾文《人的自然史》（*Descent of Man*）出版一百週年的科學研討會上，季德在就曾提出數據，說明有些非洲族群身上的DNA，要比東亞或歐洲族群具有更多變異——亦即同樣的基因或基因體區域，可能有不同的拼字。當時很多科學家主張，非洲人、東亞人、歐洲人全是獨立發展到智人階段，而（現代人的前身）直立人，

則分別在各個大陸上演化成我們如今看到的各種獨特族裔。

接下來二十年間，季德的實驗室塞滿了從全球各地族群身上取得的DNA。坦尚尼亞北部的馬賽族（Masai）、以色列的德魯茲人（Druze）、西伯利亞的漢特族（Khanty）、美國奧克拉荷馬州的夏安族（Cheyenne）印第安人，以及丹麥人、芬蘭人、日本人、韓國人——全裝在按照大陸以顏色劃分的半透明塑膠容器裡。有些樣本是季德自己蒐集來的，還有一些，例如奈及利亞豪薩族（Hausa）的DNA，則來自一名奈及利亞醫生；這個醫生很想弄清楚，奈及利亞西南部某些族裔的婦女生出雙胞胎的頻率，為何高出世上其他地方的婦女。

季德的目標之一，是觀察許多不同族群中的對應DNA片段有何差異，然後將世界各地的基因變異分門別類。每次他放大看雙螺旋結構的其中一個局部，都注意到一個特殊模式：非洲族群的基因帶有更多變異。這部DNA食譜書中任何一段文字，出現在非洲族群身上的版本，幾乎都比其他各地族群身上的版本，具備更多種可能的拼字與說法。在基因體的許多區域中，出身單一土生土長族群的非洲人之間的基因變異，要比非洲以外各大陸的人之間的變異更多。季德觀察到，非洲匹格米人（African Pygmies）的其中一個族群，其某段DNA上出現的變異，要比世上其餘族群加起來的還要多。

經遺傳學家莎拉·蒂許科夫（Sarah Tishkoff）協助，季德畫出地球上每個人的家族樹。非洲族群成扇形向外散開，構成了這棵樹的主體，而所有歐洲族群都聚在邊緣的小樹枝上。季德說：「從遺傳學的觀點來看，我想說所有歐洲人看上去都很像。」這是因為，幾乎整個人類基因資訊，在不久前都還儲存在非洲。

季德的研究成果，連同其他遺傳學家、考古學家、人類學家的研究發現，都支持這個「晚近非洲起源」（recent African origin）模型——生活在非

144

洲以外的所有現代人的祖先，基本上都可以溯源到九萬年前，居住在撒哈拉以南的東非的單一族群。根據粒線體DNA（以及粒線體DNA發生變化的比率）估算出來的數據，從非洲冒險出走，前往世界其他地方生活的那群勇猛祖先，也許只有幾百人。

五百萬年前左右，人類從我們與黑猩猩的共祖分支出來，因此若把那段時間間隔看成一場美式足球賽，那麼人在非洲以外的世界居住的時間，所占比例少於兩分鐘衝刺的長度——而且是少**很多**。就演化角度來看，那群人類祖先離開非洲沒有多久，人數又只占族群的一小部分，所以留下了大部分的人類基因多樣性。數百萬年來，DNA變異都累積在我們的非洲祖先的基因體中，不論是隨機發生的，還是透過天擇。但在非洲以外的地方，短短九萬年就發生了獨特的變化，基因體的許多片段根本沒有這麼多動作。居住在非洲以外的人，都是某個群體的諸多基因分支的後代，而該群體本身也只是一個在近古非洲的次群體。[1]每當現代人種擴展到新的地域，拓荒者的人數似乎很少，只攜帶了發源地的一小部分基因變異去建立新族群。從世界各地蒐集而來的數據顯示，當地族群的基因多樣性，通常會隨著該族群沿人類遷徙出東非的路線距離遞減，其中美洲原住民族群的基因多樣性往往是最低的。

這對於用膚色來劃分人種，有很大的影響。在某些情況下，膚色黑除了表示那個人的基因體中，有能夠抵禦赤道地區陽光的深色皮膚基因，就沒透露別的資訊了。一名非洲男性和他的非洲黑人鄰居的基因體差異，

145

1　有個重要的例外是，科學家最近發現，冒險離開非洲的人種一定曾經與尼安德塔人雜交，因為生活在北非和非洲以外地區（但不包括撒哈拉以南的非洲）的現代人，他們的基因組中都帶有少量的尼安德塔人DNA。雖然一般模型是把非洲以外的人類，看成來自單一非洲族群的分支，但遺傳學家採集的樣本越多，就發現人類離開非洲前和離開後發生的基因混合情況越複雜。

可能比林書豪和阿根廷球星梅西（Lionel Messi）的基因體差異還要大。

這對運動可能也有影響。季德暗示，理論上，對於任何受遺傳因素影響的技能，世上最具運動天賦和最沒有運動天賦的人，都有可能是非洲人或近代非洲人的後裔，像是非裔美國人或非裔加勒比海人。跑得最快和最慢的人，都可能是非洲人，跳得最高和最低的人，也都可能是非洲人。當然，在運動競賽中，我們只會設法找出跑得最快、跳得最高的人。季德說：「我們當然可以找到在非洲以外地區有更多變異的個別基因，但概貌是，在非洲就有更多變異……所以你應該會預期，位於極端的人數比例更高。」

話雖如此，族群之間顯然還是有一般的差異，這也是為什麼儘管非洲匹格米人的基因多樣性豐富得驚人，但季德並未建議從中尋找下一個奧運短跑選手或NBA明星賽球員。季德說：「匹格米人身上帶有某些會介入的解剖學特徵（他指的是他們個子非常矮），但你可能會在一些非洲族群中找到最棒的籃球員，那些族群的身高和協調性平均起來都很高，而且群體中又帶有許多其他的基因變異。」

季德是在暗示，某些非洲人或近代非洲人的後裔，在技能水準較高的運動表現上**確實**有基因優勢。不過，由於季德主張的不是一般的基因優勢，因此他的推測就知識而言是可以接受的，科學界和媒體界也都如此讚揚。

● ● ●

季德和他的妻子、耶魯大學遺傳學家茱蒂絲‧季德（Judith Kidd）共用的實驗室，位於康乃狄克州的新哈芬（New Haven），實驗室裡有不鏽鋼冰箱，以及保存著全世界的DNA、像垃圾桶一樣大的液態氮容器，這些容器全以顏色劃分。半透明的黃色塑膠盒裡，是奈及利亞的約魯巴族（Yoruba），綠色盒子是中國的漢族，而紫色盒子是德系猶太人（Ashkenazi Jew）。假如季德有採集我的DNA，應該會存在紫色盒子裡。

2010年，我讓一間私人公司分析了我的一部分基因體，結果準確追

146

溯出我是近代東歐人的後代，還告訴我，我的其中一個HEXA基因副本帶著突變。如果跟我生育後代的女性，身上的其中一個HEXA基因也帶有同樣的突變，我們的每個孩子就會有四分之一的機率，得到兩個HEXA基因突變版本，從而罹患泰薩二氏病（Tay-Sachs disease），這種神經系統方面的病症會導致患者在四歲前死亡。HEXA基因突變在世界上大部分地區很罕見，然而祖先是波蘭人或俄羅斯人的猶太人（就像我），大約每三十人就有一人攜帶著這種突變。存放在季德的紫色塑膠盒內的人，從基因就能識別出來，而HEXA基因突變正是用來辨識的DNA標誌之一。每一個彩色塑膠盒裡，都裝著帶有各自不同基因剖析的族群的DNA。

蓄著翹八字鬍的季德一邊點擊桌面的檔案，打開他共同撰寫的一份研究，一邊說：「這個基因座（即基因體上的位置）會影響我們分解鎮痛解熱藥泰諾的效果。這個（CYP2E1）基因上帶有某些突變，會導致有這基因的人乙醯胺酚中毒。」這時，他的電腦螢幕上出現一張七彩的示意圖。

就像季德所做的其他許多研究，他在這項研究中，也記錄了一段段基因上的特定DNA拼字，在散布世界的五十個當地族群裡有多普遍。果不其然，季德檢查的十六種CYP2E1基因拼字變異（每種都以不同顏色來代表），都可以在非洲的族群身上找到，而在世上其他地方都找不到的其他幾個DNA拼字組合，也可以在非洲找到。這些族群離東非越遠，穿越西南亞、歐洲、西伯利亞東北部、太平洋群島、東亞、美洲，就有越來越多顏色從圖上消失。

季德解釋說：「你看，在非洲有淡紫色、洋紅色、黃色、黑色等等，可是到了歐洲，幾乎大家都會有至少一個綠色的副本。」在僅存於太平洋小島布干維爾（Bougainville）島上的納西瓦族（Nasioi）當中，每個人身上的CYP2E1基因裡都有「綠色」的DNA序列。季德說：「也有一些非洲人帶有兩個綠色的副本，所以在（基因體上的）那個位置，每一百個非洲人

147

就會有一個更像歐洲人，而比較不像非洲人。不過整體來說，他們跟歐洲人還是截然不同。」不僅僅是因為他們的基因編碼有獨特的拼字，還因為不同族群身上的基因變異頻率也不一樣。季德只要觀察單一基因的其中一段，就能開始追溯一個人的地理和族裔血統。

隨著祖先散布到世界各地，受到高山、沙漠、海洋、社會從屬關係，以及後來的國界等各種屏障所區隔，族群逐步發展出各自的DNA標誌。在幾乎整部人類史中，人多半在自己的出生地生活、婚配、生兒育女，當拓荒者在新環境建立一個個文明社會，基因變體在族群裡差不多就變得很常見了，既有隨機發生的機制，即「遺傳漂變」（genetic drift），也有來自天擇的力量，也就是某個版本的基因幫助人類在新環境生存下來或生育後代。

讓一些成人能夠消化乳糖的基因變體，就是一例。哺乳類動物斷奶後，身體通常就會停止製造乳糖酶，因此無法再消化乳汁。在九千年前，牛還沒有被馴養，所有人類基本上也和其他哺乳類一樣。不過，隨著人類開始飼養乳牛，凡是能夠消化乳糖的成人，在生殖方面就處於優勢，因此在冬季時要仰賴酪農業茁壯成長的社會中，帶來乳糖耐受性的基因變體變如野火般散布開來，就像北歐的那些社會；幾乎現今所有丹麥人和瑞典人，都可以消化乳糖。反觀東亞與西非的族群，由於他們很晚才開始馴養乳牛，甚至沒有馴養，成人至今仍普遍有乳糖不耐症。喜劇演員克里斯・洛克（Chris Rock）開過一個著名的玩笑，說乳糖不耐症是富人社會的奢侈品：「你覺得盧安達有哪個人有幹他X的乳糖不耐症啊？！」這是洛克的固定橋段，不過事實上，在盧安達大多數人都有乳糖不耐症。

有個和運動特別相關的例子是：具有歐洲血統的人大約有10%，帶有兩個可讓他們使用禁藥又不會受懲處的基因變體副本。最常用來調查運動員使用違禁睪固酮的尿液檢驗，是在分析尿液中的睪固酮與另一種激素「表睪固酮」（epitestosterone）的比率，即T/E值（T/E ratio）。正常值是1比

1。注射人工合成的睪固酮，會讓睪固酮濃度（T值）高出表睪固酮（E值），打亂T/E值，比值若超過4比1，藥檢員就會視為疑似作弊違規用藥。不過，攜帶有特定版本UGT2B17基因的兩個副本的運動員，無論如何都會通過檢驗。這種基因跟睪固酮分泌有關，而且其中一個版本會讓人不管注射了多少睪固酮，T/E值都維持正常。因此，有10%的歐洲運動員可以作弊，還一定能通過最常用的藥檢。此外，在世界其他地方，比如東亞，帶有這種能逃過藥檢的基因與其說是例外，不如說是普遍情況；有三分之二的韓國人，帶有這些讓人免被T/E值檢驗驗出的基因。

　　儘管存在差異，但由於所有人類在沒多久以前有共同祖先，因此我們彼此間極其類似，我們整個基因體的相似度，要比黑猩猩之間來得高。在人類DNA的層次上，食譜裡的三十億個字母中，通常有99%到99.5%左右是一樣的。就某種意義來說，你可能已經憑直覺得知這一點了。如果得從零開始造出兩個人，不論這兩人來自何方，大部分指令都會一樣：兩隻眼睛，十根手指和腳趾，一個肝臟和一對腎臟，一模一樣的骨頭和大腦化學物質。就此而言，不管是人類還是黑猩猩的食譜，大概每一頁都會是一樣的，因為我們與黑猩猩的DNA有95%相同。但拿這些論點說差異並不重要，可就錯了。

　　平均來說，個體之間至少有1,500萬個DNA編碼字母是不同的，而人類基因體食譜的實際篇幅，也會相差數百萬個字母。這些差異，多到產生出我們在世界上看到的所有變異。由於基因體定序如今更快也更便宜，世界知名科學期刊《科學》（*Science*）在2007年，把揭露基因層次上「我們彼此間有多少真正的差異」，選為當年度重大突破。隨著基因體定序變得更加便宜，這點只會擴大。無論人類在哪裡建立起文明社會，他們都迅速讓自己與眾不同。

　　在冰島，當地人雖然才居住了一千年，但生技公司deCODE Genetics

149

表示，他們可以利用基因體的四十個區域，鑑定出居民的祖父母來自冰島十一個地區的哪一區。2008年，研究更大範圍DNA的科學家以幾百公里的誤差，準確指出了一個包含三千個歐洲人的樣本中，幾乎所有人的祖先來自哪個地理區域。而且在某種程度上，DNA也可以鑑定出我們稱為「種族」的概念。

由一些（包括季德在內的）研究人員組成的團隊，於2002年在《科學》期刊發表了一項研究，他們讓電腦先瀏覽全世界1,056人的基因體上的377個位置，再自動按照基因差異把這些人分組。電腦描繪出來的分組，和全球各大地理區域相符：非洲、歐洲、亞洲、大洋洲，以及美洲。隨後由史丹佛大學主導的一項研究，請3,636個美國人回答他們自認是白人、非裔、東亞裔，還是拉丁美洲裔美國人，結果發現，有3,631人的自我認同與DNA盲測鑑定相符。遺傳學家尼爾·黎希（Neil Risch）在史丹佛醫學院發布的新聞稿中表示：「這顯示，人們自認的種族／族裔身分，幾乎是表明自己的遺傳基因組成的完美指標。」[2]

150

膚色主要由緯度決定，可能無法精確標記出祖先來自哪個地區，因為每塊大陸上都有各種膚色。但是地理區域和族裔從屬關係，極可能沿路留下基因屑足跡。

在某些醫學領域，如藥物遺傳學（pharmacogenetics，即在研究帶有不同基因的人，對相同藥物的不同反應方式以及原因），已經用膚色替代隱含的遺傳資訊，儘管這往往是很粗略的替代品；醫學研究人員現在也已經接受，在不同族群身上分別試驗藥物療效是很重要的。

季德和蒂許科夫在2004年寫道，人的主要基因及地理群集，確實「與普遍的『種族』概念相關」，但也補充說，如果把地球上的所有族群兜起

---

2 然而要注意的是，非裔美國人絕大多數來自非洲的某一塊區域。

來，他們的基因差異看起來比較像是連續的變化範圍，而不像分離群體的集合體。

2009年，蒂許科夫和一個跨國團隊發表了一項具指標性的研究，歸納出非裔美國人的基因組成。他們發現，鑑定為非裔美國人的成人，整體而言基因多樣性非常豐富，西非血統的占比從1%到99%不等。非裔美國人的DNA中，歐洲血統所占分量特別多樣化。但他們也發現，幾乎所有非裔美國人都帶有非洲人的X染色體，這吻合「過去非裔美國人的母親有很晚近的非洲祖先，而父親有時是非洲人，有時是歐洲人」的論點。他們研究的非裔美國人來自巴爾的摩、芝加哥、匹茲堡及北卡羅萊納州，據蒂許科夫表示，這些人基因血統中的非洲成分顯示出「微小的基因差異化」，彼此間很相近，跟奈及利亞的伊博族（Igbo）、約魯巴族等西非人的基因剖析往往也很相似；這不奇怪，因為非洲黑人經販賣為奴，而被迫離開家園，帶往加勒比海和美國這類紀錄中，經常出現伊博族和約魯巴族。[3]

透過基因，可以追溯出一個人的祖先，但若要跟隨季德的非洲運動員「想像實驗」（thought experiment，或譯「臆想實驗」）的腳步，我們不但得了解非洲人的基因型是最多樣化的，還必須知道他們的**表現型**是否也最多樣。表現型是潛藏基因的有形表現。我們的DNA有數十億個鹼基（每個「字母」就是一個鹼基），但遺傳學家仍然不清楚大部分的鹼基有什麼作用。有些鹼基可能只做一點點事，或根本無所事事。季德表示，由於最多樣化的基因型保存在許多非洲族群身上，因此最多樣化的運動基因型，包括跑得最慢和最快的人，或許也在非洲。但到目前為止，季德的想像實驗還沒有簡單、全面性的結論。

---

3 另外一項針對非裔美國人所做的基因研究發現，南卡羅萊納州的非裔美人往往來自「穀物海岸」（Grain Coast，也就是塞內加爾到獅子山一帶），原因可能是，南卡羅萊納州水稻種植地的地主想要很擅長某種農務的奴隸。

美國官方的國家人類基因體研究院（National Human Genome Research Institute），在2005年也開始參與探究種族與遺傳學議題，以及「世界上大部分的身體變異，究竟是發生在族群內部的個體之中，還是在整個族裔群體當中」這個問題。他們直接探討以下疑問：非洲族群帶有豐富的基因多樣性，是否也代表世界上的大部分身體多樣性蘊藏在那些族群中？答案是：看你要觀察什麼身體表徵。

大約有90%的人類頭骨形狀變異，發生在每個主要族群內部，只有10%存在於不同族裔之間，而非洲人確實顯現出最大的變異。不過膚色卻恰恰相反：只有10%的變異發生在族群內部，而有90%的差異存在於群體之間。因此，若要討論非洲人或非裔美國人有沒有什麼特定基因，使得他們在某些運動項目上具有優勢，科學家應該先確定，哪些基因和天生的生物特徵對運動表現很重要，然後再檢驗這些基因和生物表徵在某些族群身上出現的頻率，是否比在其他族群中還要頻繁。

科學家已經開始做這件事了。

• • •

凱瑟琳・諾斯（Kathryn North）準備投書到《自然遺傳學》期刊的公開信已經寫好了，她的報告將成為重大突破。

幾年前，也就是1993年夏天，諾斯離開澳洲，遠赴波士頓兒童醫院（Boston Children's Hospital）進修小兒神經學及遺傳學，她工作的那間實驗室曾發現造成裘馨氏肌肉失養症（Duchenne muscular dystrophy）的基因突變，這是一種極度致命的肌肉消耗病。諾斯檢查肌肉失養症患者的肌纖維時，發現他們的快縮肌纖維比例是正常的，但大約有五分之一的病患，缺少「α－輔肌動蛋白－3」（alpha-actinin-3）這種結構特殊的蛋白質，快縮肌纖維裡本來應該有這種蛋白質的。

諾斯的投書，記錄了1998年她在雪梨實驗室裡檢驗的兩個斯里蘭卡

兄弟，這對兄弟患有先天性肌肉失養症，他們的父母是表親，兩人都未罹患此疾病，所以這個案例看似屬於隱性基因遺傳。由於兄弟倆都缺乏α－輔肌動蛋白－3，因此諾斯和同事替兩人做了負責替這種蛋白質編碼的ACTN3基因的定序。果然，在兩人的ACTN3基因副本上的相同位置，都有「終止密碼子」（stop codon，相當於基因的停車標誌）。這個標誌只是DNA當中的單一字母開關，會讓α－輔肌動蛋白－3無法在肌肉中製造出來。看樣子，諾斯和研究團隊發現了一種造成肌肉失養症的新型基因突變。她說：「於是我開始草擬《自然遺傳學》的投書，也可以說是在草擬一篇論文，記述一種新型致病基因。不過，如果你是優秀的遺傳學家，你就要一併研究全家人。」

於是諾斯把那對父母和他們另外兩個健康的孩子也請來，檢測他們的ACTN3基因。在患病兄弟倆身上，會讓α－輔肌動蛋白－3停止製造的基因版本稱為X變體（X variant），諾斯預期那對父母各帶有一個X變體並傳給了兒子，也各帶有一個可正常促成蛋白質製造的R變體。然而她發現，父母雙方和兩個健康的孩子身上，居然也帶有兩個ACTN3基因的X變體。這家人的肌肉當中都缺乏α－輔肌動蛋白－3，但只有那兩個兄弟患了肌肉失養症。諾斯根本沒有發現新型的肌肉失養症基因。她表示：「我們是在星期五發現的，那天實在太──令人沮喪了。」

那個星期天，她去看電影，接著去散步，邊散步邊回想前一週發生的事。她在實驗室裡和科學文獻上，都不曾看過哪個健康的人身上，帶有讓他們完全沒有某個結構蛋白質的基因。結構蛋白質極為重要，負責構成指甲、頭髮、皮膚、肌腱和肌肉。如果替結構蛋白質編碼的基因停止運作，人類往往會生病或死亡。諾斯說：「於是我開始讀演化文獻，我心想，好吧，也許α－輔肌動蛋白－3是多餘的，也許我們不需要它，它差不多快要淘汰掉了。」

153

諾斯主動找上專長為分子演化的澳洲研究員賽門‧伊斯提爾（Simon Easteal）。他們一起從倉庫拿出兩百個有各種病變的肌肉樣本，從無法正常收縮的肌肉，到神經失靈的肌肉，不一而足。正如她先前在波士頓的肌肉失養症患者身上所見到的，大約有五分之一的肌肉病變，帶有兩個ACTN3基因X變體副本，也就沒有α－輔肌動蛋白－3。不過，也有約五分之一的正常健康肌肉樣本帶有兩個X變體，因此這個基因不可能是致病原因。既然如此，α－輔肌動蛋白－3在肌肉中或許有別的用途。諾斯說：「從那個時候，我們就開始拉近不同族群的人，我們也是在那個時候，發現這個基因的不同族裔分布。」

諾斯看到，四分之一的東亞後裔，帶有兩個ACTN3基因的X變體副本，而大約18%的澳洲白人有兩個X變體。但當她檢驗南非祖魯人（Zulu），結果帶有兩個X變體的人不到1%。差不多所有人都有至少一個R變體副本，這是替快縮肌中的α－輔肌動蛋白－3編碼的變體。非洲的每個族群也是如此。就這個特殊的基因變體而言，非洲人或晚近非洲人的後裔剛好非常一致。

儘管缺少α－輔肌動蛋白－3不會致病，諾斯仍深信它並非毫無價值的蛋白質。就像（富「巨嬰」名氣的）肌肉生長抑制素這種蛋白質，α－輔肌動蛋白－3在演化方面非常保守。它存在於許多動物的爆發型肌纖維中，包括雞、小鼠、果蠅、狒狒，以及與我們血緣最近的靈長類動物黑猩猩。既然如此，缺乏α－輔肌動蛋白－3就是很晚近、算是人類特有的表徵。諾斯和同事估計，過去三萬年間X變體在人類之間散播，而且只在非洲以外的地方。基於某種原因，這個基因看起來只在非洲以外的環境受到天擇青睞。諾斯認為，快縮肌纖維一定有需要它的理由。

於是她和同事找上有大量快縮肌纖維的受試者——也就是菁英短跑選手，從他們身上採集DNA。他們和澳洲運動學院合作，對國際級水準的

154

運動員進行ACTN3基因檢測。結果，18%的澳洲人帶有該基因的兩個X副本，但澳洲的競技短跑選手幾乎都沒有。差不多所有短跑選手的快縮肌纖維中，都有製造α－輔肌動蛋白－3。諾斯說：「我等了好多年才發表這項研究。我們做初次分析時就得出那個結果了，接下來我們在內部一遍又一遍重做。」結果仍然相同。短跑選手不但普遍沒有ACTN3基因的兩個X副本，越優秀的選手，檢測結果為XX的可能性還越小。在其中一個樣本中，107名澳洲短跑選手裡帶有XX的只有5人，而參加過奧運的32個選手全都不是XX。

這項研究成果發表之後，全世界的運動科學家趕緊替當地的短跑選手檢測，結果各地都呈現這種關聯。牙買加和奈及利亞的所有短跑選手，快縮肌中都有α－輔肌動蛋白－3，但肯亞長跑選手也有，幾乎無一例外——考慮到幾乎所有來自非洲族群的對照組受試者也都帶有α－輔肌動蛋白－3，就不足為奇了。芬蘭和希臘科學家採集他們的奧運短跑選手的DNA，同樣沒有一人是XX。在日本，有幾名短跑選手是XX，但100公尺成績比10.4秒快的人都不是。

諾斯得出以下結論：ACTN3是管速度的基因。但還不十分清楚為何有此可能。α－輔肌動蛋白－3對肌纖維能夠瞬間收縮的程度，可能有結構上的影響，或者有可能影響肌肉系統的構型。總體而言，小鼠以及（在一些研究中）缺少α－輔肌動蛋白－3的日本女性和美國女性，快縮肌比較小，肌肉量也比較少。諾斯飼養少了α－輔肌動蛋白－3的小鼠，結果發現牠們身上活化的肝醣磷酸化酶，遠比正常的小鼠來得少；肝醣磷酸化酶是調動糖供應瞬間爆發動作（如衝刺）的酵素。那些小鼠身上的快縮肌纖維，也開始出現一些慢縮、耐力型肌纖維的性質。

考量到ACTN3基因X變體似乎是在1萬5千到3萬年前，才在人類當中傳播，諾斯曾想過，這種變體說不定是在上一次冰河期大量湧現的。

155

缺乏α－輔肌動蛋白－3，可能會使快縮肌纖維代謝的效率比較高，就像它們的慢縮鄰居一樣，這在非洲以外嚴寒、糧食稀少的北緯地區也許是一種恩賜。有兩名人類學家就曾提出，X變體傳播的時間，可能是生活在非洲以外地區的人類，生活方式從狩獵採集轉向農業的過渡期，農業社會的人比較不需要在戰鬥或狩獵中飛奔，反而需要更高的代謝效率，長時間穩定工作。

156

不過諾斯也很慎重。我們和小鼠的DNA序列雖然有絕大部分是相同的，但受基因操控的齧齒動物，可不是模擬人類基因變異的理想模型。諾斯說：「我們不了解事情的全貌。目前看來，ACTN3這種基因似乎對衝刺有一點貢獻，而這樣的基因也許有上百個，當然還有其他因素，譬如飲食、環境、機緣等等。」

許多私人的基因檢測公司就沒那麼謹慎了。探討ACTN3基因與奧運選手關聯的研究一發布，各公司急忙搶進缺乏規範、直接訴求消費者的基因檢測市場。帶頭者是位於澳洲菲茲洛（Fitzroy）的生技公司「基因技術」（Genetic Technologies）。只要付92.40美元，這家公司就會告訴消費者，他們帶有哪種版本的ACTN3基因。（我有兩個R副本。）2005年，澳洲國家橄欖球聯盟（National Rugby League）的曼利海鷹隊（Manly Sea Eagles），成為第一支公開承認有做球員ACTN3基因測試的球隊，他們會根據測試結果制定訓練計畫，讓帶有衝刺變體的球員加強練習爆發力的舉重訓練，減少有氧訓練。

位於科羅拉多州波爾德（Boulder）的生技公司「運動遺傳學圖譜」（Atlas Sports Genetics），因為向父母推銷給子女做的ACTN3基因檢測而受到媒體關注。該公司總裁凱文‧萊利（Kevin Reilly）宣稱，這項檢測對「那些還沒有動作技能的年幼運動員」特別有用。萊利所說的「年幼」是指：就算知道小科比連路都還不會走，但這不表示他的DNA不能開始勾勒出

他的運動生涯。如果小科比沒有該基因的R變體，他的父母就可以開始把他們的小寶貝推向耐力型運動。該公司冀望的幼兒基因檢測市場幾乎沒有成形，不過它還真的管理了一個兒童客群。萊利表示，在影響運動項目的選擇方面，「我們對八到十歲年齡組的運動員有某種影響。」

很可惜的是，運動技能的消費者基因檢測，對八到十歲的兒童來說幾乎一文不值。[4]科學家越來越了解，像運動技能這類複雜表徵的遺傳因素，經常是幾十個甚至幾百、幾千個基因相互影響的結果，更別提還有環境因素了。諾斯說，如果你的ACTN3基因是XX，「你可能參加不了奧運100公尺競賽」。但你不需要做基因檢測就曉得這件事了。雖然ACTN3基因似乎確實會影響衝刺能力，但根據這點決定要選哪項運動，就像只看一片拼圖就要判斷整面拼圖的畫面。你需要那一片才能完成拼圖，但如果少了其他片，鐵定看不出有意義的圖像。

威斯康辛大學拉克羅斯分校（University of Wisconsin–La Crosse）人類表現實驗室主持人卡爾·佛斯特（Carl Foster），也是幾項ACTN3研究的共同作者，他說：「如果你想知道自己的孩子會不會跑得很快，目前最好的基因檢測是馬表。帶他去操場，讓他和其他孩子賽跑。」佛斯特的論點是，儘管基因檢測具有前衛的吸引力，但跟直接測時間比起來，間接測速是很愚蠢又不準確的——就像為了量一個人的身高，你從屋頂丟個球，然後看這顆球花多久會打到那個人的頭，再去算出他有多高。為什麼不直接用捲尺量他本人呢？

4 說句公道話，檢驗耐力型及衝刺／爆發力型菁英運動員相關基因的一些研究發現，基因小組通常可以把耐力型運動員和衝刺型運動員區分開來。（但任何稱職的教練都能更準確的做到這件事。）2009年有一項針對西班牙短跑選手和跳躍運動員所做的研究，檢驗了運動員身上與爆發力有關的六種基因變體，結果在53個選手中，有5位帶有全部六種「爆發力」基因版本，而這在普通西班牙男性身上出現的機率，只有五百分之一。這研究有趣歸有趣，但對於預測兒童會不會成為短跑選手、跳躍運動員或馬拉松選手，仍然不是很有用。

　　看起來ACTN3基因只能告訴我們，誰不會在2016年里約奧運100公尺決賽名單裡。而且考量到這只排除了地球上七十億人當中的大約十億人，這根本不算有非常具體的成效。

　　儘管如此，如果列入考慮的只有那個基因，那麼這也告訴我們，世上所有地方幾乎沒有黑人會被排除。

10 牙買加人為何獨霸短跑？
黑奴戰士理論

The Warrior-Slave Theory of Jamaican Sprinting

黑人科學家笑著露出雪白的牙齒，對白人科學家說：「歡迎再度回家！」

黑人科學家是牙買加最知名的醫學研究員：艾羅爾·莫里森（Errol Morrison）。以他命名的「莫里森症候群」（Morrison Syndrome）是一種糖尿病，他認為這種糖尿病與一些牙買加人大量飲用的當地灌木茶有關。莫里森在這個島國十分受愛戴，有一回他去領某個成就獎，負責引言的醫生在介紹他時對在場人士開玩笑說，她出國旅行時碰到的人一聽說她是牙買加人，總會脫口而出：「巴布·馬利（Bob Marley[1]）！」——除了在糖尿病研討會上，碰到這種場合，對方會說出：「艾羅爾·莫里森！」

莫里森也是京斯敦理工大學（University of Technology in Kingston）的校長，牙買加的這所大學有1萬2千名學生。而在2011年3月底的此刻，和他談笑的白人科學家葉尼斯·皮齊拉迪斯（Yannis Pitsiladis），則是英國格拉斯哥大學的生物學家暨肥胖症專家，皮齊拉迪斯經常造訪牙買加，近期也在京斯敦理工大學新設立的運動科學學程兼任特聘教授。

兩人現在互握著右手，左手搭在對方背上。他們之間的情義閃閃發亮。這天晚上他們會在莫里森位於山丘上、可俯瞰一點京斯敦夜景的寬敞

1　譯註：巴布·馬利是牙買加歌手，因為將雷鬼樂（Reggae）發揚光大而被尊為「雷鬼樂之父」。

家裡吃飯，放鬆一下心情。

　　但皮齊拉迪斯是來這裡工作的。十年來，他經常帶著棉棒和塑膠容器來到這裡，採集世上跑得最快的男男女女的口腔黏膜及口水。全世界沒有別的地方，讓他連吃個午飯，都很容易遇到五、六個參加過奧運100公尺賽跑的男女選手。只要遇到了，他就一定會採集他們的DNA。（有一次，皮齊拉迪斯在社交場合巧遇一名世界一流的賽跑選手，連忙消毒了一只酒杯來採集唾液。）儘管只有個不起眼的300公尺草地跑道，京斯敦理工大學本身卻是競速的搖籃，它訓練出來的短跑選手和跳躍運動員，在2008年北京奧運田徑項目奪得的獎牌數（八面），比幾十國在所有比賽項目贏得的獎牌總數還要多。

　　在晚餐桌上，莫里森和皮齊拉迪斯將聊到他們共同的科學目標：釐清是什麼遺傳因素及環境因素，讓一個人口三百萬的蕞爾小島，成為製造短跑健將的世界工廠。他們已經結合兩人過人的腦袋，還一起發表了論文。他們也分別發表過這方面的科學文獻。

　　而那些探討「先天還是後天」議題的論文，結論幾乎是恰恰相反。

• • •

　　皮齊拉迪斯記錄公帳的便條本上，有一筆預算是付給一個牙買加巫醫，為的是獲准採集那個巫醫所屬群體的DNA。不用說也知道，世界上像他一樣的研究員很少。

　　皮齊拉迪斯的祖先在第二次世界大戰後，離開希臘找工作，他們先移居澳洲，後來又去了南非。從1969年他兩歲那年，皮齊拉迪斯就在這個施行種族隔離制度的國家生活。1980年，他的家人返回希臘，到了列士波斯島（Lesvos），他在那裡一心接受成為職業排球員的訓練。這個日後成為生物學家的小伙子蹺課去練球，但等身高長到177.8公分時，皮齊拉迪斯放棄了排球夢。可以發現，過去他在南非和希臘兩地的生活，都烙印在

他現在所做的工作中：尋找那些造就出世上最佳運動員的基因，探究有沒有哪個族裔壟斷了那個寶貴DNA的市場。這就代表，有十年他經常前往衣索比亞、肯亞、牙買加，前去世上最具肌耐力及最具爆發力的一些運動員的訓練場地。

這項工作很辛苦。皮齊拉迪斯經常拿不到經費來檢驗運動員的基因，因為用於人類遺傳學的研究經費，通常會提撥給研究人類祖先或健康與疾病的計畫。因此皮齊拉迪斯在格拉斯哥大學的學術地位，是靠著兒童肥胖症的遺傳學研究來維持的，這方面的研究能吸引大筆撥款。皮齊拉迪斯在格拉斯哥的院長總是告訴他，放掉運動員研究，專心做肥胖症研究。然而皮齊拉迪斯對自己所愛的研究充滿狂熱，但對肥胖症遺傳學並沒有這股熱情。

他說：「我只發表過一篇跟某個肥胖基因有關的論文，但（那個基因）產生的效應很小，靠體能活動就可以克服。以後還會發現很多基因，但現在我就可以告訴你答案是什麼了。」他伸起拇指和食指，比出一小段2、3公分的間距。他是在暗示，儘管科學家會發現數十、數百甚或上千個導致易胖體質的DNA變異，但它們全部加起來，也只解釋了工業化世界肥胖蔚為流行的一小部分成因。

當皮齊拉迪斯把話題從肥胖症遺傳學，轉移到他的另一項研究工作──深究世上最優秀運動員的基因──他彷彿摘下了一張陰沉的面具。他會忽然穿上金色配綠色的衣索比亞田徑隊服，這是某位衣索比亞金牌選手送他的禮物，當他說到興奮處，斑白的鬢髮也會隨之飛舞，眼神奕奕，融合了他待過的幾個國家的柔和口音提高到像次女高音一般。他說：「我的腦袋一直在關注這個主題，從來沒停過，從來沒有。我曾經為了弄到一個DNA樣本忙了一年！還有誰會這麼做？」在運動科學界，答案是：沒有人，因為可申請到的研究經費很少。

於是，皮齊拉迪斯的運動研究，必須透過克難的理學院來進行。自從2005年開始造訪牙買加，他的大部分工作都是自掏腰包（他兩度拿自己的房子去再抵押）、靠他和媒體合作（他把自己從牙買加拍回的影片賣給BBC當紀錄片）、和國外科學家合作（日本政府努力提撥了一點經費給運動遺傳學研究），以及友人給的一點協助——2008年的牙買加之行，是格拉斯哥當地的印度餐館老闆贊助的，條件是要讓老闆的兒子跟去。

這是極度大膽又得勒緊褲帶的科學工作。儘管如此，對皮齊拉迪斯來說，拿到研究經費可能和沒拿到同樣折磨人。他非常怕搭飛機，他的助理在他每次飛非洲或牙買加前都會等電話響，聽電話另一頭的人央求取消行程。不過，幾杯上等紅酒下肚之後，他終究上了飛機。

皮齊拉迪斯前往牙買加不全是為了採集DNA。頭幾次造訪時，他比較像人類學家，向牙買加人請教了他們自己認為「短跑健將製造工廠」的祕訣是什麼。眾口紛紜，答案從他們常吃山藥、鄉下孩子經常得追著動物跑，到牙買加奴隸曾飛奔逃離歐洲主人，無奇不有。最後一項聽起來也許愚蠢，源頭卻很深遠，就像傳說中蹦出牙買加人的那些山洞那麼深。

最初幾次牙買加探險就讓皮齊拉迪斯明白，這座小島不僅孕育了一大批世界頂尖短跑選手，而且有很多都來自該島西北部的小教區垂洛尼（Trelawny）及其周邊地區——說到頂尖短跑選手，加拿大和英國的100公尺全國紀錄保持人都是牙買加僑民，而美國的頂尖短跑選手通常有牙買加血統。2008年的北京奧運，是牙買加六十年來短跑成就的最顛峰，而且
那屆奧運的男子100公尺及200公尺短跑金牌尤塞恩·波特，和女子200公尺短跑金牌薇若妮卡·康貝爾－布朗（Veronica Campbell-Brown），這兩位一代短跑名將，都來自垂洛尼。18世紀時，一小群不太像真的戰士從牙買加科克皮特地區（Cockpit Country）的濃密雨林，爬下陡峭的石灰岩峭壁，進入山谷落腳，以脅迫世上最令人畏懼的軍隊的精銳士兵。

皮齊拉迪斯得知，孕育出當今田徑隊長的，就是這些牙買加戰士。

● ● ●

和莫里森享用美味晚餐過後一週，在2011年4月3日這天，皮齊拉迪斯在牙買加雨林區一間昏暗的混凝土房間裡，坐在一只破爛的塑膠椅上。島上多數居民從沒見過這景象，此刻皮齊拉迪斯在為自己的科學一搏。

坐在木桌對面的，是阿坤彭鎮（Accompong Town）鎮長費隆·威廉斯上校（Colonel Ferron Williams），木桌還是特地為這次會談搬過來的。威廉斯穿著金棕色的短袖正式襯衫，疑惑地歪著他那剃得很好看的腦袋聆聽。坐在他左邊的，是副手兼鎮上的護士諾瑪·羅伊－愛德華茲（Norma Rowe-Edwards）。

皮齊拉迪斯三年前為了採集DNA而造訪阿坤彭鎮時，羅伊－愛德華茲就曾關切他的採集方法，因為採集時必須用棉棒擦拭臉頰內側。沒有幾天，阿坤彭鎮上就在謠傳，皮齊拉迪斯的採樣棒會散布愛滋病。

坐在上校右邊的，是皮齊拉迪斯在2008年僱來幫忙採樣的當地人。這個人答應從兩百個阿坤彭當地人的身上採DNA，但皮齊拉迪斯返回格拉斯哥分析資料後卻發現，兩百個樣本中的G、T、A、C序列完全一樣。那個人聲稱，此地區的居民彼此間的親緣關係一定很近。不過那個序列並非相近，而是一模一樣——那個人用棉棒在自己的口腔內側擦拭了兩百次。

儘管眼前的與會者先前帶來了這些慘痛經驗，皮齊拉迪斯在今天的討論中還是占了上風。現在採集DNA再也不需要棉棒，只要用塑膠盤收集口水即可，那名護士不必再擔憂要採侵入式方法了。另外，上校想引起公眾注意並吸引遊客，沿著那條唯一的盤旋山路，來到這個零星散落著色調柔和、旁邊還有簡陋小屋的低矮混凝土建築物的小巧農村聚落。因此他很樂於照管這項科學工作，以便順利進行。會談接近尾聲時，上校伸手緊握住皮齊拉迪斯的手，同意他進行更多採樣。

163

　　牙買加的這塊三角之地對皮齊拉迪斯極為重要。談到牙買加西北部的口述歷史顯示，由於這裡四面有峭壁和海域環繞，很難逃走，所以西班牙人和英國人先後將最凶惡的奴隸帶到這裡。吸引皮齊拉迪斯來此的故事段落要從1655年說起，那時英國海軍來到牙買加，從西班牙手中奪下這座小島。勇猛無畏的奴隸趁亂逃往牙買加西北部高地——科克皮特地區。逃脫的奴隸建立了自己的聚落，成為大家所說的「逃亡黑奴」（Maroon，源自西班牙文的cimarrón，原本用來形容逃到野外的馴化馬）。

　　科克皮特的地形在島上獨一無二，在世界上也很少見。這塊偏僻地區的地形稱為「喀斯特地形」，覆蓋在潮溼森林下方的石灰岩，經過數百萬年來的雨水溶蝕，留下了圍繞在險峻峭壁之中的星形山谷——叫做錐丘（cockpit）。不同於大部分由水形成的山谷，這些山谷沒有河流，水在流經多孔的石灰岩之後，就消失在一格又一格的地下洞穴中。逃亡黑奴非常了解這些地形，且熟知石灰岩滲穴排列方式，科克皮特地區成了他們抵禦英軍的堅固防線。

　　英國人接替西班牙人後，卯足全力引進更多黑奴，從相當於現今迦納和奈及利亞的地方，帶走成千上萬的非洲人。這些人有許多來自擅長作戰的族群，例如迦納的阿坎族（Akan），有時是被擒住他們的敵對部族賣作奴隸。那個時期英國官員的信件，透露出他們由衷敬佩阿坎族黑奴，牙買加有個英國總督稱這些黑奴是「天生的英雄……受到虐待時無論如何都會設法報復」，是「西印度農地的危險囚犯」。還有一個18世紀時的英國人寫道，這些「來自黃金海岸的黑人」與眾不同之處在於「身心都很堅毅；脾氣暴躁……靈魂昇華到讓他們擁有冒險犯難的精神」。

　　1670年代，有越來越多奴隸被帶到牙買加，逃到山區投靠新興聚落的人也越來越多，這些逃亡黑奴開始燒掉甘蔗園，染紅的夜空彷彿在表明他們的意圖。住在牙買加的英國人威廉・貝克佛（William Beckford）寫道：

164

「最驚動人的烈焰」莫過於甘蔗田大火，「它燒出和傳達出的憤怒與速度難以形容」。在那些無畏無懼的阿坎族黑奴當中，就出現了人稱「庫喬隊長」（Captain Cudjoe）的軍事天才。

　　庫喬與牙買加島東部的逃亡黑奴女性領袖南妮（Nanny），聯手建立起周密的諜報體系，僱用逃亡黑奴當中的士兵和農地裡的奴隸，記錄英兵的行蹤。〔2〕英國人為了追回逃跑的黑奴，冒險進入科克皮特時，庫喬的手下會發動伏擊，不但以寡擊眾擊退英國人，還奪取他們的武器建立一支軍隊。有個英國農園主人寫道，那些戰役的局面根本一面倒，自負的大英帝國士兵「不敢直視（那些逃亡黑奴）……」。英國人的畏懼之情，至今仍留存於科克皮特的行政區名稱裡：**別回來**，以及**往後看之地**。

　　最高潮的一戰發生於1738年，就在皮齊拉迪斯和上校碰面討論DNA採集的地點不遠處。庫喬的一群手下躲在現稱為「和平洞」（Peace Cave）的石灰岩洞裡，在洞外放了一塊鬆動的大石，英兵經過時會拍打石塊發出響聲，逃亡黑奴就等著點算他們有多少人。隨後，一個逃亡黑奴突然現身吹響一種號角，向周圍山區的其他人打信號。逃亡黑奴戰士從四面八方湧入山谷，屠殺英兵，傳說只有一名英國士兵逃過一劫，拿著自己的一隻耳朵被送回家，向上級講述事情經過。屠殺事件過後不久，英國人和逃亡黑奴簽署了協議，把偏遠的領土讓給他們，庫喬被任命為鄰近的垂洛尼鎮的統帥，授予他們自由；還要再過整整一個世紀，才正式解放奴隸。

　　如今，阿坤彭鎮的五百多個逃亡黑奴，在牙買加境內組成了一個主權獨立的國家。波特和康貝爾－布朗童年生長的地方，與皮齊拉迪斯和上校會面的地點只隔了一座山頭。〔3〕阿坤彭鎮的逃亡黑奴，毫不猶豫地宣稱自己擁有他們的血統。

165

2　南妮在牙買加十分受人崇敬，島上甚至傳說她可以隔空奪取英兵的子彈。

• • •

皮齊拉迪斯說：「沒有人能論證，奴隸當中有優勝劣汰的生存法則。」他本人看過一些史料，訪談過島上的專家，還合著過幾篇牙買加販奴人口統計資料的論文。他表示：「販賣奴隸的人都是他們的鄰居。當時的情況是：我曉得你身強力壯，所以我就趁你不注意時用頭罩蒙住你的頭，把你賣了。於是到最後，最強壯、最健康的那些人都上了船。」這些最強壯、最健康的人，最後大概都抵達了這座島的西北區，成了不服輸的逃亡黑奴。皮齊拉迪斯說：「那個地區正是牙買加出產運動員的地方，於是就產生了一個很省事的說法。」

故事就像這樣：健壯的族人被帶出非洲；前往牙買加的航程非常嚴苛，只有那些人當中最強壯的活了下來；健壯者中最健壯的人，壯大了在牙買加最偏遠地區與世隔絕的逃亡黑奴社會，而今天的奧運短跑健將，就來自那個遺世獨立的戰士基因血脈。（在2012年的一部紀錄片中，短跑世界紀錄保持人麥可・強森（Michael Johnson）支持這個理論的主要說法：「很難想像，身為奴隸的後代都沒有留下任何代代相傳的痕跡。聽起來雖然難以理解，但奴隸制度給像我一樣的後代子孫帶來了好處——我相信我們身上有優秀的運動基因。」）

自2005年開始，皮齊拉迪斯就一直在採集逃亡黑奴、以及牙買加過去五十年間最優秀的125位短跑選手的DNA。（他很小心不要指認出自己所採集的運動員的身分。我去造訪皮齊拉迪斯在格拉斯哥的實驗室時，就看到他在一個研究生身邊徘徊，他告訴我，那個學生正在用移液吸管把「像尤塞恩・波特之類的人」的DNA移到塑膠取樣板上。）

儘管他的資料還很初步，但並未特別支持「逃亡黑奴戰士社會專門生

3　加拿大的班・強森（Ben Johnson）大概是史上最聲名狼藉的短跑選手，他在1988年奧運摘下100公尺金牌，卻在幾天後因驗出類固醇陽性反應而遭取消；他也來自垂洛尼。

產牙買加短跑健將」的觀點。

阿坤彭鎮的逃亡黑奴一再告訴我，他們可以從膚色深淺，辨認出人群中的其他逃亡黑奴。但我進一步追問後，大多數人就坦承這只是他們照著說的一點民間傳說，實際上自己可能辦不到。從他們的DNA，皮齊拉迪斯也沒辦法真的區分出逃亡黑奴和其他牙買加人，儘管他只分析了一部分。他說：「他們（從基因上）看來就像西非人，其他牙買加人也都是如此。請你看看四周，然後設法告訴我：怎麼樣算是牙買加人？」

皮齊拉迪斯所指的，是牙買加人的DNA也遵循他們國家的格言：「多源一族」（Out of Many, One People）。來到牙買加的奴隸，來自非洲多國、來自那些國家的許多族群。針對牙買加人祖先所做的基因研究，發現了一系列的西非血統。有科學家研究牙買加人身上的一段（只能從父傳子的）Y染色體後發現，與他們最相近的是比亞夫拉海灣（Bight of Biafra）一帶——也就是包括奈及利亞、喀麥隆、赤道幾內亞、加彭的沿岸地區——的非洲人。深入研究牙買加人的粒線體DNA則發現，牙買加人跟來自貝寧灣和黃金海岸，也就是包括迦納、多哥（Togo）、貝南（Benin）、奈及利亞等地區的非洲人，有更多相似處。正如非裔美國人的情形，這些研究全都同意，牙買加人的母系遺傳基因基本上全是西非人，但來自多個國家。

167

總之，正如我們從牙買加奴隸輸入史所預期的情形，島上居民是西非人的後代，但來自西非的不同族群。（畢竟庫喬隊長著名的事蹟，就是把來自阿善提〔Ashanti〕、剛果、阿坎各族的戰士團結起來。）此外有一些基因研究則發現，有些牙買加人帶有一點美洲原住民的DNA，這大概是和牙買加原住民泰諾人（Taino）混血的結果，有些歷史學家先前認為，泰諾人在西非奴隸抵達前，就因為疾病和遭西班牙殖民者迫害而滅種了。

1993年到2006年的110公尺跨欄世界紀錄保持人科林・傑克森（Colin Jackson），父母都是牙買加人，但他在英國威爾斯出生和長大。2006年他

接受了BBC尋根節目《你覺得你的祖先是誰？》(*Who Do You Think You Are?*)的基因分析。結果出乎傑克森的預料，他的DNA顯示他有7%的泰諾人血統。現在歷史學家相信，一定有少數泰諾人逃到山區，和逃亡黑奴一起生活，而活過了西班牙人占領時期。這位英國名將，可能又是個傳承了逃亡黑奴基因的短跑世界金牌選手。（傑克森在2008年，也就是他退休五年後，參加了BBC節目《我怎麼變成我》〔*The Making of Me*〕，在節目中，美國鮑爾州立大學〔Ball State University〕一間實驗室的人員，從他的腿採集了肌肉組織樣本，然後判定他的第2b型，即「超快縮」肌纖維比例是該實驗室看過最高的——這讓傑克森開心得不得了。）

168

關於牙買加人和島上短跑健將的基因傳承，顯然還有錯綜複雜的細節尚待發現，但至少皮齊拉迪斯和一些人的研究成果已經顯示，不管是逃亡黑奴還是牙買加人，整體來看都沒有構成任何一種孤立、龐大的遺傳單位。恰恰相反，牙買加人有很豐富的基因多樣性，這也符合我們從混雜了各種族群的一群西非人身上應該預期到的情形。（不過也如預期的那樣，一講到「短跑基因」ACTN3，牙買加人顯然就**不是**多樣化的了。幾乎所有牙買加人都帶有一個適合短跑版本的副本。）

如果短跑健將製造工廠的現象，最後歸結到帶有最多非洲血統、熱愛短跑的加勒比海當地人，那麼我們應該會看到更多來自巴貝多（Barbados）的頂尖短跑選手，因為那座小島上的25萬居民擁有的西非血統，很可能是加勒比海地區最純正的。（但話又說回來，若考慮到巴貝多的人口，短跑健將所占的比例雖然不如牙買加，但實際上**真的**挺高的—— 2000年有一名選手在奧運100公尺奪得獎牌，而2012年又有一名選手進了奧運110公尺跨欄決賽。人口35萬的小國巴哈馬，也是長期以來世界上極為擅長短跑的國家，該國在2012年奧運擊敗美國，摘下男子1,600公尺接力金牌。人口130萬的千里達及托巴哥，是加勒比海地區的世界短跑強國。）

皮齊拉迪斯比對了牙買加短跑選手和對照組受試者身上，二十幾個跟短跑表現有關的基因變體，儘管在某些情況下關聯性十分薄弱，但他表示，比對結果「指向正確的方向，不過這並不令人吃驚」。意思就是，短跑選手確實很有可能比非短跑選手帶有更多「對的」版本，但絕對不會一直都是如此。皮齊拉迪斯有個研究生是對照組，帶有的短跑基因變體就比「像尤塞恩‧波特之類的人」還要多。這不代表基因對短跑不重要，而是表示科學家只發現很少數的相關基因。

皮齊拉迪斯繼續分析牙買加頂尖短跑選手的基因，而由於技術已經讓大部分基因體的研究工作變得較容易，他又找出一些基因變體，這些變體儘管在短跑選手和對照組受試者身上有所差異，因此有可能影響了短跑表現，不過情況並不明朗。又因為全世界有能力獲得奧運獎牌的短跑選手人數太少，無法做出大型研究，所以日後情況很可能還是不會明朗。就連要找出造就菁英運動表現的許多體能特質，運動科學家都還有段曲折的路要走，更何況是支撐住這些特質的基因。

皮齊拉迪斯在造訪牙買加的十年間，針對「世界短跑健將工廠」提出了一些理論，但真正影響這些理論的，不是他利用昂貴的DNA定序儀和層析儀匯集到的資料，而是他用另外兩件重要科學儀器蒐集來的資料，那就是：他那對眼球。

• • •

牙買加的全國高中田徑錦標賽（簡稱「高錦賽」），從1910年一直舉辦至今——當年牙買加還是英國的殖民地，賽事是由六所男校的校長籌辦的，如今高錦賽是全島最重要的年度娛樂盛會。

高錦賽為期四天，有一百所高中的男女學生參加。如果一千家夜店忽然湧入觀看田徑賽的人潮，八成就是到了熱鬧的決賽日。

京斯敦國家體育場的三萬五千個座位，在這一天成了站位，走道上

169

都是手舞足蹈的粉絲，大秀著不知情的人看了會臉紅心跳的扭臀舞步。到了晚上，體育場走廊上瀰漫著牙買加煙燻香料的味道，坐滿了某所高中支持者的座位區盡是大如船帆的鮮豔布條。粉絲一看見場上出現緊追不捨的激烈競爭，鼓噪、吶喊、口哨、汽笛聲就越來越響亮，在選手幾乎同時衝向終點線的那一刻，更是震耳欲聾。如果接力賽中的最後一棒後來居上，現場播報員還會提醒觀眾，不要因為太過興奮而從看台跳到跑道上。奧運短跑選手會現身替自己的母校吶喊加油，或是沉浸在名氣的光環之中。在2011年的高錦賽，穿著設計師牛仔褲、戴著金項鍊、晚上還戴著墨鏡的前世界紀錄保持人阿薩法．鮑威爾（Asafa Powell）信步走過看台時，身邊就簇擁著一群身穿亮片上衣的女孩，以及穿著開襟外套與寬鬆球鞋的男孩。

青少年徑賽在牙買加很盛行。尤塞恩．波特成名前，在京斯敦舉辦的職業田徑賽，看台都是空蕩蕩的，就連五、六歲兒童參加的全國錦標賽，吸引的觀眾都比它還多。京斯敦城裡的Puma店面裡，擺滿印著歷屆高錦賽戰績輝煌的學校校徽的體育用品，例如卡拉巴高中（Calabar High）——這間學校是根據奈及利亞同名港口城市命名的，該城市是奴隸離開非洲前的最後一站。青少年徑賽的狂熱氣氛引出了一些熱心人士，想幫助當地學校在高錦賽中獲得好成績。查爾斯．富勒（Charles Fuller）便是其一。

早在1997年富勒還是加鋁（Alcan）這間牙買加鋁業公司的員工時，看到曼徹斯特教區（Manchester Parish）當地最會跑的孩子到別區讀高中，就令他感到氣憤。眼見附近的男女孩在高錦賽中幫助其他學校擊敗曼徹斯特高中，他很痛心。為了讓當地田徑隊重新在高錦賽中揚眉吐氣，富勒開始把當地的賽跑好手引到曼徹斯特高中，雪隆．辛普森（Sherone Simpson）就是其中一例。

富勒在1997年，看到辛普森在當地某場十二歲組100公尺競賽中的表現。他用那柔和的男中音低沉地道出當時的情況：「她跑出12.2秒，這

是人工計時的成績，而且還是光著腳在草地上跑！」他邊說邊瞪大眼睛。辛普森的輕巧體型令富勒驚歎，讓他想起1980年代的牙買加奧運選手葛瑞絲‧傑克森（Grace Jackson）。

不過辛普森是優異的學生，她的小學考試成績已經讓她有機會分發到諾克斯高中（Knox College），這所學校是牙買加首屈一指的升學型中學，而且沒有田徑隊。於是富勒出面介入。

他讓辛普森的父母奧德利（Audley）和薇薇安（Vivienne）相信，他們的女兒在田徑場上有潛力。他們一點頭同意，富勒就找來曼徹斯特高中的校長布蘭佛‧蓋爾（Branford Gayle）。蓋爾聯繫了諾克斯高中，經過一番鼓動，諾克斯終於同意讓辛普森轉學。

頭幾年，辛普森在高錦賽表現得挺不錯，不過她更專注於課業。在牙買加，高中教練對於訓練通常很保守——大多數的一、二年級生並沒有每天練習，而且運動員至少要到十五、十六歲才開始做舉重訓練。辛普森表示，高中時的練習「不怎麼劇烈」。

但在2003年，也就是辛普森在曼徹斯特的最後一年，她開始綻放光芒。她在高錦賽100公尺比賽中跑出第二名，以些微差距敗給後來在奧運奪牌的選手凱倫‧史都華（Kerron Stewart）。美國大學派來的星探在高錦賽的看台上出沒，從上衣和帽子上的校徽標誌一眼就能認出。（由於運動場裡白人觀眾很少，這也讓一些星探格外顯眼。我去看高錦賽時，就遇過一個十幾歲的男孩跑來，說了好幾次：「先生，打擾一下……」我才會意到他是在問我。「請問您有提供獎學金嗎？」很抱歉我讓他失望了。）辛普森正準備接受德州大學艾爾帕索分校（El Paso）提供的全額獎學金之際，她的一名田徑守護神再次介入。

在附近的京斯敦理工大學（校長是艾羅爾‧莫里森），教練史蒂芬‧法蘭西斯（Stephen Francis）正忙著創設MVP田徑俱樂部（MVP Track

Club），目的就是想提供可供牙買加運動員高中畢業後繼續接受訓練的場所，而不用前往美國，進入全美大學體育聯盟NCAA田徑體系；牙買加的教練認為，那個體系讓選手參加太多比賽了。曼徹斯特高中的校長蓋爾回憶說，他把辛普森找來辦公室，「對她說：『你就在京斯敦理工讀一年，看看情況如何。』說完我讓她哭，等她擦乾眼淚。後來她點頭答應了。」

2004年，就讀京斯敦理工的大一學生辛普森，在國際田徑場上大放異采，在雅典奧運100公尺決賽中名列第六。隔了一週，就在她二十歲生日前兩週，負責跑400公尺接力第二棒的辛普森超前美國名將瑪莉詠·瓊斯（Marion Jones），成為牙買加史上最年輕的金牌選手。四年後，辛普森在北京奧運100公尺決賽中，輸給京斯敦理工的同學雪莉－安·佛瑞塞－普萊斯（Shelly-Ann Fraser-Pryce），而以百分之一秒之差和五年前在高錦賽勝過她的凱倫·史都華並列第二。牙買加一金二銀，把奧運領獎台全包下了。

• • •

在某個悶熱春日，辛普森斜倚在混凝土長椅上，回想自己一路走來的歷程。旁邊是比正式規格小的草地跑道，MVP田徑俱樂部的訓練場地，眼前看得到雄偉的藍山，她的嘴唇往上翹起，看似快要碰到異常高的顴骨。她說：「我記得很清楚，當時富勒先生第一次看我比賽，他跑來跟我說我有很大的潛力。一切就是從那個時候開始的！」

辛普森的故事象徵著牙買加體系最好的一面：幾乎每個孩子都被迫參加過某個年齡組的青少年短跑比賽（辛普森最初獲勝是在五歲時，參加的是一年一度為牙買加學童舉辦的運動會中的接力賽跑），而像富勒、蓋爾這樣熱衷於田徑運動的成人，會特別留意跑得快的青少年，招募他們進入很好的田徑運動高中。在那些高中裡，他們會慢慢鍛鍊起來，但會在高錦賽取得大型比賽的經驗，若表現出色，還會受到仰慕，獲得獎學金，如果是佼佼者，說不定能賺到球鞋品牌代言和職業俱樂部會籍。

牙買加的短跑體系跟美國的美式足球很像，本身充斥著不可告人的推手。（好幾位高中教練在高錦賽時告訴我，他們現在被禁止送冰箱給那些他們想招募的孩子的父母。）這個在全島發掘網羅短跑人才的體系，已經替牙買加贏得了奧運金牌。就拿尤塞恩‧波特來說吧，他小時候渴望成為板球明星球員（他的第二選擇是足球），直到他開始在運動會賽跑時大敗同齡對手，而在十四歲時被推進田徑場，那時他還因為蹺練習而出名，最後在2003年創下了高錦賽200及400公尺的紀錄。波特的訓練搭檔尤翰‧布雷克（Yohan Blake），在2012年倫敦奧運100及200公尺決賽緊追其後，摘下銀牌，早年他也想當板球員，但在十二歲參加運動會時被發掘有短跑潛力。甚至連美國的頂尖短跑選手，也常常透過牙買加的人才發掘體系而來。在倫敦奧運摘下400公尺金牌的美國女將桑雅‧李查茲－羅斯（Sanya Richards-Ross），十二歲前一直在牙買加生活，七歲參加運動會時跑贏了年齡比她大的女孩，而被一位小學田徑教練相中。李查茲－羅斯說：「教練說：『好，你就來田徑隊吧。』」

生理學研究結果顯示，肌耐力訓練可以加強快縮肌纖維抵抗疲勞的能力，但全速衝刺訓練並不會提升慢縮肌纖維的收縮速度。因此對菁英短跑選手來說，快縮肌纖維的比例高是必要的，或者就像足球教練的信條：「速度不是教出來的。」這其實言過其實了，因為速度是可以提升的——維持速度的能力當然也可以。不過還是要回想一下荷蘭格羅寧根大學做過的足球天賦研究。無論怎麼訓練，跑得慢的孩子在衝刺速度方面，都趕不上跑得快的孩子。南非運動科學研究所發現卓越技能中心主任杜蘭特則說過：「我們測試了一萬多個男孩，我從沒見過哪一個本來跑得慢但後來變快了。」跑得慢的孩子永遠不會成為跑得快的成人，因此，把速度最快的孩子留在短跑這條路上，是當務之急。除了牙買加，還有哪個國家會讓一個像尤塞恩‧波特一樣跑得飛快，十五歲時身高就長到193公分的男孩，

轉去打籃球、排球或踢美式足球？波特如果生在美國，毫無疑問會被帶向蘭迪·莫斯（Randy Moss，193公分）、卡爾文·強森（Calvin Johnson，196公分）等傑出飛毛腿的發展之路，這兩位都是人高馬大、速度飛快、年薪幾百萬美元的職業美足NFL外接員。（強森的身高和速度，讓他在2012年簽下了1億3,200萬美元的合約。）

牙買加高錦賽中的短跑成績，實際上相當於美國一些短跑大州（如德州）的州錦標賽成績；高錦賽的氣氛熱烈程度，就如同德州高中美式足球賽。但美國這些未來的奧運選手，有很多會轉到更受美國人歡迎的運動，比如籃球和美式足球。（我在高錦賽結識的一名牙買加體育記者擔心，籃球在島上越來越受歡迎，可能會吸走田徑人才。）

NFL外接員特林登·霍樂迪（Trindon Holliday）是路易斯安那州立大學（LSU）很出色的短跑選手，在2007年全美錦標賽100公尺擊敗過佛羅里達州的沃特·迪克斯（Walter Dix，後來他在北京奧運輸給波特，獲得銅牌），但他後來為了不缺席LSU足球隊的季前訓練，而退出世錦賽美國代表隊。和霍樂迪同時期就讀LSU的沙維爾·卡特（Xavier Carter），在美式足球隊裡擔任了兩年外接員都沒能給人深刻印象，才選擇成為職業短跑選手。在牙買加，稱霸世界短跑項目的關鍵，就在於把最優秀的短跑選手留在田徑場上。

皮齊拉迪斯把牙買加在短跑項目的輝煌成果，歸功於遍及全島的人才發掘體系，在這個體系中，每個孩子都在某個階段被迫嘗試參加短跑競賽。這並不是說基因不重要。他浮誇地說：「要成為世界紀錄保持人，你絕對有必要選到對的父母。但牙買加有成千上萬的人在賽跑，而你是在讓最棒的人脫穎而出。於是產生了這種現象。如果其他國家也有這個體系，你也會看見同樣的情形。」

有一份蘇格蘭刊物請教皮齊拉迪斯，會給懷有大志的英國選手什麼建

174

議，他回答：「開始全速衝刺就對了，別因為自己是白人而擔心，這跟膚色一點關係也沒有。」

對此，他的朋友兼同事艾羅爾‧莫里森，可能完全不同意。

11 | 瘧疾與肌纖維

Malaria and Muscle Fibers

和歐洲人比起來，牙買加人的腿相對於身高是比較長的，臀部也比較 175
窄。莫里森表示，這一點無可置辯。

牙買加人的體形比歐洲人直線條，這並不奇怪，也不是牙買加人特有
的。正如跟身體比例有關的「艾倫律」指出的，近代祖先來自低緯度氣候
溫暖地區的男女，在比例上四肢通常較長。根據19世紀生物學家卡爾·
貝格曼（Carl Bergmann）命名的生態地理學通則「貝格曼法則」（Bergmann's
rule）指出，近代祖先來自低緯度地區的人往往也會比較高瘦，盆骨比較
纖細。長腿和窄臀對跑跳都很有利。在其他所有因素均相同的情況下，最
大跑步速度會隨腿長的平方根等比例增加。不過，莫里森和他人共同提出
的西非短跑優勢理論，所持論點完全背離這些解剖學上的考量。

2006年，莫里森與派屈克·古柏（Patrick Cooper）合作，在《西印度
醫學期刊》（West Indian Medical Journal）上提出，肆虐非洲西部沿岸的瘧疾，
會導致基因與代謝產生特定變化，這些變化有利於短跑和爆發力型的運
動，而黑奴正是從西非賣往其他國家的。他們假設：在西非肆虐的瘧疾迫
使可抵禦瘧疾的基因增生，那些基因會降低個體靠有氧系統製造能量的能 176
力，於是造成快縮肌纖維變多，而快縮肌纖維比較不用仰賴氧氣來製造能
量。莫里森負責協助生物學上的細節，但基本原始見解來自古柏——莫里
森的兒時友人兼作家。

　　古柏博學多聞，在很多專業上都有所成就，譬如錄音工作，並且先後擔任（牙買加獨立的重要推手）諾曼‧曼利（Norman Manley）與他兒子、也就是牙買加總理邁克‧曼利（Michael Manley）的文膽。古柏在職涯之初擔任過牙買加第一大報《拾穗報》（*The Gleaner*）的記者，他在《拾穗報》體育新聞部時就開始猜測，白人運動員長期以來在短跑和爆發力型運動占有優勢，原因只是有系統地排除或避開黑人選手，例如拳擊冠軍傑克‧強生（Jack Johnson）。古柏在後來的著述中，很嚴謹地提供證據證實這件事：有西非血統的選手，一旦獲准參加白人選手所參加的少部分運動項目，在短跑和爆發力型運動上的人數比例，就幾乎立刻超出非常多。古柏特別強調了一些持續至今的趨勢：在1980年美國發動抵制過後的每屆奧運會中，進入男子100公尺決賽的所有選手，儘管所代表的國家從加拿大橫跨到荷蘭、葡萄牙和奈及利亞，但他們的近代祖先都來自撒哈拉沙漠以南的西非地區。（最近兩屆奧運的女子選手也是如此，自從1980年美國抵制奧運以來，除了一位不是，其餘的女子金牌選手都是近代西非人的後代。）此外，NFL十多年來都沒有白人球員擔任角衛，這是美式足球中速度最快的位置。[1]

　　古柏在1976年邁克‧曼利參選尋求連任期間，負責為曼利撰寫講稿，
他和家人不斷受到恐嚇。古柏坐著的時候不再背對窗戶，後來他的妻子茹安（Juin）遭人持槍威脅，於是他舉家移居海外，永遠不回牙買加了。1980年代晚期，住在休士頓的古柏經常上圖書館，搜尋黑人選手為何在短跑運動占優勢的歷史，以及生物學解釋。古柏求知若渴地讀著生物學、

1　在NFL有白人球員擔任安全衛（safety，這是另一個防守後衛的位置），有些作家認為，未來的白人角衛會被有偏見的教練定型成速度慢的球員，而移到安全衛的位置，持這種論點的人士當中最知名的，就是《紐約時報》的威廉‧羅丹（William C. Rhoden）。刻板印象也許是影響因素，不過NFL選秀前聯合體測的數據也顯示，不論擔任安全衛的球員屬於哪個族裔，其速度及反應靈敏度測驗的成績都比角衛來得差。正如獲頒海斯曼獎（Heisman

醫學、人類學、歷史方面的科學刊物，在只要按一按鍵盤就能查詢學術期刊的電子資料庫還沒出現前，很少人像他這麼求知若渴。

　　古柏找到了那篇針對1968年奧運選手所做的著名體型研究，他對科學家記下的旁註很感興趣。做出該項研究的人對其發現感到很驚訝：「有相當多的黑人奧運選手出現鐮狀細胞表徵。」也就是說，有些黑人奧運選手的兩個血紅素（即紅血球內的攜氧分子）編碼基因的其中一個副本發生突變，導致圓形的紅血球在缺氧時蜷縮成鐮刀狀，這有可能在他們劇烈運動時，使經過全身的血流減少。造成鐮狀細胞表徵的基因變體，最常見於近代祖先來自撒哈拉沙漠以南的西非人或中非人身上。科學家先前認為，1968年奧運在位於高海拔的墨西哥城舉辦，可能導致帶有鐮狀細胞表徵的選手表現不佳。莫里森說：「鐮狀細胞本來應該是威脅，不過對奧運會中的短距離比賽項目，像短跑和跳高，卻沒有任何影響。」

　　此後數十年間，流行病學研究紛紛發現，具有鐮狀細胞表徵的運動員（他們有一個突變基因副本，因而稱為「鐮狀細胞攜帶者」），參與需要有氧肌耐力的體育活動的人數，確實低於人口比例。在跑步競賽方面，鐮狀細胞攜帶者在超過800公尺的長距離項目中幾乎消失了，他們的基因不利於長距離運動。少數鐮狀細胞攜帶者如果練習得太耗力又太久，血流甚至會嚴重阻塞，導致喪命。自從2000年以來，有九名大學美式足球員（全是黑人，而且都在一級球隊）在練習期間猝死，死因與鐮狀細胞表徵有關，現在全美大學體育聯盟已要求篩檢導致鐮狀細胞表徵的基因變體。（根

178

Trophy）的紅人隊四分衛羅伯・葛瑞芬三世（Robert Griffin III）在ESPN說過的：「安全衛會擔任那個位置是有原因的，他們就是不夠快。我應該說，他們不像角衛那麼快。」《肌力與體能研究期刊》（*Journal of Strength and Conditioning Research*）在2011年有一項研究，做出了以下結論：「在所調查的15個位置當中，角衛整體來說可能似乎最為敏捷，而護鋒似乎是最不敏捷的。」

據2012年大美東區聯盟運動醫學協會〔Big East Conference Sports Medicine Society〕當中的專家小組的結論，考慮到白人大學運動員不太可能攜帶鐮狀細胞基因變體，他們往往聽從球隊隊醫的建議，簽署免篩檢聲明書。）

　　1975年，也就是墨西哥城奧運選手資料發布出來的隔年，出現了另一項研究，顯示非裔美國人的血紅素濃度天生就偏低；二十年後古柏會仔細剖析這份研究。它發表在《全美醫學協會期刊》（*Journal of the National Medical Association*）上，出版這份刊物的，是總部位於馬里蘭州的全美醫學協會，旨在促進近代非裔醫生和病患的利益。該研究運用了來自十個州、年齡介於未滿周歲到八十幾歲的近三萬人的資料，結果指出：非裔美國人在生命各階段，血紅素濃度都比美國白人來得低，就算兩者社經地位和飲食不相上下。（莫里森的妻子菲‧惠特本〔Fay Whitbourne〕曾是牙買加全國公共衛生實驗室服務部門的主任，她說牙買加人的血紅素濃度和非裔美國人差不多。）自此之後，有大量研究及美國國家衛生統計中心的人口資料，都複現了這個結果，包括運動員在內。2010年，有研究人員針對全美715,000個捐血人做了一項大規模研究，他們寫道，不管營養狀況等環境因素如何，非裔美國人都表現出「血紅素偏低的遺傳設定值」。[2] 就如同鐮狀細胞表徵，因遺傳造成血紅素偏低（但其他各方面都一樣），對耐力型運動是不利的。具近代西非血統的賽跑選手，參與超長距離賽跑項目的人數，低於人口比例非常多。（牙買加人在10,000公尺比賽的紀錄，甚至無法取得2012年奧運參賽資格。）

179

　　那篇發表在《全美醫學協會期刊》上的論文的作者寫道，非裔美國人由於血紅素偏低，更有可能利用更多替代的能量路徑，來彌補攜氧血紅素的相對不足。兩年後，有另一個科學家團隊在同一份期刊上主張：「為了

2　該研究的作者群指出，由於大家認為黑人血紅素偏低是健康狀況引發的結果，因此有時候會不讓黑人捐血，這麼做實在不妥。

抵消血紅素的這種相對不足，就一定有某種補償性的機轉，因為在健康的運動員身上，甚至已經顯現出重大差異。」於是古柏著手尋找那個補償性的機轉。

古柏在1996年診斷出攝護腺癌末期，於是更迫切地查閱醫學期刊，毫不懈怠。他和茹安在2000年遷居紐約市，以便自己能夠每天待在紐約公共圖書館。古柏說那是「我的辦公室」。由於他要去馬里蘭大學的圖書館，所以週末去巴爾的摩探望女兒的次數也增加了一倍。

後來古柏還真的在1986年發表於《應用生理學期刊》的一項研究中，找到了他一直在找的潛在「補償性機轉」。該研究是由魁北克的拉瓦爾大學發表的，共同作者克勞德・布夏爾日後成為運動遺傳學領域最重要的人物，也是HERITAGE家族研究的主導者——HERITAGE研究用證據證實了家族之間在有氧能力可訓練性方面的差異。布夏爾和同事在拉瓦爾，採集了二十多個缺乏運動、來自西非國家的學生的大腿肌肉樣本，也採集了二十多個缺乏運動、與非洲學生年齡、身高、體重相同的白人學生的大腿肌肉樣本。他們指出，和白人學生比起來，非洲學生的肌肉中，快縮肌纖維的比例較多，慢縮肌纖維的比例較少。非洲學生較不依賴氧來產生能量的代謝路徑，以及參與全力衝刺活動的代謝路徑，顯然也比較多。這些科學家的結論是：相較於白人學生，西非的學生「從骨骼肌特徵來看，天生就很適合短時間的運動比賽。」

這是小型的研究，需要經外科手術進行肌肉組織切片的研究一貫如此。這些年來做過的少數研究，和拉瓦爾的研究結果大抵上是一致的，但每項研究都只靠少數的受試者。[3]

180

古柏在2003年的著作《黑皮膚的超人：世上最優秀運動員的文化與生物史》(*Black Superman: A Cultural and Biological History of the People Who Became the World's Greatest Athletes*)，以及在2006年與莫里森合著的論文中，首度

提出以下論點：西非人為了抵抗瘧疾，普遍演化出造成血紅素偏低的鐮狀細胞基因突變與其他基因突變，而這又導致他們的快縮肌纖維增多，讓比較沒辦法仰賴氧產生能量的人，可由主要不是依賴氧的路徑來產生更多能量。古柏所提假說的前半部，即鐮狀細胞表徵與血紅素偏低都是適應瘧疾的演化結果，現在看來是無可否認的。

1954年，也就是羅傑‧班尼斯特爵士打破四分鐘跑完一英里紀錄的那年，在肯亞農場長大的英國內科醫師兼生物化學家安東尼‧艾利森（Anthony C. Allison）證明了，在撒哈拉沙漠以南的非洲地區，具有鐮狀細胞表徵的人血液中的瘧原蟲數量，遠少於沒有鐮狀細胞表徵的居民。攜帶鐮狀細胞基因變體，好像通常是壞事。如果各帶有一個副本的兩個人生下後代，他們的孩子會有四分之一的機率帶有兩個副本，也就會罹患鐮形血球貧血症——患有這種疾病的人，即使沒有運動，血液中也會有鐮狀的紅血球，平均壽命會縮短。不過，在撒哈拉沙漠以南的非洲瘧疾危險區域，這種基因突變一直存在——事實上是一直在擴散。

那是因為，帶有一個鐮狀細胞基因變體副本的人，在大多數情況下很健康，一旦感染了瘧原蟲，鐮刀狀的紅血球則會保護他們，抵抗瘧原蟲帶來的嚴重後果。（由於鐮形血球貧血症會縮短壽命，因此鐮狀細胞基因不會散播到整個群體。在沒有瘧疾的美國生活了好幾代的非裔美國人當中，鐮狀細胞基因變體正逐漸消失。）鐮狀細胞與瘧疾抵抗力之間的平衡，如今成了生物學教科書裡說明演化取捨的例子：某個基因變體原本具危害

3　做出這個研究結果的布夏爾說，有近代西非血統的受試者，肌肉裡的快縮肌纖維較多：「他們的第二型（快縮）肌纖維比例稍微高一點。不是本質上的不同，而是事件發生頻率的差異，意思就是說，若經過挑選及訓練，就會有更多具備基本生理特質的人，比具有歐洲人血統的普通人更容易獲得佳績。不過，我們確實看到既有歐洲人血統、又具備同樣特徵的人。那是我們的結論，而且我沒有看到任何讓我改變看法的資料。」布夏爾還指出，在平均值有微小差距，就表示曲線尾端那些有極端生理特質的人有很大的差異。

性，卻因為有伴隨的保護作用，反而散播開來。

　　至於古柏和莫里森所提出的，非裔美國人及非裔加勒比海人血紅素偏低，是適應瘧疾的第二個結果，也已經用很極端的方式證實是對的。

　　正當越來越多證據顯示，在瘧疾盛行區土生土長的非洲人之所以血紅素濃度偏低，至少有一部分是遺傳所致之際，非洲的救援人員卻把血紅素偏低，單純視為飲食上攝取太少鐵質的徵兆。聯合國大會在2001年指示世界各國，減少開發中國家兒童鐵缺乏的情形，於是醫療照護人員出於改善營養狀況的好意，帶著鐵劑前往非洲；鐵劑會提升服用者的血紅素濃度。（血紅素是一種富含鐵的蛋白質，所以鐵攝取如果不足，濃度就會降低。倘若耐力型菁英選手的成績開始下滑，首先檢查的往往就是鐵濃度是否偏低。）

　　問題是，研究瘧疾好發地區的醫生發現，凡是供應了鐵劑的地方，瘧疾重症病例數也增加了。從1980年代以來，在非洲與亞洲工作的科學家就已經提出證據，證實血紅素濃度偏低的人死於瘧疾的比率較低。2006年，一項在桑吉巴（Zanzibar）進行的大型隨機對照實驗，其研究報告指出：服用了鐵劑的孩童當中，感染瘧疾和死亡的人數明顯增加，於是世界衛生組織（WHO）遵從該研究報告，發表了一份聲明，收回聯合國原本的立場，並提醒醫護人員在瘧疾高危險區發放鐵劑必須謹慎。血紅素偏低就像鐮狀細胞表徵一樣，顯然能夠抵禦瘧疾。此外，與古柏和莫里森的假說一致的是，很多被強迫帶往加勒比海及北美的非洲人，來自撒哈拉沙漠以南的非洲西部沿岸，該地區正是全世界瘧疾發生率及死亡率最高，鐮狀細胞基因出現頻率也最高的地方。

182

　　至於古柏與莫里森假說的附加部分，即稱血紅素移出時快縮肌纖維會移入，就純屬臆測了。

　　古柏繼續致力於研究和著述，直到生命的盡頭。他在病榻上向茹安口

述，直到2009年終於敵不過癌症病魔的那天為止。我在得知他病逝而且早就不住在牙買加之前，一直很想趁著前去牙買加時順道拜訪他。但我卻是和莫里森會面，後來又把他和古柏合著的論文，轉介給五位對此還不熟悉的科學家，徵詢他們的看法。其中一位堅決認為，這個理論臆測的程度太高，無法討論，其餘四位則說這個假說建構得很合理，但也表示它從未直接接受檢驗，所以沒有經過證實。（但在2011年，哥本哈根大學的科學家提出了一個看法：具備高比例的快縮肌纖維，可能可以解釋非裔美國人和非裔加勒比海人的幾個身體特徵，包括靜止與睡眠代謝率低，以及供給能量的脂肪代謝比歐洲人少，而醣類的代謝比較多。）

皮齊拉迪斯（從世界一流的短跑選手身上採集DNA的那名基因獵人）認為，這樣的理論不可能成立，因為非裔美國人和牙買加人的基因背景極為多樣化，這顯示他們並不是某個遺傳學上的龐大整體。不過，他們確實帶有我們所討論的共同表徵，即鐮狀細胞表徵很常見，且平均來說血紅素偏低，因此一般基因多樣性的問題並不重要。一般而言，非洲人的基因多樣性勝過歐洲人許多，但說到某些基因（比如ACTN3短跑基因變體），他們可能就比較相似。所以基因多樣性本身，並不意味著某個族群無法擁有共同表徵，許多族群就有共同的表徵。正如耶魯大學遺傳學家季德提及非洲匹格米族群時所言：他們是世上基因多樣性相當豐富的族群，然而他們又普遍身材矮小，這個表徵使得他們日後無法稱霸NBA。

由於我無法後續追蹤古柏本人，所以決定追查他後續的研究，看看自從他的理論發表後，是否出現過也許能證實或擊破它的任何證據。第一站：帶有鐮狀細胞表徵的運動員，在爆發力型運動上的表現有什麼區別嗎？

法國生理學家丹尼爾‧勒嘉萊（Daniel Le Gallais），是位於象牙海岸第一大城阿必尚（Abidjan）的國家運動醫學中心（National Center for Sports Medicine）的醫學主任，他比古柏還早提出這個問題。大約有12%的象牙

183

海岸公民是鐮狀細胞攜帶者，而勒嘉萊在1980年代初就注意到，象牙海岸排名前三的女子跳高選手（其中一人在非洲錦標賽奪冠）在練習過程中，變得異常疲累。勒嘉萊替這幾位選手檢測，結果發現「這三名選手雖然來自象牙海岸的不同族群，但都帶有鐮狀細胞表徵」。——「這很出人意料，」他在電子郵件中寫道。

隨後，勒嘉萊與人合著，發表了多項篩檢菁英短跑選手和跳躍運動員有沒有鐮狀細胞表徵的研究。他在1998年提出的研究報告裡指出，在從事爆發力型的跳躍及投擲運動項目的122位象牙海岸全國冠軍當中，將近三成有鐮狀細胞表徵，而且他們締造了三十七項全國紀錄。這些人裡最頂尖的男女選手，都有鐮狀細胞。在2005年做過一項研究，檢驗了法國代表隊裡來自法屬西印度群島的短跑選手，結果發現約有19%的選手帶有鐮狀細胞，而且代表隊擁有的冠軍和紀錄，絕大多數是他們奪得的。

勒嘉萊在給我的信中寫道：「我目前持什麼立場？很多研究都已經清楚顯示，在長距離耐力賽中，有SCT（鐮狀細胞表徵）的選手少於無SCT的選手。相較之下，在跳躍及投擲運動方面有SCT的選手人數較多。……長距離競賽表現不佳，可以用氧氣運輸系統受損來解釋，相反的，我們不知道他們在跳躍及投擲運動擁有優勢的原因何在。」

至於血紅素偏低本身是否可能引發快縮肌纖維突然增多，有證據顯示，這在齧齒動物身上是可能的。加州大學洛杉磯分校做過一項研究，給小鼠吃缺乏鐵的食物，結果發現牠們的血紅素降低，而且小腿中的第2a型快縮肌纖維轉變成第2b型「超快縮」肌纖維。在西班牙所做的另一項研究中，研究人員定期抽取大鼠的血液，使牠們的血紅素降低，結果這些大鼠小腿中的快縮肌纖維比例變高了。不過，還沒有人在人的身上進行這樣的研究，而且小鼠的肌纖維類型比人更能互換。此外，那是小鼠壽命期限內的發育效應，而不是世世代代經由基因變化造成的演化效應。

184

　　所有科學研究就只有這些。一項小鼠研究和一項大鼠研究，證實齧齒動物身上血紅素降低時，可促使爆發力型的肌纖維增多。還沒有科學家嘗試在人類身上檢驗古柏和莫里森的理論，所以完全沒有人體研究。

● ● ●

　　就這個理論和我交換過意見的幾名科學家，都堅定認為他們沒興趣去探究，因為難免會碰觸到棘手的種族議題。其中一人告訴我，他其實有一些資料顯示不同族裔在某種生理表徵上具備差異，但由於可能會引發爭議，所以他絕對不會發表。還有一人則告訴我，跟進古柏和莫里森的研究調查方向會令他擔憂，是因為凡是暗示某個群體的人其身體具有某種優勢，可能被視為暗指他們的智力相對較差，彷彿運動能力與智力位於某種生物學蹺蹺板的兩端。考量到這種惡名，古柏在《黑皮膚的超人》一書中最重要的立說，也許就是他很有條理地除去了生理與心理技能之間的「相反關聯」。古柏寫道：「只有在身體上的優勢和非裔美國人產生關聯時，才會發展出『四肢發達等於頭腦簡單』這樣的概念。那種關聯是從 1936 年左右才開始產生的。」運動能力突然間跟智力成反比，這種想法絕不是偏執的原因，而是偏執的結果。而且古柏暗示，妥當作法是更認真探究這個難題，而非更不認真的面對它。

　　古柏和莫里森的假說（即攜氧能力下降，會促使爆發型肌肉特質提升），本來就絕不只是「黑人的」現象。即使這個假說是對的，任何族群內部都仍存在大量的生理差異，而且古柏和莫里森還是針對一群帶有極特定地理血統的黑人運動員，做出這樣的推測的。

　　與短跑選手祖先所生活的非洲遙遙相對的另一頭，由於地形恰到好處，有另一個舉世無雙的運動員陣營，卻躲過了可能會傷害肌耐力的基因適應。他們生活在蚊子稀少的高海拔區，所以瘧疾和鐮狀細胞基因都很罕見。

　　那些黑人運動員漸漸在一個截然不同的領域稱霸。

12 卡倫金族人人都很善跑嗎？

Can Every Kalenjin Run?

約翰·曼納斯（John Manners）每年夏天都會回到肯亞，而且每年7月
都會有淚水——在1,500公尺計時賽後。大部分的淚水掛在剛完賽的孩子臉頰上，但曼納斯說：「有些淚水是我的。那場合真的會讓人真情流露。」

很難想像曼納斯傷心落淚。他的眼睛在扁帽下方閃閃發亮，連同他尖尖的雪白山羊鬍和輕快步伐，雙眼為他的言談增添了一絲淘氣與愉悅。

讓曼納斯落淚的1,500公尺賽跑，是每年為六十個左右的肯亞貧困孩子所辦、申請大學的獨特程序的最高點，曼納斯與他的KenSAP計畫不得不從中選出十幾人，刷掉其他人。

KenSAP始於2004年，全名是「肯亞好學運動員計畫」（Kenya Scholar-Athlete Project），是曼納斯與邁克·博伊特博士（Mike Boit）構想出來的結晶，曼納斯是活躍於新澤西州的作家，博伊特則是在1972年奧運為肯亞摘下800公尺銅牌的中長跑健將，如今在位於肯亞首都奈洛比的肯雅塔大學（Kenyatta University）擔任體育與運動科學教授。他們的構想，是把肯亞裂谷省（Rift Valley Province）西部的頂尖學生送進美國一流大學。

每年，曼納斯都會在報紙上瀏覽肯亞中等教育資格（KCSE）考試的高分榜單，找出裂谷西部成績最好的學生；KCSE考試是占了肯亞大學入學程序100%的高中畢業會考。曼納斯也會上當地的Kass FM廣播電台，招攬考高分的學生提出申請。儘管如此，招生工作仍面臨挑戰。他說：「我

186

187

199

們的計畫是免費的,所以有些(申請人的)家長以為這是詐騙。」

曼納斯會請完成申請的獲選學生,前往位於裂谷小鎮伊坦(Iten)的高海拔訓練中心(High Altitude Training Center),他們會在那裡接受面試,隨後要在海拔約2,286公尺的地方跑1,500公尺競賽。儘管出身貧寒農村家庭,所有學生都完成了高中學業,他們大多數是男孩(肯亞父權文化讓女孩少有機會準備KCSE考試),而且有些人來自勉強餬口度日的小型農場,在泥地或滿地石子的教室裡上課。他們全具備學科能力,以及會令東岸大學招生委員刮目相看的自我介紹素材。在面試和跑完1,500公尺之後,曼納斯會跟博伊特及一群美國教練和肯亞當地長者商議,在幾個小時內大聲宣布錄取名單,正是這時候,遭淘汰的人會流下淚水。

KenSAP計畫錄取的十幾個孩子,要參加兩個月密集的SAT考前準備,以及大學申請作業。迄今為止,KenSAP計畫卓有成效,在2004年到2011年之間,該計畫錄取的七十五個學生當中,有七十一人進入了美國大學。每所常春藤盟校都收了來自KenSAP的孩子,哈佛收得最多,有十人;其次是耶魯,有七人;賓州大學有五人。其餘的孩子則進入享有盛譽的文理學院,依序是安默斯特(Amherst)、衛斯理(Wesleyan),以及威廉斯(Williams)。曼納斯說:「我很喜歡NESCAC。」他指的是新英格蘭小型學院運動盟校(New England Small College Athletic Conference)。「我們在NESCAC非常突出。」

在大學申請程序中,1,500公尺計時賽顯然是史無前例的環節。肯亞成績優異的孩子,通常來自政府出資的寄宿學校,而且大多數根本沒有賽跑的經驗。曼納斯在面試前幾個月寄給KenSAP申請人的信中,說明將會有個跑步測驗,要他們屆時穿著適合跑步的服裝。不過總有幾個男孩會穿著長褲來,有一些女孩則會穿著長及小腿的裙子和高跟鞋。

曼納斯希望藉由1,500公尺賽跑,發掘具有跑步能力、將說服美國教

188

練在招生委員面前幫忙說好話，未經發掘的運動天才。曼納斯說：「我們會找出能強化申請資格的一切東西。」如果沒有賽跑經歷的孩子展現出潛力，曼納斯就會聯繫大學教練，看看有沒有誰可能有興趣。

強迫東非一小片土地上學業優異的明星學生，在海拔2,286公尺的泥土跑道上跑1,500公尺計時賽——如果你覺得這似乎有些奇怪，嗯，那確實是。不妨想像一個大學招生輔導員，找來SAT考滿分2400的美國孩子，讓他們排成一排跑計時賽。

不過話說回來，這一小片土地可不是隨機挑選的。

• • •

1957年，在曼納斯十二歲那年，他跟著父親從麻州牛頓市移居非洲。羅伯・曼納斯（Robert Manners）是布蘭岱斯大學（Brandeis University）人類學教授兼人類學系創者，那時原本計劃去研究坦尚尼亞的查加人（Chaga），但有另一名人類學家比他先做，所以曼納斯冒險西行，改去肯亞的裂谷研究基普西吉人（Kipsigis），這是隸屬於更大的部族卡倫金族（Kalenjin）的傳統放牧民族。面對持續到1963年為止的英國殖民統治，基普西吉人極力保存他們的傳統文化。

羅伯・曼納斯在肯亞西部的索提克（Sotik）找到房子，周圍是茶樹和牧牛場，海拔約1,800公尺。那兒有一條泥濘的街道，兩旁的露台搭在高起的人行道上方，看起來彷彿昔日美國西部的小鎮。很快的，約翰・曼納斯就和其他的基普西吉孩子一樣，說著斯瓦希里語（Swahili），和朋友一起跑三、五公里去上學，以免因為遲到而挨棍子。他也初次參加了田徑運動會，去當觀眾。

和牙買加的情形一樣，田徑運動是英國殖民政策引進的。肯亞業餘田徑運動協會（Kenya Amateur Athletics Association）成立於1951年，在曼納斯一家來到此地時，區域性運動會已經很常見——在泥土或草地跑道上舉

189

行。曼納斯七年級時開始觀看運動會,其中一次基普西吉選手的出色表現讓他興高采烈——這是他的族人。

曼納斯在1958年秋天回麻州讀八年級,但他始終未忘情於田徑運動和肯亞。在1964年奧運,肯亞才第三次參賽,基普西吉選手威爾森·奇普魯格特(Wilson Kiprugut)就奪得了800公尺銅牌。四年後,在高海拔的墨西哥城,肯亞獨霸長跑項目,在中距離與長距離賽摘下七面獎牌。奧運賽的那個月,曼納斯剛從哈佛畢業,正在紐約州北部接受和平工作團(Peace Corps)訓練。曼納斯說:「我看到了肯亞奪牌跑者的名字,也知道他們幾乎全是卡倫金族人。」

肯亞賽跑選手的佳績令曼納斯異常興奮,因為這挑戰了英國殖民者所持的刻板印象。他說:「傳統看法是黑人擅長短跑,而需要精於戰術、紀律、訓練的項目,就是白人的天下了。」

曼納斯跟著和平工作團,回到肯亞裂谷西部待了三年,當地人還記得他和他的父親。1970年代初,美國大學校園開始出現幾個肯亞中長距離賽跑選手,曼納斯也開始寫肯亞跑步運動方面的題材。他在1972年與人共同執筆,替《田徑新聞》雜誌(Track & Field News)寫了一篇文章。曼納斯說:「那篇文章大致在說,美國的教練很想知道肯亞還有沒有出色的賽跑選手。我們的答案是:多得是!」尤其是在卡倫金族當中。

卡倫金族為數490人,大約占肯亞人口的12%,卻占了該國頂尖賽跑選手的四分之三以上。《跑者世界》雜誌(Runner's World)在1975年結集出版了《非洲跑步革命》(The African Running Revolution)一書,曼納斯在他撰稿的那一章的腳註中,針對肯亞人(特別是卡倫金族)在跑步方面的佳績提出了一個演化理論,至今仍極具爭議。

曼納斯寫道,盜牛是卡倫金族勇士傳統生活的一環,這基本上牽涉到偷偷跑進鄰近部落的領地,把牛群趕到一起,再盡快護送回卡倫金的領

190

地。只要打劫者不是從卡倫金族內部的同一個部落盜牛，就不算偷竊。曼納斯寫道：「盜牛多半在夜裡進行，距離有時候會涵蓋160公里遠！大部分的盜牛人是竊盜集團，不過每個成員（即勇士）至少都應該盡自己分內的工作。」

　　從打劫行動中帶回很多牛的盜牛成員，族人會讚揚他們是驍勇健壯的勇士，可以利用他的牛和聲望娶很多妻子。曼納斯在腳註中寫道，功成名就的盜牛人必須很會跑，才有辦法把偷來的牛趕到安全地帶，而最厲害的盜牛人擁有較多的妻子和子女，那麼盜牛就可以當作一種有利繁衍的機制，偏好帶有優異長跑基因的男性。但在同一章裡，曼納斯又緊接著對自己提出的想法表示疑慮。如今他說：「當時我只是剛好冒出那個想法，就寫進去了。」

　　但這些年來，他繼續研究卡倫金族的跑步活動，訪談卡倫金族的跑步選手和長者，漸漸開始認為他的想法不那麼天馬行空了——部分原因是，東非出現了耐力型長跑天才的其他「熱點」，而那些運動員也來自過去有盜牛習慣的傳統放牧文化。

　　在世界排名第二的長跑強國衣索比亞，奧羅莫人（Oromo）只占總人口的三分之一左右，但絕大多數都是該國的國際比賽選手。烏干達的頂尖長跑好手基本上全是塞貝人（Sebei，居住地方只與肯亞隔著艾爾岡山〔Mount Elgon〕），包括在2012年倫敦奧運馬拉松摘金的史蒂芬・基普羅蒂奇（Stephen Kiprotich）。烏干達的塞貝人事實上是肯亞卡倫金人的一支。

● ● ●

　　曼納斯的辦公室，在他位於新澤西州蒙特克萊（Montclair）的住家的三樓，由閣樓儲藏室改建而成。裡面滿是紙張和地圖——如果家裡有個悄悄計畫要上火星的十二歲聰明孩子，父母肯定會發現這般景象。一堆文件夾，疊得老高的書堆，書架上的書，一堆地圖。貼在斜頂天花板上的巨幅

191

地圖上，釘滿有特別用意的大頭針。

那些地圖呈現了肯亞西部有大量跑步選手湧現的區域。地圖旁邊是1955年以來出版的每一本《田徑統計學者協會年鑑》（*Association of Track and Field Statisticians Annual*）。田徑統計學者協會是田徑運動統計數字愛好者組成的義工團體，很多年鑑老早就絕版了。曼納斯說：「其中幾本我還得向收藏家買。」他也有出版過的幾乎每一本《非洲體育年鑑》（*African Athletics*），還完整收藏了1971年以來的《田徑新聞》雜誌。

曼納斯將肯亞跑步選手的具體地理分布和部落身分進行編目，大部分是透過親自詢問選手，編目工作做到了超出活著的人能做到的地步。在這個過程中，他也蒐羅了有天賦的卡倫金跑步選手的奇聞軼事。

就像阿莫斯·科里爾（Amos Korir）的故事。1977年，科里爾抵達賓州的阿利根尼郡社區大學（Community College of Allegheny County）時，原本是要參加撐竿跳比賽的，但一看到其他撐竿跳選手比自己優秀許多，於是跟教練謊稱他是賽跑選手。結果他被推到3,000公尺障礙賽，這是混合了長跑和跨欄的徑賽，而在他第三次試賽時，就在全國專科學校錦標賽奪冠。四年後，科里爾成了世界排名第三的障礙賽選手。

又比如朱利斯·蘭迪奇（Julius Randich）的故事。他抵達德州的拉巴克基督教大學（Lubbock Christian University）時，還是個毫無賽跑經歷的重度菸癮者。到1991至1992第一學年結束時，蘭迪奇已經是全美學院運動聯盟（NAIA）10,000公尺賽冠軍。隔年，他在NAIA的5,000公尺及10,000公尺賽創下紀錄，並被評選為NAIA不分項目的傑出運動員。卡倫金跑步選手在NAIA教練之間變得十分受歡迎，在蘭迪奇之後，還有其他幾人日後也奪下10,000公尺賽全美冠軍，包括他的弟弟阿隆·羅諾（Aron Rono），連續奪冠四次。

還有保羅·羅堤奇（Paul Rotich）的故事，這也許是曼納斯蒐羅的奇聞

192

軼事中最著名的了。據曼納斯描述，羅堤奇是富裕的卡倫金牧場主人之子，在1988年抵達德州的南平原專科學校（South Plains Junior College），過著「舒服又缺乏運動」的生活。身高173公分、體重86公斤的他，很快就把父親供他過兩年的生活費和學費10,000美元花掉了大半。曼納斯寫道：「不過保羅並沒有顏面無光地返回家鄉……而是決定進行訓練，希望能拿到田徑獎學金。」羅堤奇利用晚上進行訓練，以免被人看見令他尷尬。這層顧慮只是暫時的，因為他在第一個賽季就去參加全美專科學校越野錦標賽。後來他成為越野賽及室內和室外徑賽的全美最佳運動員，共計十次。曼納斯記述道，當羅堤奇回到肯亞，把自己的跑步奇遇鉅細靡遺地講給一個堂兄弟聽，結果對方回道：「所以這是真的。如果你很能跑，那隨便一個卡倫金人也很能跑。」

曼納斯不認為隨便哪個卡倫金人都能變成優秀的長跑好手，不過他確實相信，比起肯亞的其他部落，甚或世界上的其他民族，卡倫金人經過訓練之後，極快就能成為中長距離飛毛腿的人數比例，明顯高出許多。

想想看：馬拉松史上，總共有十七個美國男子選手跑出2小時10分以內的成績（即4分58秒跑完一英里，或3分4秒86跑完一公里）；但在2011年10月，就有三十二個卡倫金男子選手做到了*。[1]描述卡倫金人稱霸長跑界的統計數字多到數不清，且往往太不尋常而顯得很可笑。舉例來說：美國史上總共有五個高中生，在四分鐘以內跑完一英里；但在卡倫金人的訓練小鎮伊坦，聖派翠克高中（St. Patrick's High School）卻曾經同時就有四人在四分鐘以內跑完一英里。（相反的，肯亞人在100公尺短跑的紀錄10.26秒，根本還沒達到倫敦奧運的參賽最低標。）曾經就讀聖派翠克高中，後來成為丹麥公民的威爾森·基普凱特（Wilson Kipketer），在1997

193

1 在2012年舉辦的渣打杜拜馬拉松賽中，總共有十七個衣索比亞人和肯亞人打破了2小時10分的紀錄。

年到2010年是800公尺世界紀錄保持人,但後來有人打破了他高中時的紀錄。(這個人是賈弗思·吉穆泰〔Japheth Kimutai〕,跑出1分43秒64的成績。)

2005年,曼納斯主辦KenSAP的第一次「大型選拔賽」時,其實是指望裂谷西部的人才源泉。儘管科學家和跑步愛好人士想盡辦法檢驗肯亞人的優勢,論證肯亞選手在耐力型跑步方面是否生來就有天賦,但曼納斯的選拔賽,卻恐怕勝過任何科學家找來放上跑道的卡倫金族隨機樣本——這個選拔賽的宗旨,是協助貧困的肯亞學生進入一流學校。參加計時賽的那些孩子,大多來自政府出資的頂尖寄宿學校,通常都沒有什麼賽跑經驗。這是在以最原始的方式淘「肌耐力」金。[2]

194

每一年的計時賽中,都有大約半數的參賽男生在5分20秒以內跑完1,500公尺,而且是在劣質的泥土跑道上,海拔超過兩千公尺。曼納斯問道:「你能不能想像,如果你考慮的是從美國前段學校選拔出來的類似群體?我的意思是,情況恐怕差得遠了。」

在2005年的選拔賽中,有個名叫彼得·科斯蓋(Peter Kosgei)的男孩跑出4分15秒的成績,而且他沒受過真正的訓練。科斯蓋被位於紐約州克林頓的漢密爾頓學院(Hamilton College)錄取了,而且很快就成為該校史上最優秀的運動員。科斯蓋在大一那年,獲得三級院校3,000公尺障礙賽全國冠軍。到大三結束前,他在越野賽和徑賽又再奪得八面全國金牌。他的能力在三級院校的隊伍中實在不相稱,他的隊友史考特·彼卡德(Scott Bickard)說,這就好比「你去某個三級院校打籃球,結果發現自己在跟一個能打NBA的傢伙比賽。」

很可惜,科斯蓋在大四時無法參賽。2011年3月春假期間,他在返鄉

2　就像曼納斯所說的,他實際上是在剔除跑步能力,因為他邀請來的是「把高中生活的所有時間都花在學業上」的孩子。

回肯亞途中遭到搶劫，兩條腿斷了。八個月後我在某個KenSAP聚會活動遇到科斯蓋，那時他正在攻讀化學碩士學位，他告訴我，他渴望有一天能再回到跑道上比賽。他說，他在漢密爾頓學院每週練跑區區三十到三十五英里，覺得自己只用到了潛能的最表層。

其他的KenSAP跑步運動員，有很多也很快跑出了佳績。艾文斯·科斯蓋（Evans Kosgei，與彼得·科斯蓋沒有親戚關係）在理海大學（Lehigh University）資訊科學與工程系的GPA成績拿到3.8，經過一年後適應了美國生活，在大二時決定參加越野賽跑校隊。當時他連五英里的選拔賽都要很吃力才能跑完。但很快的，科斯蓋開始參加全美一級錦標賽的越野賽及徑賽項目。他在2012年，獲選為理海大學的「年度體學兼優畢業生」。

曼納斯說，許多KenSAP學生對跑步不感興趣，那些受美國教練歡迎的學生當中，有些人很快就棄跑從文，專心學業去了。不過，截至2011年為止，七十一個先前絲毫未接受特殊訓練的KenSAP學生當中，有十四人進入了NCAA大學代表隊。

當然，我們並不是只有在肯亞，才會碰巧發現不為人知的長跑天賦，而且就如牙買加人短跑天賦的情形，偶然發掘出天賦的系統化程序，正是讓這個過程比較不像偶然碰見，而更像是出於策略的篩選。最根本的問題是：在肯亞，特別是在卡倫金族當中，是否更有可能找到肌耐力天賦？而且其主要原因，是否出在與生俱來的生理特質？以某些運動來說，有些特殊族群中出現有天分的未來運動員的次數會偏多或偏少，這是很顯然且毫無爭議的。在匹格米族群中，成年男性的平均身高大約是152公分，因此儘管他們有朝一日也許會培育出NBA球員，但從一個匹格米族群隨機取樣的籃球球探會發現，這些運動員在經過適度訓練後能進入NBA的人數，要比從立陶宛取樣的人數來得少。

目前我們還無法得知，KenSAP計時賽和針對肯亞或世上其他地方不

195

同族裔群體所進行的類似練習相比，會有什麼樣的結果，而且KenSAP選拔賽的目的並不是做科學實驗。不過，有一個研究團隊企圖以科學方法獲得答案。

• • •

打從1998年的時候，哥本哈根大學舉世知名的哥本哈根肌肉研究中心（Copenhagen Muscle Research Centre）的研究團隊就著手蒐集資料，想要檢驗許多跟卡倫金人稱霸長跑界有關的軼事和論點。他們試圖探討的理論很多，包括：卡倫金族人腿部肌肉的慢縮肌纖維比例也許特別高；卡倫金人的有氧能力（最大攝氧量）天生就比較高；卡倫金人對肌耐力訓練的反應或許比其他族群更快。

為了至少能釐清一部分的先天或後天問題，這些科學家除了開始研究菁英跑步選手，還研究了住在城鎮及鄉村的卡倫金男孩，以及生活在哥本哈根的丹麥男孩。

196

總的來說，他們的研究結果並沒有證實任何由來已久但未經調查的理論。一般而言，來自卡倫金族與歐洲的菁英跑步選手，慢縮肌纖維的比例並無差異，丹麥男孩與住在城鎮或生活在鄉村的卡倫金男孩，也沒有不同。來自鄉村的卡倫金男孩的最大攝氧量，的確高於住在城鎮、活動量少得多的卡倫金男孩，不過跟經常活動的丹麥男孩差不多。而且整體來說，卡倫金男孩對三個月的肌耐力訓練的反應程度（以有氧能力來衡量），平均起來並沒有超過丹麥男孩。

不過，正如我們可從他們祖先居住的緯度所預期到的，卡倫金男孩和丹麥男孩的體型是有差異的。卡倫金男孩的腿長占身高的比例較多，雖然平均比丹麥男孩矮了五公分，但他們的腿比丹麥男孩長了將近兩公分。

然而，這些科學家最獨特的發現並不是腿長，而是腿圍。卡倫金男孩的小腿體積和平均粗細，比丹麥男孩少了15%到17%。這項發現有重大

意義，因為腿就有如鐘擺，鐘擺末端的重量越重，就需要越多能量才能擺動。[3]生物學家已經在受控條件下，在人體上證實了這一點。研究人員在某個控制得特別好的實驗研究中，把重量加在跑步選手身上的不同部位：腰部、大腿上半部、小腿上半部，以及腳踝周圍。

即使重量維持不變，但擺放的位置越靠近腿的下端，跑者就要消耗越多能量。在其中一個階段，每名跑者必須在腰部穿戴3.6公斤的重量，這就比他沒穿戴3.6公斤重物時需要多消耗約4%的能量，才能夠以同樣的配速跑步。但隨後改成在跑者的左右腳踝各放1.8公斤，同時以相同的配速跑步，他們燃燒能量的速度會加快24%，即使總重量跟前一次的條件分毫不差。

四肢最末端的重量稱為「遠端重量」(distal weight)，對長跑選手來說，遠端重量越少越好（也就是說，如果你小腿和腳踝粗壯，你在紐約市馬拉松賽大概沒機會奪牌）。另一個研究團隊計算出，在腳踝只要加45.4公克的重量，就會導致跑步時的耗氧量增加約1%。（Adidas公司的工程師在製造重量更輕的球鞋的過程中，複現了此項研究結果。）丹麥科學家檢驗發現，和丹麥跑步選手比起來，卡倫金跑者的小腿重量輕了將近454克。據這些科學家計算，這樣每公里可節省8%的能量。

「跑步經濟性」(running economy)是用來衡量跑者以特定配速跑步時，要消耗多少氧氣的標準，就很像汽車的燃油經濟性，產生一定的動力需要一定的耗油量，而這又因車子的大小及外形而異。菁英長跑選手的最大攝

3 有「刀鋒戰士」之稱、雙腿截肢的南非短跑名將奧斯卡‧佩斯托瑞斯（Oscar Pistorius）穿戴的彎刀形碳纖義肢比人腿輕很多。他的腿擺時間是短跑選手有史以來最快的，而且快很多──我撰寫本文時，佩斯托瑞斯因涉嫌殺害女友，正在等候審判。（譯註：經過六個月的審理，他在2014年9月12日被判過失殺人罪，監禁五年，2015年12月改判謀殺罪，隨後判處六年有期徒刑，仍遭外界質疑輕判，南非最高訴訟法院於2017年11月24日加重判刑，將刑期延長為13年又5個月。）

氧量很高，也有很好的跑步經濟性，若繼續用車子打比方，就是大排量引擎與高燃油經濟性的罕見組合。在菁英跑步選手當中，所有人都有大排量引擎，因此跑步經濟性往往會產生「極優秀」或「僅僅是非常好」的差異。

用這個標準來衡量的話，未經訓練的卡倫金男孩，勝過未經訓練的丹麥男孩。腿的比例較長及小腿較細，都能夠提升跑步經濟性，而卡倫金族的男孩兼具兩者。[4] 就連住在城鎮、活動量和有氧適能不如丹麥男孩的卡倫金男孩，一開始還是有較好的跑步經濟性。在肯亞跑步運動員與丹麥跑步運動員的組別內與組間，小腿粗細都是跑步經濟性的重要預估指標。在每週訓練里數差不多（或完全沒訓練）的丹麥人和肯亞人當中，肯亞人的跑步經濟性好得多。

也就是說，利用相同比例的攜氧能力時，肯亞人可以跑得更快。就像我們從高強度運動對於體型的人為選拔所預期到的結果，菁英肯亞跑步選手的小腿，比未受過訓練的肯亞男孩更細──跑步經濟性更佳。研究團隊當中的本格特‧沙爾亭（Bengt Saltin）是世上極為傑出的運動科學家，他寫道：「這層關係似乎證實了，小腿粗細本身是跑步經濟性的關鍵因素。」哥本哈根團隊裡的另一名研究人員亨瑞克‧拉森（Henrik Larsen）隨後宣布：「我們解決了（肯亞人稱霸跑步界的）主要問題。」

不分國籍或族裔，腿部輕盈都有助提升跑步經濟性。厄利垂亞健將澤森內‧泰德西（Zersenay Tadese）是在實驗室裡測過跑步經濟性絕佳的人，在寫作本文時，他也是半馬世界紀錄保持人。在西班牙實驗室測得的結果

4　在2012年《歐洲應用生理學期刊》（*European Journal of Applied Physiology*）上的一項小型研究發現，有一群肯亞跑步運動員的跟腱，比同身高的非跑步選手白人對照組長6.9公分。考量到肯亞人的下肢比例較長，這是合乎預期的。跟腱較長，就可以儲存更多彈性能。（回想一下世界跳高冠軍唐諾‧托馬斯的故事。）科學家要解答的下一個問題是：跟腱長對於跑步能力有多大的影響？

顯示，泰德西的腿並沒有特別長，比例上只比菁英西班牙跑步選手的腿稍長一些，不過他的腿苗條得多。有趣的是，泰德西從小夢想的志向是騎自行車賽（這是很早就在厄利垂亞成立全國聯盟的運動項目），但在他十二歲生日前夕轉攻跑步之後，獲得更好的成績，在2002年的第一個賽季就在世界越野錦標賽名列三十，後來在2007年奪得世界冠軍。泰德西的有氧適能想必從自行車留到跑步上，不過他小腿苗條這個優勢，在跑道上最能有效利用，而不是在自行車上。

正如泰德西證明的，苗條小腿似乎不只存在於卡倫金人身上，不過一般來說，卡倫金人確實有特別直線型的體型，臀部窄，四肢修長。實際上，有些人類學家還把極度苗條的身材稱為「尼羅（Nilotic）體型」，而卡倫金人恰好就是尼羅族的一支──「Nilotic」即指一群居住在尼羅河谷，有親緣關係的族群。[5]尼羅體型是在乾熱的低緯度環境演化形成的，因為身型比例修長有助於降溫。（相反的，極度矮胖的身材過去稱為「愛斯基摩體型」，不過「愛斯基摩」一詞在一些國家有貶義，所以已經改掉了。）卡倫金人所生活的緯度夠低。2012年我造訪肯亞，在開車往來於訓練地點時就橫跨了赤道。但卡倫金人最初是從蘇丹南部移居肯亞的，其他的尼羅人如今住在蘇丹南部，如丁卡族（Dinka），這個族群以身材高瘦著稱。有幾個四肢非常長的職籃球員就是丁卡族──最出名的是馬努特‧波爾（Manute Bol），身高231公分，臂展據說有259公分長。

考慮到直線型身材對耐力型長跑有助益，而尼羅人往往有直線型身材，我就想到蘇丹南部應該有很多跑步天才。不過，在國際性長距離賽跑中，幾乎看不到來自蘇丹的選手。我同時請教了科學家和田徑專家，他們

5 基庫尤族（Kikuyu）是肯亞境內人數最多的族群，占了大約17%的人口，但比較矮胖一些（這表示他們的祖先生活在潮溼多山的地區），培育出的職業跑步選手，也比只占12%人口的卡倫金族少很多。基庫尤族是班圖族（Bantu）的一支。

對於蘇丹賽跑選手是否做過跑步經濟性測試，或是為什麼我們看不到來自蘇丹的尼羅族長跑好手，有沒有什麼深入的了解。很可惜，完全沒有蘇丹賽跑選手的資料，而且徑賽專家一致認為，現代蘇丹一直動盪不安，這限制了運動員發展的機會，不像肯亞，除了大選過後的暴力事件，其餘時候局勢相當穩定。

　　2011年12月，我參加了在卡達舉辦的阿拉伯運動會（Arab Games），並趁機與蘇丹的選手和記者交談。他們告訴我，除了旅行不易等問題，來自蘇丹南部地區（現為內陸國南蘇丹）的運動員在歷史上還一直遭受歧視，而且該國體育官員並未安排那個地區的運動好手，加入過去的奧運代表隊。此外，內戰在尼羅人的居留區紛紛擾擾了大半個世紀，導致蘇丹南部沒有任何體育文化或基礎設施。所以我用我能想到的唯一方法，去處理這個問題——在蘇丹南部以外的地方，尋找南蘇丹的跑步天才。

　　讓我感到好奇的第一個蘇丹運動員，是我在寫位於賓州的懷德納大學（Widener University）賽跑選手馬查里亞‧尤特（Macharia Yuot）的報導時注意到的，因為他在2006年於俄亥俄州威爾明頓（Wilmington）舉辦的三級越野賽奪冠之後，當天晚上隨即上了飛機，隔天早上就在費城馬拉松賽跑出第六名——這還是他第一次跑超過33公里。尤特曾是「失散的蘇丹男孩」，這群人數最多的尼羅丁卡人因家園遭暴力蹂躪，而逃離在外。尤特的城鎮在他九歲時陷入宗教內戰，從1983年到2005年奪走了兩百萬蘇丹人的生命。為人父母者不願看著自己的兒子為了替士兵開路而被迫走雷區，就叫他們逃亡，於是這群男孩獨自穿越沙漠。到了1991年，像尤特這樣躲士兵追捕、逃過獅口（偶爾會有獅子把熟睡的男孩叼走）的一些人，抵達肯亞的難民營。美國政府在2000年，把大約3,600個男孩用飛機載往美國，讓全美各地的家庭收養。

　　「失散男孩」才剛安頓下來沒多久，就因為在高中田徑隊充分發揮實

力，開始登上地方報紙頭條。有一篇美聯社報導的引言寫道：「幾個月前才在密西根州定居的兩個蘇丹難民，發現他們躋身全州跑得最快的高中生之列。」《蘭辛州紀事報》（Lansing State Journal）上的一篇報導則指出，有一位名叫亞伯拉罕・馬赫（Abraham Mach）的「失散男孩」進東蘭辛高中（East Lansing High）之前並沒有賽跑經驗，結果是2001年全美AAU青年奧林匹克運動會（National AAU Junior Olympic Games）13至14歲年齡組表現最出色的選手，在三項競賽中奪牌。馬赫一年前還住在肯亞難民營，在此之後，成為密西根州中部的NCAA全美最佳800公尺運動員。

　　匆匆搜尋一下報紙，會發現被報導過在全美高中跑步表現出色的蘇丹「失散男孩」有二十二個。最出名的「失散男孩」長跑選手是羅培茲・羅慕恩（Lopez Lomong），他在2008年是1,500公尺選手，並獲得在北京奧運會上為美國代表隊掌旗的殊榮。2012年，羅慕恩再次入選美國奧運代表隊，這次參賽項目是5,000公尺。2013年3月，他在室內5,000公尺比賽中，創下美國公民的最快紀錄。

　　對一所大型高中這般規模的團體來說，這種成績還不錯。2011年南蘇丹一獨立，就有具備奧運馬拉松參賽資格的現成選手——古爾・馬里亞（Guor Marial），他之前從蘇丹逃往美國，此時替愛荷華州立大學效力。由於南蘇丹尚未成立自己的奧林匹克委員會，馬里亞又拒絕代表蘇丹，結果受到龐大輿論壓力的國際奧會給他特殊身分，允許他在倫敦奧運持會旗參賽。這麼一來，南蘇丹根本還沒有奧會，但已經有了奧運馬拉松選手。

　　和曼納斯的計時賽觀察結果相比，這當然沒有更符合科學方法。有一些研究人員和跑步愛好者，以稍微科學一點的方式，用統計數字暗示東非選手稱霸一方很可能有遺傳因素。人類學家文森・薩里奇（Vincent Sarich）利用世界越野錦標賽的成績，算出肯亞選手的表現是其他國家的1,700倍。薩里奇做了一個統計推測：每一百萬個肯亞男性當中，大約有80人具備

201

世界一流的跑步才能，而在世上其他地方，則是大約每兩千萬個男性有一人。（如果他只集中在卡倫金人，這個數字會更驚人。）1992年，《跑者世界》上有一篇文章指出，純粹基於人口百分比來看，肯亞男性像他們在1988年奧運的成績那樣的奪牌統計機率，會是十六億分之一。

這些計算結果很有趣，但在沒有事件背景的情況下，對於肯亞人是否普遍具備成為世界一流跑步選手所需的天賦，並未做出多少解釋。德國代表隊在1984年到2008年的每一屆奧運，都在團體馬場馬術比賽奪冠，從嚴格的人口數來看，這是不太可能發生的。儘管如此，我們大概都同意，德國馬術選手帶有馬術基因的頻率，很可能不會高於歐洲鄰國的馬術選手。但馬術不是大眾參與的運動，因此坦白說，凡是努力嘗試的國家都會表現得很好——德國馬術的資金有一部分來自馬匹育種產業。加拿大培育出的北美職業冰球聯盟NHL球員最多，因為加拿大發明了冰上曲棍球，而且說真的，究竟有多少國家大量參與冰球活動？答案是：沒有多少。或是想想美國職棒的世界大賽（World Series），這真的不該稱為**世界**大賽。

再說，世界其他地方多年來都在變慢，結果就幫了肯亞的忙。甚至在肯亞還沒有搶占國際跑步界之前，以往獨霸長跑項目的英國、芬蘭及美國，就開始變得越來越富裕、越來越肥胖，對其他運動越來越感興趣，在長跑方面越來越不太可能認真訓練。從1983年到1998年，在2小時20分以內跑完當年馬拉松的美國男子選手，人數從267人減少為35人。在同時期的英國，人數從137掉到17。美國在2000年達到谷底，只有一人取得雪梨奧運馬拉松參賽資格。芬蘭在第一次和第二次世界大戰之間，是長跑超級強國，那時它是貧窮的農業國；然而在2000年奧運，該國沒有一位長跑選手取得任何一個競賽項目的參賽資格。正如考爾姆・歐康奈爾修士（Brother Colm O'Connell）告訴我的：「在芬蘭消失的不是長跑基因，而是長跑文化。」歐康奈爾是聖派屈克修士團的修士，1976年從愛爾蘭來到

肯亞，在高中教書，後來留下來培訓菁英長跑運動員——包括目前的800
公尺世界紀錄保持人大衛‧魯迪沙（David Rudisha）。

　　有幾個國家從1980年代到2000年一直很穩定，如日本，大約每年都
有100到130個男子選手在2小時20分以內完賽。同時，肯亞在2小時20
分以內完賽的人數，則從1980年的1人，在2006年跳升到541人。（以往
肯亞人認為馬拉松訓練會導致男性不孕，隨著這個觀念漸趨式微，加上肯
亞的體育行政管理者——也就是KenSAP的博伊特博士——允許經紀人進
入肯亞，並放寬運動員的旅行限制，肯亞的馬拉松選手在1990年代中期
激增了起來。）

　　蒐羅這些數字的田徑統計學家彼得‧馬修斯（Peter Matthews）做出了
這個結論：「這年頭，充斥著電腦遊戲、宅在家的娛樂，家長還經常開車
接送小孩上下學，會造就出頂尖長跑好手的，都是那些已知具有肌耐力的
人、或是有意提升肌耐力的『飢餓』戰士，或者貧困的農民。」

13 | 世上最意外（高海拔）的人才過濾器

The World's Greatest Accidental (Altitudinous) Talent Sieve

他說：「我要一些糖。你知道吧，就是糖。感恩啦。」我看起來一定是滿臉疑惑。

我和長跑運動員兩個人，就站在肯亞伊坦卡馬里尼體育場（Kamariny Stadium）的泥土跑道上。但把卡馬里尼稱為體育場，就有如把沙坑抬舉成大教堂。有一側是漆成天藍色、像爛牙般歪歪扭扭的木製露天看台，另一側是陡峭的山崖，下方1,220公尺處是裂谷的谷底，而此處的海拔高度大約是2,440公尺。幾十個運動員繞著跑道進行間歇訓練時，有一隻綿羊在崖邊徘徊，準備到跑道內的場地上吃草。

跟我說話的長跑運動員是現年二十四歲的艾文斯・基拉加特（Evans Kiplagat），他要我幫他買糖。那個星期四的早晨，基拉加特先是跑了9.6公里到體育場，接著又做了高強度訓練。再過幾分鐘，他就要踏上9.6公里的回家之路。如果我不幫他買點吃的，他會餓著肚子回到「家」——某個當地人讓他在他賴以餬口的農地（當地人稱為shamba）上使用的小木屋。

基拉加特的父母賴以生存的那塊農地並不是自己的，所以他們在2001年雙雙病逝後，他無法繼續留在那裡。他很慶幸自己目前還有地方可住，不過他說：「食糧是個問題。」在大部分的週二和週四，基拉加特會慢跑到田徑場，加入一個訓練小組，小組成員包括某個長跑健將，譬如

波士頓及紐約市馬拉松冠軍傑佛瑞‧穆太（Geoffrey Mutai），或3,000公尺障礙賽世界紀錄保持人塞夫‧薩伊德‧夏辛（Saif Saaeed Shaheen）；夏辛原本的名字是史蒂芬‧切羅諾（Stephen Cherono），在肯亞長大並接受訓練，但有人付他錢要他歸化卡達國籍。基拉加特在練跑之後會跑更多里路，走訪朋友，看看誰家有剩下的烏伽藜（ugali，肯亞鄉下人用玉米做成的麵團主食）。如果討到的食物夠了，晚上他還會再跑9.6公里。對基拉加特來說，每天若不是練跑三次，就練跑兩次，這還沒把每週二及週四往返田徑場的單趟9.6公里算進去。

這是一個渴望跑步的男子選手的進度表，他非常渴望進入層級最高的競技場，站上領獎台，在國歌響起的那一刻熱淚盈眶。只不過，基拉加特不是這樣的人。

「如果可以在軍中找到工作，你會不會中斷訓練？」我問他。

「會。」

「如果是警局的工作呢？」

「也會啊。隨便什麼工作都好，」他說。

基拉加特希望有份讓他能繼續練跑的工作，不過如果有人給他像樣的謀生工作，他很樂於隔天就停下來不再跑步。他在一次小型比賽中跑贏幾個高中朋友後，就從2007年開始練跑。去年，基拉加特在肯亞的10,000公尺丘陵地形路跑中，跑出29分30秒的成績，相對於世上大部分地區這是很傑出的成績，但還無法讓他在卡馬里尼體育場上的好手當中脫穎而出。因此他會繼續努力借足錢，前往肯亞各城市參加比賽，好讓自己能公布一個可以吸引經紀人注意的成績。

卡馬里尼體育場上，到處是像基拉加特這樣的人——我造訪的那一天，田徑場上大約有一百人，跟在幾個世界冠軍身旁一起練跑。偶爾會有一個大家沒見過的人踱步到跑道上，接著就馬上設法跟上奧運選手的腳

步。如果他保持住速度，也許就會再來，如果保持不了，他就會溜回自己的小農地。這是肯亞訓練全貌的縮影：這裡沒什麼訓練的祕訣，有些頂尖好手甚至沒有教練，但有一群群的跑步者願意像全職選手般，一天練跑多次。在美國，頂尖的大學長跑運動員為了圓夢，通常不得不把賺錢謀生的現實問題延後幾年。曾在國際上參賽、現於肯亞擔任教練的伊布拉辛·基努提亞（Ibrahim Kinuthia）說：「在肯亞，情況恰恰相反。」大多數的肯亞鄉下人沒有事業或研究所學業可耽擱，因此去嘗試和菁英選手一起練跑，是不用考量機會成本的。[1]根據世界銀行的數據，肯亞人均年所得是800美元，因此跑出佳績所獲得的可能回報，相對來說，甚至多過一張NBA合約帶給美國市中心貧民區孩子的回報。在一場大型馬拉松賽奪牌，會帶來六位數的進帳。就連在歐美的小型路跑比賽賺個幾千美元，相對於大多數的肯亞鄉下人而言，已經是一大筆意外之財了。卓然有成的長跑運動員，很快就成為一人經濟體。前障礙賽世界紀錄保持人摩西·基普塔努伊（Moses Kiptanui），在伊坦和卡馬里尼體育場附近的大城艾多雷特（Eldoret）經營酪農業，他還擁有運送牛奶的貨車，以及鎮上賣牛奶的那間超市所在的那棟建築物。這些經濟誘因產生了一大批渴望成功、接受奧運選手訓練計畫的跑步運動員，有許多人中途退出了，而撐下來的那些人成了職業好手。

　　有趣的是，在眾人努力下成長茁壯的體系，竟是由一股對天賦的持續信心激起的。跟我聊過的肯亞教練和跑步選手幾乎一致表示，只要開始訓練，永遠不嫌晚。他們說，如果你有才能，就需要開始奮力訓練，很快就

206

1　直到最近，肯亞的已婚女性基本上仍不得接受訓練。不過，培訓肯亞女子運動員的義大利人加布里爾·尼古拉（Gabriele Nicola）表示，由於肯亞的女子選手已經在國際巡迴賽中贏得大筆獎金，「日後女性可望在肯亞接受全然不同的訓練。非洲過去的觀念是，女孩比男性柔弱。」但那個觀念現正迅速轉變。尼古拉認為，還要再過十年左右，肯亞社會才會改觀，不再認為女性不適合嚴格訓練。

會晉升到菁英等級。

有幾位最耀眼的肯亞跑步明星選手之所以成功，正是因為他們不覺得
為時已晚。我在一間位於奈洛比的旅館，遇到前馬拉松世界紀錄保持人、
也是史上最優秀的越野賽跑選手保羅·塔蓋特（Paul Tergat），他告訴我，
他高中時是打排球的，開始跑步是「十九、二十歲的事了，那時我剛進部
隊。我在部隊裡認識了幾個以前在報上讀到的厲害跑步選手，像是摩西·
塔努伊（Moses Tanui）和理查·切里莫（Richard Chelimo）。所以我接受了訓
練，到二十一歲的時候，我發覺自己有這方面的才能」。到二十五歲時，
他首度在世界越野錦標賽奪冠，隨後還會連奪四次冠軍。

和牙買加短跑運動、加拿大曲棍球或巴西足球的相似處在於，從漏
斗上方放入的運動員很多，而僅僅那些展現出才能、撐過嚴格訓練的少數
人，能以世界頂尖選手的身分，從漏斗下方篩出。

儘管肯亞有一些最優秀的長跑好手很晚才起步，但還有很多人其實很
早就開始訓練了——早到他們根本不知道自己在受訓。

· · ·

對於一心想採集菁英運動員DNA的生物學家皮齊拉迪斯來說，肯亞
特別令他感到難受。由於他很怕坐飛機，所以是開著車走遍肯亞。穿行在
肯亞鄉間坑坑窪窪的路上，就像讓迷宮玩具裡的彈珠成功過關、中途不掉
進洞裡一樣。（終究會失敗。）然而十年來，皮齊拉迪斯一次又一次回到
肯亞。就像從卡倫金族長跑搖籃可以預期到的情形，他和同事發現，基因
顯示具有尼羅血統的人，在菁英運動員中的人數超過人口比例相當多。不
過，就如同在牙買加看到的情形，對他影響最大的發現是文化上的，不是
遺傳上的。

皮齊拉迪斯的研究顯示，肯亞出身的國際一流長跑好手，通常是卡
倫金部落的族人，多半來自貧窮的鄉間，成長過程中極有可能必須跑步上

學。皮齊拉迪斯和同事所做的一項研究中，404個肯亞職業選手有81%的人，小學時必須跑或走相當遠的距離上下學。靠著雙腳上下學的肯亞學童，有氧能力比同齡的孩子平均高出30%。世界一流的運動員必須多跑或多走至少9.6公里路上學的可能性，也比次級運動員更高。皮齊拉迪斯眉飛色舞地說起，有個十歲男孩多麼厲害、多會跑，有一次在泥土跑道上測他的有氧能力，他竟以6分鐘跑1英里（1.6公里）的配速飛奔起來。

208

當我去造訪肯亞，在卡倫金人的訓練中心伊坦的紅土丘跑上跑下時，偶爾會有孩童跑到我身邊，興奮地用他們最愛的英文短句打招呼：「How are you! How are you!」上一次我在伊坦時，有個看上去大概五歲的男孩，在我費力走上一段很長的山坡時尾隨在後，他穿著破爛的涼鞋，用一隻手臂夾著一條麵包。他跟了幾分鐘，就偷偷鑽過木頭籬笆下方，拖著那條麵包，然後消失無蹤了。我忽然意識到，在肯亞，沒有哪個人是在悠閒慢跑的，他們要嘛是為了運送東西、要嘛是卯盡全力為了訓練而跑，不然就是完全不跑。

結束那趟行程後，我跟物理治療師哈倫‧恩加提亞（Harun Ngatia）提到那個拎著麵包的男孩。恩加提亞負責治療的，都是肯亞職業運動員；他說：「那個男孩長大之後，他所知道的就只有跑步。」他的這段話讓我想起1990年代晚期，某個不復存在的田徑運動網站留言板上，曾公布這種偽慈善活動：捐助校車給肯亞學童，幫助美國人參加長跑比賽。

而且不只是肯亞。皮齊拉迪斯與一個研究團隊，在世界第二的長跑超級強國衣索比亞，發現了類似的模式。和肯亞一樣，衣索比亞的長跑好手，也往往來自過著傳統放牧生活的族群——奧羅莫人（Oromo）。而且跟非跑步運動員比起來，他們也非常有可能必須跑步去學校；而衣索比亞的職業馬拉松選手，又比衣索比亞5,000公尺及10,000公尺職業選手，更有可能必須跑很長的距離去上學。同時，分析衣索比亞與肯亞選手的粒線體

DNA後發現，他們的母系血緣關係不是特別相近，因此沒有單獨一個來自遺傳的超級跑步好手部落，把衣索比亞與肯亞連繫在一起。（衣索比亞人的粒線體DNA，通常有較多段落和歐洲人相同，這或許可以反映出，非洲以外的所有人類最初都是從衣索比亞遷徙出去的。）

目前還沒有人像丹麥科學家在肯亞所做過的，研究未經訓練的衣索比亞孩童的跑步經濟性，因此我們不知道，奧羅莫人與卡倫金人在這方面有何差別，不過這兩個族群顯然都欣然接受生活就是要跑步。皮齊拉迪斯說：「這些孩子全都在跑步，然後其中一個男孩或女孩會發現自己跑得比別人快。你一定要有對的基因，必須選對父母，但有成千上萬的孩子在跑，最優秀的人終究會出頭。研究十年下來，我必須說，這是一種社會經濟現象。」

當我問衣索比亞人的偶像、1992年及2000年奧運10,000公尺女子金牌得主德拉圖・圖魯（Derartu Tulu），她的兩個親生子女或四個養子女中，有沒有哪一個喜歡和她一起跑步，她回答：「都沒有，我帶著他們跟我一起訓練時，他們會說他們累了。他們不愛跑步……我覺得原因是他們都坐車上學。」肯亞前障礙賽世界紀錄保持人基普塔努伊談到他的孩子時說：「車子開過來，把他們送去學校……他們喜歡比較不費力的運動。」

皮齊拉迪斯提到，有許多肯亞長跑健將的手足和堂表兄姊妹也很出色，接著反問道：「肯亞頂尖長跑好手中，有多少人子女也擅長跑步的？幾乎沒有。為什麼？因為他們的父親或母親奪得世界冠軍，擁有非常多的資源，孩子就再也不必跑步上學了。」

儘管如此，暗示肯亞所有傑出運動員都曾跑步上學，是一種成見，對他們並不公允。因為有很突出的例外，比方說史上最優秀的越野跑名將塔蓋特。他說：「我覺得我們多半打著赤腳跑去上學，可是我的學校很近，我可以用走的。」史上數一數二的中長跑名將基普凱特的情形也一樣，他

209

的學校就在他家旁邊。他們兩人都是世界紀錄保持人，所以跑步上學顯然不是世界紀錄保持人的必要特徵。也不是充分條件。皮齊拉迪斯測過的肯亞孩童當中，有些人上學要跑幾公里的路程，不過有氧能力平平，會令人聯想到HERITAGE家族研究中的低反應者。他說：「算是少數，但就是有一些。」更不必說肯亞各地有幾百萬個孩子赤腳走路上學，而卡倫金人的跑步成績仍很突出。

210

　　皮齊拉迪斯堅信，除了因為會跑的孩子很多，肯亞在跑步方面表現得如此成功還有一個要件，那就是卡倫金人與奧羅莫人居住地「裂谷」的共同點：高海拔。皮齊拉迪斯說：「你必須生活在高海拔地區。有些人曾說，最好的方法是高海拔生活，低海拔訓練。肯亞人則是在高海拔生活，在更高海拔處訓練。」

　　歐康奈爾修士問道：「如果只是高海拔使然，那尼泊爾怎麼沒有長跑好手？」此刻他坐在位於伊坦的家中，旁邊沙發上坐著800公尺世界紀錄保持人魯迪沙。[2]後院是「健身房」，有一根金屬桿的兩頭都浸過水泥，所以看上去很像槓鈴。

　　祖先來自瘧疾高危險區的人，身上會出現血紅素偏低的問題，而最起碼（少有蚊了的）裂谷周邊的海拔高度，很可能讓在此生活的肯亞長跑運動員，免除了基因缺陷造成的血紅素偏低不利於長跑的因素。

　　不過歐康奈爾的疑問很耐人尋味，而且多年來討論肯亞人的長跑現象時，不時有人拋出這個問題。現在已經知道，運動員從平地移到高山時，高海拔會導致他們的紅血球增加，那麼為什麼沒有出身安地斯山或喜馬拉

2　魯迪沙是馬賽（Masai）族人。（但他的母親是卡倫金人，他的奧運奪牌父親有馬賽人的部分血統。）馬賽族也是尼羅人的一支，與卡倫金族親緣關係比較近。根據尚・耶爾諾（Jean Hiernaux）的《非洲民族》（*The People of Africa*）一書中的資料，按身高比例來看，馬賽人的腿非常長。

雅山上的跑步選手，橫掃世界其他地方，就像衣索比亞人和肯亞人那樣？

然而，「尼泊爾跑步好手」問題，事實上跟肯亞人和衣索比亞人的長跑現象無關，而且不僅僅是因為喜馬拉雅山的氣候培養不出修長體型。有個明確的科學觀點是，居住在世界上海拔高度不同的地區的人，用截然不同的遺傳方式適應低氧環境下的生活。在地球上高海拔地區居住了幾千年的三大文明，各用了不同的生物學解決方案，對付同樣的生存問題。

• • •

到19世紀後期，科學家自認已經了解高海拔適應性了。他們研究了住在安地斯山區的玻利維亞人，那裡的海拔在3,900公尺以上，呼吸到的氧分子只有平地的60%。為了順應稀薄的氧氣，安地斯山區居民身上，有大量紅血球以及在紅血球內負責攜氧的血紅素。

有兩個因素決定了血液中的含氧量：血紅素的多寡，以及血紅素的「血氧飽和度」（oxygen saturation，即血紅素攜帶的氧有多少）。由於安地斯高地的空氣中氧氣稀薄，居民血液中的許多血紅素分子，會在血氧不足的情況下快速流經身體──就像只有少少幾個人乘坐的雲霄飛車車廂。不過，安地斯高地居民體內的車廂節數遠比平地人多，就彌補了這個缺點。從運動的角度來看，這未必是好事。由於體內血紅素實在太多，安地斯高地居民的血液可能會變得黏稠，無法循環得很順暢，有些人會因而罹患慢性高山症。

19世紀時的科學家還發現，從平地前往高海拔地區的歐洲人，體內的血紅素也會增加。因此，討論高海拔適應的學門，幾乎有一個世紀沒有人研究──直到1970年代，尼泊爾和西藏開始對外國人開放之後。

凱斯西儲大學人類學教授辛西雅‧畢爾（Cynthia Beall）開始造訪，研究西藏人和能夠在海拔5,480公尺的地方生活的尼泊爾雪巴人。畢爾發現，西藏人的血紅素值與平地人一樣正常，血氧飽和度則比平地人低。**雲霄飛**

車的車廂很少，而且很多節車廂都沒有坐滿。

大多數西藏人帶有某個特殊的EPAS1基因版本，它算是一種測量儀器，能感測可使用的氧氣量，調節紅血球的生成，讓血液不至於濃稠到危險的地步。但這也代表西藏人不像安地斯居民，他們的攜氧血紅素並沒有增多。畢爾問自己：「那麼，他們究竟是怎麼在這裡生存下來的？他們的血氧濃度似乎很低，但不知用什麼方式運送了足夠的氧，讓功能正常發揮。」

最後畢爾確定，西藏人是靠著血液中豐富的一氧化氮含量生存下來的。一氧化氮會暗示肺部的血管放鬆擴張，促進血液流動。畢爾說：「西藏人血液中的一氧化氮濃度是我們的240倍，比在平地生活的敗血症患者體內的一氧化氮濃度還要高。」敗血症可是會危及生命的。因此，西藏人靠著肺部的大量血流來適應高海拔，呼吸也比當地的平地人深且快，彷彿持續處於過度換氣的狀態。畢爾說：「這導致他們消耗更多能量。」

1995年，畢爾和研究團隊繼續研究世界上在高海拔地區生活了幾千年的其餘族群：衣索比亞人，特別是住在海拔3,536公尺的東非裂谷一帶的安哈拉族人（Amhara）。她再次發現世上獨一無二的高海拔生理特性。安哈拉人的血紅素配額與血氧飽和度，都跟平地人一樣正常。雲霄飛車的車廂節數與當地的平地人一樣多，而且幾乎所有車廂都坐滿了，就和當地的平地人一樣。畢爾說：「如果我們不知道自己在高海拔，我應該會說，我們看的是平地人的數據。」安哈拉人是如何成功變出這個戲法的，目前還不完全清楚，不過畢爾現有的初步資料顯示，衣索比亞安哈拉人把氧從肺部小氣囊（即肺泡）輸送到血液中的速度異常快速。

來自紐西蘭，曾為一英里賽跑世界紀錄保持人，後來轉而投入醫學研究的彼得‧史奈爾（Peter Snell）這樣推測：強化氧從肺部輸送到血液的效率，對於具有高海拔血統而去平地跑步的人，或許是個優勢。畢爾談到這

213

種可能性時說：「不無可能。」她曾在一篇論文中提出這點，但她堅持沒有人真正知道答案。此外，她在自己的安哈拉人資料裡，看到了氧氣擴散作用的強化現象，而且衣索比亞的頂尖跑步健將大多是奧羅莫人。有個奧羅莫男子選手是5,000公尺和10,000公尺的世界紀錄保持人，還有一個奧羅莫女子選手保持5,000公尺的女子組紀錄。（科學家記錄了奧羅莫男子選手凱內尼薩‧貝寇爾〔Kenenisa Bekele〕的兩次跑步，兩次的配速皆為4分3秒75跑一公里，一次是在海拔將近1,500公尺的地方，另一次則在3,000公尺以上。令人吃驚的是，在移到海拔更高處時，他的平均心跳速率只從每分鐘139下加快到141下。）

畢爾說，過著放牧生活的奧羅莫人，五百年前才從低海拔地區遷移到高處，不像安哈拉人那樣，已經在高海拔生活了數千年。外人無法一眼分辨出安哈拉人和奧羅莫人，但從他們的海拔反應，畢爾絕對不會判斷錯誤。

畢爾檢測了住在海拔高度與丹佛差不多[3]的奧羅莫人，「所以不會預期能看到多少。」她是指血紅素濃度上升。「不過他們的血紅素，已經比海拔高度相當的安哈拉人多了1克。」而血紅素裡充滿了氧。她說：「他們的血紅素濃度，絕對會比你在隨機選出的低地族群預期看到的還要高。」奧羅莫人即使在中等海拔高度，血紅素也偏高，但安哈拉人的血紅素在高海拔處仍然偏低。

首先，這些差異凸顯了在高海拔生活時間不同的民族之間的生理多樣性，以及演化在他們身上留下的嶄新基因解方。一般認為，喜馬拉雅山區居民和衣索比亞安哈拉人，已經在高海拔地區生活了數千、甚至數萬年，而安地斯山區居民的時間較短，這也許就解釋了安地斯山區居民為何尚未完全適應極高海拔的家園——以及他們為什麼會像進入高海拔的低地人，

3　譯註：1,610公尺，大約是台灣杉林溪的海拔。

體內的血紅素濃度會大幅升高。（肯亞的卡倫金人也跟奧羅莫人一樣，算是相對新近的高地住民；他們在高海拔地區才定居不到兩千年。）

214

　　至於衣索比亞多數跑步健將出身的奧羅莫族，畢爾從他們身上取得的數據顯示，這些人似乎會對高海拔出現一點反應。她檢測過的奧羅莫人，即使在海拔1,600公尺以下的地區，體內的血紅素也會明顯增加。此外，不但不同族群會對高海拔產生獨特的生理反應，同族人之間也有極大的差異。

　　2003年，一支挪威與美國德州科學家組成的團隊，讓一群運動員在海拔2,800公尺待了一天，觀察他們的紅血球生成素（erythropoietin，簡稱EPO，刺激人體製造紅血球的激素）的濃度變化。（有些耐力型運動員會作弊注射EPO，讓身體製造更多紅血球。）結果差異非常大，有個運動員的EPO濃度降低，而有另一個運動員升高了400%以上。

　　針對進行一個月高原訓練的跑步者所做的不同研究中，紅血球供應量平均增加了8%的人，他們回到平地後，5,000公尺的成績快了37秒；而紅血球未增加的人回到平地後，5,000公尺成績則比先前差了一點。一如其他訓練方式及各種藥物，根據各運動員獨特的生理狀態量身制定的高原訓練，才是最有成效的。

　　各人對高海拔有不同反應，這在鮑伯・拉森（Bob Larsen）聽來似乎是對的。拉森是迪娜・卡斯特（Deena Kastor）與梅伯・凱佛萊吉（Meb Keflezighi）這兩個美國選手的教練——兩人在2004年奧運，分別摘下馬拉松女子組銅牌與男子組銀牌。拉森說：「我們有證據顯示，有些人必須在高海拔待很長一段時間。迪娜真的待了大概兩年。梅伯就很快，他在高海拔待到第二週時，表現有點乏力，但待了六個星期後，他就刷新了美國（10,000公尺）的紀錄。」

　　即使對高海拔的反應因人而異，訓練「有效的場地」似乎大致有些條

件：也就是會增加紅血球生成，但海拔高度沒有增加太多，該處空氣稀薄，又不致過於稀薄。安地斯山區和喜馬拉雅山區居民生活的海拔高出許多。有傳聞說，有效場地是在海拔約1,820到2,750公尺，這樣的高度足以刺激生理變化，又不至於空氣太過稀薄，難以進行嚴格訓練。

衣索比亞與肯亞境內的裂谷山脊，碰巧落在有效場地的海拔高度。肯亞幾個重要訓練基地的海拔分別約略為：艾多雷特，2,100公尺；伊坦，2,300公尺；卡普沙貝（Kapsabet），1,950公尺；卡普塔加特（Kaptagat），2,400公尺；雅胡路路（Nyahururu）：2,200公尺。衣索比亞的兩個訓練重鎮阿迪斯阿貝巴（Addis Ababa）和貝科吉（Bekoji），都有海拔約2,500到2,800公尺之間的跑步場地。在美國，尋覓有效場地的職業耐力型選手，找上的訓練地點是：北加州的曼莫斯湖（Mammoth Lakes），海拔約2,400公尺；或亞利桑那州的旗桿市（Flagstaff），海拔約2,140公尺。

比移地做高原訓練更好的，是在高海拔地區出生。在高地土生土長的人，肺臟的比例通常大於平地人，肺臟較大則其表面積也較大，能讓更多氧氣從肺部進入血液。這不可能是高地血統的基因經過好幾個世代的改變所產生的結果，因為這不僅發生在喜馬拉雅山區居民身上，也出現在沒有高地血統、但在落磯山區長大的美國孩童之中。不過，一脫離童年，這種適應的機會也隨之而去。這不是遺傳來的，但過了青春期後也不會改變。

沒有哪個科學家堅決主張，單憑高海拔，就能造就出不會疲乏的跑步健將，或是未經高原訓練，就不可能成為優秀長跑好手。不過有些科學家——比如皮齊拉迪斯——則認為，就是不太可能。或許有平地血統但在高地出生，然後在有效場地生活及訓練，會是一種有利的組合——平地血統可讓人進行高原訓練時，血紅素迅速升高；而在高地出生，是要發育出較大的肺臟表面積。這正是眾多肯亞卡倫金人和衣索比亞奧羅莫人的寫照。

無獨有偶，目前速度最快的美國女子馬拉松選手莎蘭・佛蘭納根

（Shalane Flanagan，她的母親是前馬拉松世界紀錄保持人），出生地科羅拉多州波爾德就位於落磯山麓，海拔1,600公尺左右，且在那裡度過了一部分童年。目前速度最快的美國男子馬拉松選手萊恩‧霍爾（Ryan Hall），則在加州大熊湖（Big Bear Lake）長大：海拔在2,100公尺以上。但這也可能並非巧合。

● ● ●

往北駛向桑格雷克里斯托山脈（Sangre de Cristo Mountains），一直開到黑色柏油消失在褐色岩塊和泥土底下為止，就抵達新墨西哥州的楚查斯（Truchas）了，此地海拔約2,440公尺。

在柏油路消失前不久，就在剛過了牧場柵門的左手邊，有個低矮的泥磚房，旁邊空地上停著一輛已閒置數十年的黃色校車。八十五歲的普雷西里安諾‧桑多瓦（Presiliano Sandoval）在屋後的紫苜蓿田裡，頂著大熱天忙著。從那輛校車營運之前就沒有舒展過的手指，現正握住鏟子的木柄。

普雷西里安諾在泥磚房裡，把如今沒人記得的美國最佳運動員撫養成人。安東尼‧桑多瓦（Anthony Sandoval）現在仍住在位於此地西南方一小時車程的洛沙拉摩斯（Los Alamos）。安東尼有五個兄弟姊妹，但普雷西里安諾看得出他與眾不同，他還記得安東尼八歲時，在冬天甘願帶著鐵鎚和楔子獨自前去山區，去劈開結了霜的矮松。

安東尼在六年級的夏天，會幫父親趕牛上山吃草，每週三次，每次都要走上好幾公里。安東尼說：「走起來從來沒少過兩個小時。」偶爾還要連跑帶走。在這之前，他一直是跑步好手，但那年夏天回到家時，他是校內迄今跑得最快的男生。

對於這個兒子，普雷西里安諾很希望他能接受楚查斯提供不了的教育，於是便讓他就讀離家一小時車程的洛沙拉摩斯高中。當地的洛沙拉摩斯國家實驗室（Los Alamos National Lab）是原子彈的誕生地，安東尼同學

229

的父母，都是任職於該實驗室的物理學家及核子工程師。這裡在第二次世界大戰期間非常隱密，結果在洛沙拉摩斯出生的嬰兒，出生證明所載的出生地都是「P.O. Box 1663」。

安東尼・桑多瓦高一才剛開始，就有朋友提議加入越野跑田徑隊。桑多瓦回憶道：「我說：『越野跑是什麼？』但那年我加入了，最後拿到全州第二。之後我在高中就沒輸過任何比賽。」高三那年，桑多瓦在60分鐘內跑了超過20公里，創下二十歲以下組的一小時跑世界紀錄。1972年桑多瓦升上高四，身高不到168公分、體重不到45公斤的他，在全美青年錦標賽中奪得越野跑冠軍。

桑多瓦一家在楚查斯的泥磚房沒有裝電話，不過招募信如雪片般寄到洛沙拉摩斯高中。叔伯、阿姨都是牧羊人和鈾礦工的這個男孩，打算就讀位於帕羅奧多（Palo Alto）的史丹佛大學。在那裡，桑多瓦學業優異，獲得醫學院入學資格，同時每週練跑六、七十英里（約96到112公里）。

1976年，也就是桑多瓦大四那年，他在Pac-8錦標賽中奪得10,000公尺冠軍，領先三個代表華盛頓州的肯亞籍選手，其中一人往後還會刷新世界紀錄。隨後，桑多瓦停下大學田徑訓練，決定投入1976年奧運馬拉松選拔賽。結果他拿到第四，以一分鐘與一個名次之差，未能入選奧運代表隊。於是他進了醫學院，心想只要能確實進行馬拉松距離的訓練，應該還有機會參加奧運。

然而桑多瓦對於服務人群和醫學興趣濃厚，所以選擇了心臟病學，這是需要深入攻讀的專業領域，沒有時間進行馬拉松訓練。儘管如此，桑多瓦的才能仍然有目共睹。1979年，專心學醫的他設法每週只練跑35英里（約56公里），這分量足夠他在馬拉松比賽中跑進2小時14分了，考慮到這本質上是慢跑者的訓練法，能有如此成果已經出人意表。（棒球迷或許會覺得，這就像在當地的啤酒屋棒球聯盟練習擊球，然後要在面對大聯盟

投手時，揮出三成打擊率。）

1980年，隨著奧運腳步漸近，仍埋首於醫學院課業的桑多瓦努力騰出幾個月，進行嚴格訓練。這樣就夠了。在水牛城舉辦的23英里奧運選拔賽中，他輕鬆取勝，以2小時10分19秒的成績完賽，還創下了維持27年的美國奧運選拔賽紀錄。上一個在奧運馬拉松賽摘金的美國男子名將法蘭克·修特（Frank Shorter）說：「東尼可能是當時世上跑得最快的選手。」

但那年由莫斯科主辦奧運會，為了抗議蘇聯入侵阿富汗，卡特總統宣布美國會發動抵制，聯合六十四個國家一起拒絕參加。桑多瓦和另外465名美國運動員一樣，被迫待在國內。

桑多瓦開始心臟科醫師的行醫生涯時，也展開了一個持續超過十年的模式：每當奧運即將到來，他都會設法費九牛二虎之力加強訓練。1984年，他在選拔賽中位居第六；1988年，在忙著心臟病學研究員職務之餘，他獲得第27名。

當1992年奧運選拔賽迫近，時年已屆三十七歲的桑多瓦明白，這是他最後一次機會。他終於抽出時間訓練，且蓄勢待發。俄亥俄州哥倫布市的那一天，天氣暖和且刮著風，一開始的幾英里他覺得毫不費力。桑多瓦說：「我彷彿置身天堂。我心想：『這是我第五次參加奧運選拔賽，今天會很順利。』」一切的確很順利，直到他跑了八英里左右，在山腳處準備踏出腳轉彎時，突然覺得一陣疼痛沿著腿的後側往下竄。桑多瓦說：「我認為是小腿出問題，所以停下來按摩了一會兒。我看著時間。我的狀況很好，所以判斷就算讓別人領先兩分鐘，我仍能入選代表隊。」跑了13英里時，他的腿腫起來了，幾乎沒辦法走路，只能一瘸一拐地退到路邊。桑多瓦輕聲說：「我知道沒望了，我沒機會參加奧運了。」他在跟腱斷裂的情況下跑了五英里（約八公里）。

如今，桑多瓦是服務整個新墨西哥州北部鄉間的少數心臟科醫師之

一，診所就在高中母校田徑跑道的對街。在他的家裡，還留著本來要在1980年奧運穿的藍色絲絨美國隊服。桑多瓦說：「一想起這件事就很感慨。我一直沒有盡力而為。」在提到六個孩子（全是大學運動員）若能看到老爸的獎牌，該有多麼自豪時，他的聲音哽在喉頭。桑多瓦的妻子瑪麗（Mary）說：「我覺得他有時會想，自己當初行醫期間，如果有抽出更多時間做訓練就好了。」

儘管如此，桑多瓦現在仍然很瘦，躲在停車場計費器後面都沒人會發現，而且經常在早晨六點半，就已經飛快跑過附近赫梅斯山（Jemez Mountains）的林間山路。他邁步沒有絲毫多餘的動作，手臂緊緊抬高。他看來幾乎沒有離開地面，而是像從池面掠過的水椿象般，輕輕掃過泥土。他稱呼山徑沿途的一些樹木和岩石露頭為「老友」。

前美國田徑協會生理檢測計畫負責人大衛・馬丁（David Martin），在桑多瓦早年還在參賽時研究過他。馬丁說：「安東尼是不可忽視的生理學實例，他的腿很長，心臟很大，肺臟也很大，軀幹卻很小。我在亞特蘭大的實驗室替他做檢查，哇，他居然可以搬移氧氣。我不想說安東尼是遺傳學上的怪咖，但他確實非常與眾不同，因為他的個頭沒有隨著年齡漸長而長高，但心臟的體積卻變大了。」

馬丁停下來想了一下桑多瓦整個人。堅韌不拔而靜默，身體柔韌且優雅，具備強大有氧能力，青春時在海拔2,400多公尺的鄉間生活，童年時連跑帶走往返各地。他顯然有先天的生理稟賦，但也處於會發掘並鍛鍊這些天賦異稟的獨特熔爐。

馬丁從沉思中回過神來，興奮地說：「你知道他是什麼人嗎？他是肯亞人，就是這麼回事！他是美裔肯亞人。」

● ● ●

肯亞的艾多雷特是人口25萬的繁榮城市，靠近卡倫金人訓練區的中

心，偶爾有驢車行經坑窪不平的道路，與熙來攘往的汽車較勁爭路。街上熙熙攘攘。採買的人忙著進出街邊一樓的商店或樓上的餐館，窄巷裡是一家又一家的小店鋪。在這裡，你可以買到全新的十五年前舊款 Nike 慢跑鞋，這是因為肯亞職業長跑選手一收到贊助商送的鞋子，就會賣給經銷商。在某個僻靜處，有個男子鬼鬼祟祟地兜售背包裡拿出的肯亞國家代表隊服。

220

在艾多雷特時，某天我坐在一道鋼板護牆後方的庭園裡，和克勞迪歐・貝拉德里（Claudio Berardelli）一起喝著加了牛奶和糖的肯亞茶。貝拉德里是移居肯亞的義大利年輕人，現在已是世上頂尖的長跑教練。當時他與人合著的一篇論文，即將見刊於《歐洲應用生理學期刊》。該文詳細探討跑步經濟性，把跑出 2 小時 08 分的歐洲馬拉松選手，和同樣跑出 2 小時 08 分的卡倫金馬拉松選手比較一番。果然，選手們的有氧能力和跑步經濟性等生理特質，非常相似。於是作者群結論道，出色的跑步經濟性，並無法解釋卡倫金馬拉松選手比歐洲選手占優勢。

但實際上，他們所提出的問題無法做出這種結論。跑出 2 小時 08 分的馬拉松選手，不論是什麼國籍或血統，其生理特質都很相似，這點並不奇怪，畢竟他們全都在馬拉松比賽中跑出 2 小時 08 分的成績。該問的是：某個地方所孕育跑出 2 小時 08 分成績的馬拉松選手，是否比別的地方更多？或是：為何跑出 2 小時 03 分及 2 小時 04 分的馬拉松選手，全來自肯亞和衣索比亞？

貝拉德里自己的看法，跟論文的結論相去甚遠：「我不相信在義大利找不到第二個史蒂法諾・巴迪尼（Stefano Baldini）。」他指的是摘下 2004 年奧運馬拉松金牌的義大利選手。「而且義大利人八成會說：『幹嘛找第二個！反正跑贏的永遠是肯亞人。』所以他們找不到。」但他認不認為，在義大利和在肯亞，有潛力成為巴迪尼第二的選手一樣多呢？「我認為在肯

亞可能會找到十個巴迪尼,在義大利也許能找到兩個。但**拜託大家快去找吧！**」所以說,貝拉德里認為,馬拉松金牌選手的潛力並非肯亞獨有,只是在肯亞比較常見。他說:「我想肯亞人的生活方式,大概使得他們的基因產生某些有利於長跑的特質。」

儘管天生體型高瘦對跑步經濟性至為重要,但跑步經濟性是可以提升的。最好的例子,莫過於史上最傑出的女子馬拉松選手,英國的雷德克利夫。儘管還沒接受真正的訓練,但她在九歲時就開始參加比賽。十七歲時,雷德克利夫已是前途似錦的選手,英國生理學家安德魯・瓊斯(Andrew M. Jones)也開始跟她合作。瓊斯隨即看出雷德克利夫很有天賦。她的家族裡有幾位出色的選手(她的姑婆還拿過奧運游泳銀牌),而且雖然她每週訓練不到五十公里,但她的最大攝氧量基本上跟菁英女子選手一樣高。瓊斯寫道:「她顯然才華出眾,然而還要經過十年越來越吃重的訓練,才會發揮出她的運動潛力。」

那些年裡,雷德克利夫長高了,但體重沒變,因為她拚命訓練,而且經常是在高海拔的地方進行。由於她已處於顛峰狀態,她的最大攝氧量完全沒有提高,不過她的跑步經濟性逐年提升,據猜測至少有部分原因是她的腿變長、而體重沒有增加。2003年,距初次檢查十一年後,雷德克利夫的最大攝氧量,和她十八歲那年、只做輕鬆訓練時的數值,並無不同;但她的跑步經濟性顯著提升了,還以2小時15分25秒的成績,打破女子馬拉松世界紀錄。很顯然,她的跑步經濟性,至少有一部分是由訓練創造的。〔4〕

即使基因科學現在成熟了,對於肯亞高超跑步技能背後的種種疑問,也不太可能給出完整答案。就像我們即使知道有身高基因,還是很難找出

---

4 我採訪過的生理學家提到了另外一個假設,就是雷德克利夫的跟腱在多年的訓練下變硬了(就像跳高選手霍姆的情況),於是提升了她的跑步經濟性。

來，而要清楚知道其中一個涉及跑步的生理因素基因，更是困難重重，遑論所有相關因素了。聞名於世的神經學家，同時也是不到四分鐘跑完一英里的第一人班尼斯特就曾說：「人體比生理學家早了好幾個世紀，可執行的心、肺、肌肉整合運作，複雜到科學家沒辦法分析。」

此外，由於基因變體在不同族裔的普遍程度差異頗大，遺傳學家做研究時，就會找相近的族裔來當對照組。於是，卡倫金族的基因研究，會以卡倫金族跑步選手為對象，並與卡倫金族對照組做比較。因此基因研究通常在找單一族群**內部**的差異，往往很少提及不同族群**之間**的差異。在尚未充分了解跑步生理學的情況下，我們不該眼巴巴期待基因技術本身，能解答為何肯亞人跑步方面得天獨厚，至少短時間內解答不了。我們勢必要從他處切入，就像那些檢驗卡倫金族男孩跑步經濟性的丹麥研究人員一樣。

我上次和貝拉德里談天時，他才剛開始指導一群前來肯亞受訓的印度選手。表面上看來，這些人和他的肯亞選手所處環境非常相似：出身貧困，非常積極，童年時靠著雙腳四處奔走。如果長跑成績只需要金錢誘因、童年時經常奔跑、以及世界級訓練，那麼不久之後應該會看到，幾個貝拉德里培訓出來的印度學生和肯亞人平起平坐。

「到時候就知道了，」貝拉德里得意地笑著說道，看來很是可疑。

貝拉德里相信，肯亞人成為天才跑步選手的機會，通常比較大。不過他也知道，無論天賦、體型、童年生活環境，還是出生地，跑出2小時05分的馬拉松選手不會憑空出現。除了要有才能，還必須具備極強大的意志力。

就連這一點，也不是全然與天分無涉。

14 雪橇犬、超馬選手與「懶骨頭」基因

Sled Dogs, Ultrarunners,
and Couch Potato Genes

雪橇犬場 Comeback Kennel 的鋁製招牌，很隨意地釘在阿拉斯加州費爾班克斯（Fairbanks）北邊的一棵常綠樹上，就在艾略特公路（Elliott Highway）旁一條土路的兩英里處。石子車道因寒冷而壓實了，而且坡度很陡，如果不是運動休旅車就會險象環生。這個偏僻的地方很投合阿拉斯加人的脾胃：如果你看得見鄰居家煙囪冒出的煙，那他大概住得太近了。

這不太可能是世上最棒、最具鋼鐵般意志的一群耐力型運動員的地址。但在雲杉環繞的斜坡空地上，有狗拉雪橇比賽中最出色的 120 隻阿拉斯加哈士奇犬。Comeback Kennel 其實只是蘭斯・麥奇（Lance Mackey）所擁有、覆蓋了霜的前院的名稱。

麥奇是狗拉雪橇比賽界的偶像，曾奪下千里長征雙冠王。在 2007 年和 2008 年，麥奇連續奪得總賽程長達 1,600 公里的狗拉雪橇耐力賽「育空大探險」（Yukon Quest），以及幾週後的另一個世界千里耐力賽艾迪塔羅德（Iditarod）的冠軍，忠實支持者還把艾迪塔羅德狗拉雪橇賽稱為「世上最後一場大賽」。在麥奇連續兩年勇奪雙料冠軍之前，大家認為不可能有人達成這種戰績。趕橇手能夠順利完賽，自己或狗都沒有生病或受重傷，已經非常幸運；即使完賽了，還有意志力的問題——不管是狗還是主人。

歷年的艾迪塔羅德大賽中，有許多傑出的趕橇手因為自己的狗躺在

雪地上，不願再前進半步，不得不中途退出比賽。阿拉斯加漫漫長夜往往寒冷徹骨，加上睡眠不足，不時有艾迪塔羅德參賽者喪失原有判斷力的狀況。偶爾會有橫越冰封白令海的趕橇手，在深邃的黑夜之後，對著璀璨的陽光凝視出神，開始脫下外套和手套，沒想到迎面遇上低達攝氏零下45度的空氣，結果瞬間凍傷。麥奇就曾出現幻聽。有一次，在一段漫長、寒冷又缺乏睡眠的賽程之後，他看到一名因紐特婦人在小路旁對他微笑，非常高興，但轉身要揮手時卻發覺她不見了。或者應該說，那裡本來就沒人。

在麥奇連續奪冠之前，光要連續比賽完育空探險賽和艾迪塔羅德賽，都公認是莽撞之舉。就算趕橇手撐過育空探險賽，自己的生命徵象完好無損，那狗群呢？假設健康不成問題，牠們還想繼續跑嗎？就像狗主人一樣，雪橇犬也必須有向前衝刺的意志力。

艾瑞克·莫里斯（Eric Morris）說：「牠們不是家犬。不能拿食物來訓練雪橇犬，也不能藉由「負增強」（negative reinforcement）來訓練牠們。跑那麼一大段路，就像獵鳥犬一路嗅查出野雞蹤跡一樣，這件事本身必須能給雪橇犬的生活帶來莫大樂趣才行。牠們必須生來就很愛拉（雪橇）……你會在不同的狗身上，發現牠們渴望（拉雪橇）的程度不一樣。」莫里斯是趕橇手，也是自創狗選手專用狗糧品牌Redpaw的生化學家。

●　●　●

在麥奇雪橇犬場前院，所有阿拉斯加哈士奇犬，都拴在環繞著一根柱子的金屬環上，活動限制在直徑幾公尺的圓圈內，包括進出各自木屋的通道。只有蘇洛（Zorro）例外。

蘇洛的圍欄在前院的小丘上，牠沒用鏈子拴著，享有更多空間。麥奇打趣說，這是牠「在小丘上的公寓」。從這裡，蘇洛可以遠遠俯看費爾班克斯夜間的燈火，以及牠在這裡的所有子姪輩、外甥輩、兄弟姊妹、兒女輩。

麥奇走向蘇洛中途停下腳步，指著牠的其中一隻孫女說：「那邊那隻

是我最重要的母狗。」那隻母狗叫做美波（Maple），毛色是肉桂吐司的金黃褐色。美波是麥奇2010年的領隊犬（也就表示牠在雪橇狗群的最前面），並且在艾迪塔羅德賽中奪得「最佳表現金犬獎」（Golden Harness Award）。麥奇的所有冠軍犬就像美波一樣，都是系出蘇洛。他說：「整個繁殖場都押在一隻狗身上，這滿大膽的。」他俯身用鼻子擦了擦蘇洛眼睛四周的金毛，這圈金毛像極了「蒙面俠蘇洛」所戴的眼罩。

麥奇和蘇洛親密互動後，走回他和妻子唐雅（Tonya）同住的房子。房子尚未完工，到處是裸露的線路，有一部分還用防水膜罩著，不過這是屬於他倆的地方，連同停放了一輛限量款道奇Dodge Charger和三輛道奇貨車的車庫，這些車全是艾迪塔羅德賽贏來的獎品。麥奇說：「這些都是狗群買來的。」最大功臣莫過於蘇洛。

麥奇讓犬場的狗都傳承蘇洛的基因，原因不是牠跑得特別快。（牠不是特別會跑的哈士奇犬。）而是因為牠具備職業道德。麥奇別無選擇。他在1999年展開育種計畫時，買不起跑得最快、毛色最光亮的狗。

· · ·

艾迪塔羅德狗拉雪橇比賽（Iditarod Trail Sled Dog Race）於1973年開辦，蘭斯‧麥奇的父親迪克（Dick）是共同創辦人之一。迪克在前五次參賽拿到的最佳名次是第六，1978年他第六次參賽時，發生了一件出乎意料的事，由於當時賽事開辦沒幾年，還沒有制訂相關規則。

當時七歲的蘭斯，就站在象徵終點線的樹瘤木拱門附近，他親眼目睹身穿厚厚大衣的父親，上氣不接下氣地跟著自己的雪橇，沿著濱海街一路飛奔。去年的冠軍瑞克‧史文森（Rick Swenson）也跑在他的雪橇旁，全速衝刺，與迪克‧麥奇難分軒輊。當麥奇的領隊犬以些微之差率先衝過終點，他癱倒在地，任由自己的狗隊飛馳而過，在這同時，史文森的雪橇也跨越了終線。賽道糾察員麥倫‧蓋文（Myron Gavin）究竟會裁定這場歷經14天

226

18小時52分又24秒的賽事，是由只帶一隻狗衝線的第一個趕橇人獲勝？還是帶著所有的狗衝線的趕橇人勝出？蓋文反問：「他們總不會去拍蠢蛋的照片對吧？」於是迪克‧麥奇獲勝，成了兒子的稱職偶像。

在阿拉斯加沃斯拉（Wasilla）長大的蘭斯說：「我就站在終點線。實在很令人興奮，太精采了，而且讓人很感動。它就深深烙印在我的腦海中。我毫不懷疑，就在那個片刻，那一瞬間，有某樣東西影響了我的強烈興趣或決心，或我的熱情。那場比賽不只改變我爸的一生，也改變了我的一生。」從那一刻起，蘭斯‧麥奇就一直告訴自己，總有一天他也要在艾迪塔羅德賽奪冠。不過這條路會很曲折。

在父親拿下艾迪塔羅德賽冠軍三年後，麥奇的父母離異了。他的父親轉行當鐵匠，去建設阿拉斯加的偏遠地區，所以兩人很少見面。他的母親凱西（Kathie）為了家計，身兼叢林飛行員和洗碗工兩份差事，所以蘭斯有很多時間沒人管，可以去惹麻煩。而且他很善於惹麻煩。

十五歲時，麥奇已經前科累累：打架、未成年飲酒、經常鬥毆、酒後脫序、當眾撒尿，不時與人幹架。他在考到駕照前，偷拿了凱西的支票簿，去買了一輛1968年份的道奇Charger老車開到北方，去典當他從家裡槍櫃偷出來的三把槍枝。

於是凱西把兒子送到北極圈以北的地區，好好和他父親共度一段時間。當時迪克的工作，是開著一輛從校車改裝的餐車，賣吃的東西給路過阿拉斯加輸油管的卡車司機。那個買賣活動日後變成一家餐廳兼加油站，隨後又成為人口不到二十的阿拉斯加小鎮：冷腳鎮（Coldfoot）。

麥奇在父親的加油站工作期間，學會用修卡車交換毒品。他說：「卡車司機對毒蟲的害處，就像你遇過的任何人一樣。所以能弄到什麼毒品，我就拿什麼。」麥奇在十八歲生日前回到沃斯拉，像先前那樣繼續犯下小惡小壞——直到某個星期六，凱西拒絕保釋兒子出獄為止。

227

　　蘭斯出獄後前往白令海，接下來十年，就在那裡的商用延繩釣漁船上做漁工。儘管如此，他還是會告訴同船的漁工，終有一天，他會在他父親與人創辦的比賽中拿冠軍——當中有許多人來自墨西哥，根本沒聽過艾迪塔羅德賽。麥奇會引用他父親的話：「沒拿過艾迪塔羅德賽冠軍，你算什麼趕橇人。」

　　到1997年，麥奇和唐雅同住在阿拉斯加的尼納納（Nenana），兩人都對古柯鹼成癮。有時候，他們會指定唐雅和前夫生的女兒亞曼妲（Amanda）當司機。麥奇說：「她有個座墊，好讓她看得到車頭。她覺得九歲就能開車上公路，酷得要命。」

　　1998年6月2日，麥奇二十八歲生日那天，他和唐雅決定戒毒——沒多久前，他差點在一場槍聲四起的酒吧鬥毆中喪命。他們徹夜打包家當，搬到南方748公里外的金奈半島（Kenai Peninsula），戒掉毒癮。蘭斯和唐雅跟亞曼妲和布蘭妮（Brittne）在海灘上搭帳篷住；布蘭妮是唐雅的另一個女兒，當時八歲。他們用一個軍幕帳當主臥室。唐雅會升火煮女兒們從沙地抓出的比目魚當晚餐。蘭斯開始替建築工班和當地的鋸木廠工作。這足夠支付頭期款買一塊地，讓他和唐雅蓋間木屋，並用基督教救世軍（Salvation Army）的回收衣物填充牆壁，以保溫隔熱。麥奇拋下了古柯鹼，滿懷熱情地投入新癮頭：繁殖飼養雪橇犬。

　　由於他沒什麼錢，無法買那些已經在比賽中表現突出的健壯哈士奇犬，於是就收留街上的雜種狗，或領養其他趕橇人棄養的狗。麥奇相信，他的雜牌軍永遠不會是狗界的短跑健將，因此決定要為其他的特質培育。就在那個時候，他看到了蘿西（Rosie）。

　　蘿西是一隻很小的母狗，前飼主是短距離參賽者佩蒂・莫蘭（Patty Moran）。莫蘭認定蘿西跑得太慢，所以將牠賤賣給參加中長距離賽的趕橇人羅伯・史帕克斯（Rob Sparks）。結果史帕克斯發現，蘿西不願從快步小

228

跑改成大步跑，他也斷定小蘿西太慢了，無法上場比賽，於是帶牠到市場販售。麥奇看到待售的蘿西後，帶牠去試跑。沒錯，牠跑得不快，但麥奇看到了別的東西：把雪橇挽具套在蘿西身上，牠就會快步小跑，跑到在地上鑿出一個洞為止。他很開心地從史帕克斯的手中接下蘿西。他的「快步龍捲風」，麥奇如此稱呼牠。

麥奇讓蘿西與哈勒戴醫生（Doc Holliday）交配；哈勒戴醫生也是一隻從未跑贏短距離賽，卻只渴望奔跑、吃東西、再多跑一會兒的哈士奇犬。蘿西和哈勒戴醫生的結合，生下了蘇洛。

就連血統優良、訓練有素的雪橇犬，在長距離奔跑中也經常溜行，也就是會在隊友賣力奔馳時使詐，停下腳步。有經驗的趕橇人看得出哪隻狗停下來沒跑，因為把狗繫到雪橇主繩的那條拉繩在這時不會拉緊。但蘇洛的繫繩總是拉緊的。從蘇洛第一次上場比賽，在起跑線就必須拉住牠，就連衝過終點後也得繼續拉著。儘管以賽犬來說蘇洛過重，不過麥奇說：「我告訴我的哥哥瑞克（Rick），我要用蘇洛配種飼養出我的每一隻狗。」

2001年，麥奇從他收留和撿來的狗群中，挑出了一支隊伍，把牠們和他配種養大的蘇洛湊在一起，就去參加艾迪塔羅德賽了。麥奇花了12天18小時35分又13秒完成比賽，名列第三十六，成績還不錯。還不到兩歲的蘇洛，是跑完1,770公里的所有參賽犬中最年輕的，而且牠的狀況很好，一邊吠、一邊猛力拉著雪橇衝過終點線。

麥奇自己就沒那麼神采奕奕了。他先前就深受牙痛之苦，多名醫生判斷錯誤，告訴他病因是牙膿腫。比賽期間，他出現視力模糊、頭痛、眼前發黑的症狀。他在衝線之後虛脫了。唐雅立刻送他去醫院，接下來一週，麥奇緊急開刀，進行喉癌手術。動這種手術之前，醫生會告訴病患，務必和妻子及家人交代好一切，以免留下遺憾。麥奇向來沉著的父親迪克，也傷心欲絕。

229

外科醫生從麥奇的喉部，移除了一個葡萄柚般大小的腫瘤，連同皮膚、肌肉組織和纏在一起的唾腺。從那之後，麥奇為了保持喉嚨潤滑以便呼吸，經常得用水壺小口喝水，或從果汁杯小口喝果汁。損害麥奇神經的放射治療，讓他的左手食指抽痛，所以他看了一個又一個醫生，最後終於說服一個醫生幫他截掉那根手指。

整個過程中，即使看起來麥奇可能撐不過，唐雅仍繼續進行他的育種計畫。她聽從麥奇的指示，讓蘇洛和犬場裡的母狗交配。手術後的那個冬天，麥奇已經復元得差不多，可以回家訓練蘇洛六十六隻吐著舌頭、搖著尾巴迎接他的幼犬了。

2002年，身上裝著胃造瘻管的麥奇，返回艾迪塔羅德雪橇賽，但跑了708公里就退賽了。他跳過隔年的比賽，在接下來幾年，專心飼養並訓練蘇洛的狗子孫。麥奇的訓練計畫，是依照他當初的配種策略量身制定的——也就是讓跑得最賣力的狗交配；因為他買不起跑最快的狗，只好採取這種策略。麥奇知道，自己在檢查站之間的賽程中，絕對勝不了對手，所以索性制定出他稱為「馬拉松式」的技巧；這套方法，日後會改革長距離的狗拉雪橇比賽。麥奇養的狗跑得較慢，但會快步跑個不停，直到在地上刨出洞為止，而不是在休息站之間全速衝刺——許多成功的趕橇人就會這麼做，衝到每小時19公里甚至24公里。麥奇說：「一小時跑11公里多，那是在閒逛。但如果狗隊用時速11公里連續跑19小時，你就會獲勝。」

230

2007年，麥奇首次用十六隻幾乎全是蘇洛的子孫，來組成狗隊，去參加艾迪塔羅德雪橇賽。並非系出蘇洛的狗，包括了牠的同母異父兄弟賴瑞（Larry）、牠的姪子巴托（Battel），以及蘇洛自己。出發後才過九天，麥奇就率先衝過樹瘤木拱門，臉上帶著結了冰的淚痕。麥奇對他的狗說：「生活完全改變了。」狗拉雪橇比賽也就此改變了。

突然間，麥奇的對手也想模仿「馬拉松式」。一夕之間，他的繁殖場

從廉價棄犬之家，躍升為知名犬場，裡頭滿是眾人覬覦的血統狗，每隻身價都至少達四位數。（唐雅・麥奇說，蘇洛的兒子荷波〔Hobo〕被另一個趕橇人買走，「帶到挪威各地配種，每次費用幾千美元」。）2008年，麥奇在艾迪塔羅德賽再度奪冠，這是他四連霸的第二年。幾週後的比賽中，有個酒醉的雪上摩托車騎士撞上他的狗隊，蘇洛斷了三根肋骨，肺部瘀傷，有內出血，脊椎損傷，嚴重到牠站不起來，必須搭飛機到西雅圖救治。

蘇洛活下來了，但其中一名獸醫指示，不要再讓牠配種和參賽了。麥奇在犬場替蘇洛蓋了狗屋，但很快就發現，如果他帶了其他的狗出去跑而沒有考慮牠，這隻靜不下來的賽犬就會嗚嗚哀叫，用力扯鏈子。於是麥奇替牠建了「小丘上的公寓」，也就是屋前那塊圍欄區域。麥奇說：「牠還是繁殖場的狠角色，即使不能跑了，牠仍是我最好的朋友。牠在我的人生中和心裡，占有非常非常特殊的位置。」更重要的是，在他的前院基因庫中，也有極特殊的地位。

● ● ●

可以經由配種來產生冠軍賽狗，這觀念不足為奇。狗的育種人想要什麼表徵，幾乎就能培育出來，對此達爾文就曾大感驚訝。培育出參賽惠比特犬飛速特質，這種育種工作競爭十分激烈，導致超過四成的頂級犬，帶有正常情況下極為罕見的肌肉生長抑制素基因突變（「巨嬰」突變）。

在19世紀末和20世紀初，尤其是克倫代克淘金熱（Klondike Gold Rush）期間，阿拉斯加的海港和河水凍成堅冰之時，主要仰賴雪橇狗運送從郵件到金礦的一切物資。在雪上摩托車風行之前，當地人很認真培育兼具體力、耐力與抗寒能力的雪橇狗。隨著1973年首屆艾迪塔羅德賽把獎金提高，使狗拉雪橇比賽獲得人氣之後，培育競賽犬就成為一項正經的事業。傳統上包含了阿拉斯加雪橇犬（Alaskan malamute）和西伯利亞雪橇犬（Siberian husky）的基因混雜體中，混入指標犬（pointer）、薩路基獵犬

231

（saluki）及其他許多品種。真的奏效了。

　　頭兩屆艾迪塔羅德狗拉雪橇賽的冠軍，花了二十多天才完賽，經過二十年的育種之後，趕橇人完賽的時間縮短了一半。阿拉斯加哈士奇犬變身成世上獨一無二的運動員。頂尖阿拉斯加哈士奇犬即使還未受過訓練，能夠利用的氧氣量，都是未經訓練的健康成人的四到五倍；而經過訓練後，頂尖雪橇犬的最大攝氧量，大約會高達普通男性的八倍，或是（像女子馬拉松世界紀錄保持人雷德克利夫這樣）受過訓練的女子選手的四倍以上。

　　雪橇犬的育種目的形形色色，從食慾旺盛（牠們在艾迪塔羅德比賽期間，每天可吃掉十大卡的食物），適合在雪地上行進的蹼趾，到休息片刻時脈搏數能迅速穩定下來。阿拉斯加哈士奇犬最不可思議的生理特質，也許是幾乎能立刻適應鍛鍊。像人類一樣，雪橇犬開始訓練時，會消耗儲存在肌肉中的能量，壓力激素會增加，細胞會損傷。人類選手承受這些歷程時，會感到疲勞和肌肉痠痛，必須休息一下，讓身體適應鍛鍊，再繼續訓練或競賽；但最優秀的雪橇犬，是在訓練的**過程中**就適應。人類在鍛鍊之間必須休息，才能達到健身成效，然而阿拉斯加哈士奇犬幾乎不用停下來恢復體力。牠們是絕佳的訓練反應者。

232

　　早在七歲時，海瑟・胡森（Heather Huson）就參加了狗拉雪橇比賽，2010年，這名仍在阿拉斯加大學費爾班克斯分校攻讀博士的遺傳學家，檢測了八個賽犬繁殖場的狗。令她驚訝的是，阿拉斯加雪橇犬完全是為了特定表徵，而刻意配種培育出來的；針對微衛星基因座（即重複的短序列DNA）所做的分析結果也證實，阿拉斯加哈士奇犬從遺傳來看，不只是阿拉斯加雪橇犬或西伯利亞雪橇犬的變異，而是截然不同的品種，就像貴賓犬或拉布拉多獵犬一樣獨特。

　　除了獨特的阿拉斯加哈士奇犬標誌，胡森和同事還發現二十一個狗品種的基因痕跡。這個研究團隊也證實了，這些狗有迥然不同的工作倫理

（透過牠們拉繩上的拉力來衡量），工作倫理較佳的雪橇狗身上，來自安那托利亞牧羊犬（Anatolian shepherd）的DNA比較多——這種狗肌肉健壯，毛色通常是金色，最初是因為會急於和狼搏鬥，而被視為綿羊的守護者。安那托利亞牧羊犬的基因單獨促成雪橇狗具備工作倫理，這是一項新發現，不過最出色的趕橇人早已知道，狗兒具備工作倫理是特意培育的結果。

　　麥奇說：「沒錯，三十八年前在艾迪塔羅德賽中，有狗對比賽不感興趣，被迫上場比賽。我希望是因為狗群想去，喜歡牠們所做的事，而有這個榮幸去湊熱鬧；不是因為我為了追求滿足感，想去穿越阿拉斯加州，而是因為狗群喜愛穿越極地。這就是四十年來的育種結果。我們設計孕育了適合追求渴望的狗。」

　　和我談過的幾位趕橇人都多少表示，雪橇狗也許已經達到生理能力的極限，不可能跑得更快、長得更強壯了，而完賽時間的進步空間，現在全看狗隊在不休息的情況下渴望拉雪橇多久。生化學家兼趕橇人莫里斯說：「狗隊是可以控制的，這也是我們為什麼要繁殖想拉雪橇的狗……我必須透過嘗試錯誤、花時間，與其他趕橇人交流合作來學習、找出所有的佼佼者都知道的事。優秀的趕橇人懂得怎麼繁殖出具有幹勁、渴望拉雪橇的狗，接著他們就會培育、鍛鍊這股渴望。」[1]

• • •

　　刻意培育出渴望奔跑的齧齒動物的科學家已經證實，工作倫理會受基因影響。加州大學河濱分校的生理學家西奧多・賈蘭德（Theodore Garland）

1　我感受過阿拉斯加哈士奇犬的渴望，而且吃了些苦頭。我的第一次，也是唯一一次狗拉雪橇經驗，是2010年在明尼蘇達州邊境水域（Boundary Waters）的結冰水面上，我的領隊犬是退役賽犬，（後來才得知）是蘇洛的兒子。我必須用力減速大約一百公尺，才讓狗隊在結冰的湖面上停住，但我一放鬆煞車器，開始四處張望，狗隊就飛奔了起來。我被甩出雪橇，跟在後頭追了四百公尺，追到雪橇卡在小島上的樹枝間動彈不得為止。算我幸運，因為我很確定，我應該會比蘇洛的後代更早放棄。

在該領域頗有成就，十多年來他一直提供滾輪給小鼠，讓牠們自行決定要跳上去跑，還是避開。

正常的小鼠每天晚上會跑4.5到6.5公里。賈蘭德挑了一群普通的小鼠，然後分成兩組：一組是每晚在滾輪上跑的圈數少於平均值的（怠跑鼠），另一組是圈數多於平均值的（愛跑鼠）。接著他讓愛跑鼠跟其他愛跑鼠交配，讓怠跑鼠與其他怠跑鼠交配。才繁殖出第一代，愛跑鼠的子代跑的圈數，平均就比親代多。繁殖到第十六代時，愛跑鼠每晚隨便就跑上11.3公里。賈蘭德說：「正常的小鼠只是來悠哉溜達的，在滾輪上閒晃，而愛跑滾輪的小鼠是真的在跑。」

當換成刻意培育出（並非自願跑滾輪，而是在被迫能跑多久就跑多久的情況下）具有運動耐力的小鼠時，結果一代比一代的骨骼更對稱，體脂肪更低，心臟更大。賈蘭德表示，他在自己的自願跑步鼠繁殖計畫中看到了身體的變化，「但在同時，腦部顯然很不一樣。」愛跑鼠的腦部也像牠們的心臟一樣，比普通小鼠的腦部還要大。賈蘭德說：「大概是負責處理動機與獎賞的大腦中樞變大了。」

隨後他又給小鼠吃利他能（Ritalin），這是一種會改變多巴胺濃度的興奮劑。多巴胺是一種神經傳遞物，是負責在腦細胞之間傳遞訊息的化學物質。正常小鼠一吃下利他能，顯然就會從跑步中獲得更大的愉悅感，而開始跑更多圈。不過，愛跑鼠在服用利他能之後，並沒有跑更多圈。利他能對正常小鼠大腦產生的作用，愛跑鼠毋須服用利他能，牠們的大腦中就已有這種作用了——牠們就彷彿跑滾輪跑上癮似的。[2]

賈蘭德反問：「誰說動機不會遺傳？在這些小鼠身上，動機絕對是逐步形成的。」

世界各地的研究人員已經開始探究，馬拉松小鼠與正常小鼠身上的基因體，在哪些位置出現了差異，特別是那些跟處理多巴胺有關的基因，也

234

許就是這些基因，影響了小鼠從特定行為獲得愉悅感或獎賞。

他們做這些研究的目的，當然不只是想了解齧齒動物為何會想跑滾輪，最終目標仍是了解人類的健身控〔3〕。

• • •

潘‧瑞德（Pam Reed）又站上紐約拉瓜迪亞機場停車場的頂樓。她要搭的班機延誤了，而她向來不愛坐著不動。因此，就在其他旅客快快不悅的拖著行李，搶用插座和附坐墊的座椅時，五十一歲的瑞德迅速戴上耳塞式耳機，朝停車場頂樓走去。

她吸了一口混濁的夏日空氣。瑞德把行李擱在角落，開始跑步。她立刻心平靜氣下來。她一圈又一圈跑了整整一個小時，每一圈都不超過200公尺。當然不是因為她需要健身。

前一天，瑞德才在紐約市舉行的鐵人三項全能美國錦標賽中，以11小時20分49秒的優異成績完賽，有資格參加夏威夷的世界錦標賽。一週前，她參加了一場接力賽，她所跑的棒次要繞著跑道連續跑八小時。在接力賽之前兩週，她花了31個小時在路上跑步，成為2012年惡水超級馬拉松（Badwater Ultramarathon）第二位跑到終點的女子選手；惡水超馬是從美國加州的死亡谷（Death Valley）起跑，總長135英里（約217公里），瑞德曾經兩度奪冠。

瑞德的班機終於從拉瓜迪亞機場起飛了，接下來的那個週末，她以12小時16分42秒的成績，跑完了在魁北克舉辦的塔伯拉山鐵人賽

2 凡是可以刻意培育出來的特質，都必定有遺傳成分，否則不會繁殖成功。研究人員已經成功繁殖出具備某些古怪表徵的齧齒動物，例如自願啃咬自己的腳趾。就像自願跑滾輪的情形一樣，如果讓啃腳趾的小鼠互相交配，繁殖了幾代之後所生下的後代，會把自己的腳趾全部咬斷。

3 譯註：英文中恰好用gym rat（直譯為「健身房老鼠」），來形容愛上健身房瘋狂鍛鍊身體的人。

（Mont-Tremblant Ironman）。再下一個週末，她說她「只有一場馬拉松」要跑，這場賽事會穿過聳立在她家鄉懷俄明州傑克森谷（Jackson Hole）的提頓山脈（Tetons），但她絲毫不在乎。

她這樣跑個不停並非出於自虐。過去她就曾一口氣跑了四百八十公里，中途沒有睡覺；也曾於2009年花六天在紐約皇后區的公園裡，繞著一千六百公尺長的單調環狀小路，跑了足足491圈——她的生命就是如此。

十一歲時，住在密西根州的瑞德看著電視上轉播的1972年奧運，迷上了她生平第一個喜歡的運動：體操。瑞德後來在自傳《多跑一里路》（The Extra Mile）裡寫道：「我很沉迷，我把能利用的每一分鐘都拿來練體操，在地下室，從沙發上，我人在哪就練到哪。」到了高中，瑞德轉而喜歡上網球。和往常一樣，她興致勃勃地投入，就像美軍海豹部隊士兵滿懷熱情跳出機艙那樣。有一部分的訓練，是每天至少要做一千個仰臥起坐。進了密西根理工大學（Michigan Technological University）後，她加入網球校隊。後來她搬到亞利桑那州，擔任有氧運動教練，這樣就能使用健身俱樂部的泳池——她是土桑馬拉松（Tucson Marathon）的老闆兼主辦人。（對瑞德來說）很自然的，她和第二任丈夫是在一起接受鐵人三項全能賽的訓練時相戀的。瑞德經常在想，究竟是什麼驅使她持續運動？

她的父親不知疲倦為何物。過去，他常常在凌晨三點半就出門去鐵礦場上工，下午回到家後，會緊接著動手擴建房子或修弄車子。她的家族流傳說（瑞德說：「這是千真萬確的事。」），她的祖父雷納德（Leonard）有一次在家人聚會時起爭執，氣沖沖地奪門而出，他一直走，結果就從威斯康辛州麥立爾（Merrill）一路走回他在芝加哥的家，走了整整四百八十公里。

瑞德在自傳裡寫道：「每天跑三小時可能會害一些人進醫院。」同時也指出，極限活動能令她內心平靜。「我很確定，如果**沒有**每天跑三小時，我很快就會生病……沒有人強迫我跑，但也算不上在作出選擇。我的某種

236

天性讓我很難坐著不動……我習慣運動個不停，因此在長途坐車旅行或安靜的社交場合中，我很不舒服。」（瑞德的兒子提姆拿自己和母親做對比：「我只喜歡跑頂多兩到三小時。」）瑞德目前的目標之一，是打破橫越美國的女子世界紀錄，她打算以一天跑完兩場馬拉松的速度做到。

瑞德說：「我不這樣做的話，感覺糟透了。」──「這樣做」是指每天跑步三到五次──「我是剖腹產，每次產後第三天我就開始跑步了……我就是這樣的人。我太愛跑步了。我必須說，年紀越長，我能夠坐著不動的時間越久，但感覺不舒服。」

威斯康辛大學曾有研究人員做了以下實驗：他們培育了一批會自願跑步的小鼠，但設法限制牠們跑步，然後測牠們的大腦活動。觀察敏銳的瑞德在自傳裡思索：她會不會是那些小鼠的「人類版」？在愛跑步、但跑步機會遭剝奪的小鼠腦部，類似於會在人渴求食物或性、或有毒癮者渴求毒品時活化的大腦迴路，也會活化，而且牠們會變得焦慮不安。研究人員推測，剝奪這些小鼠的跑步機會後，牠們的大腦活動會下降。但實際情況卻恰恰相反──牠們的大腦活動超速運轉，彷彿需要運動才能感覺正常。一隻小鼠習慣跑的距離越長，強迫牠安靜不動時，牠的大腦活動就越活絡。就像賈蘭德實驗中的那些小鼠，這些小鼠也對運動上癮了

不管從什麼標準來看，瑞德都是異類。然而在傑出運動員當中，看似強迫行為的運動欲望並不罕見。想想創下二十七項長跑世界紀錄的衣索比亞好手海勒‧吉布塞拉西（Haile Gebrselassie），他說：「我只要一天不跑步，就會渾身不舒服。」或是未嘗過敗績的拳擊冠軍佛洛伊德‧梅威瑟（Floyd Mayweather Jr.），據說他會在半夜醒來，強迫他那些肥胖的隨行人員到健身房跟他碰面，做健身。還有在2010年奧運，替美國摘下六十二年來第一面金牌的四人雪車隊員史帝夫‧梅斯勒（Steve Mesler），後來他退休了，但據說即使到現在，他健身時只要停下來休息，還是會「覺得焦慮」。或

是鐵人賽三項全能女子選手威靈頓，或者跳高選手霍姆，他倆都自稱把成癮性格傾注到他們的訓練上。

又或是NFL十二年老將，獲得1982年海斯曼獎（Heisman Trophy）的跑鋒赫歇爾・沃克（Herschel Walker）。現年五十一歲的沃克，是戰績2勝0敗的綜合格鬥職業選手，他接受過芭蕾、跆拳道的訓練（他是黑帶五段），在1992年還是奧運雪車隊的推車手。不過，最能說明沃克想保持活動的渴望的，是他在十二歲、早在他參加有組織的運動比賽之前，就開始的鍛鍊之道，而且他每天持續鍛鍊至今。他說：「我會在晚上七點開始，做仰臥起坐和伏地挺身，做到十一點為止。每天晚上在地板上做。差不多會做五千個仰臥起坐和伏地挺身。」沃克說，現在他一天「只」做1,500個伏地挺身和3,500個仰臥起坐，每組有50到75個伏地挺身和300到500個仰臥起坐或捲腹，不過他也在做格鬥訓練。

沃克說，即使不再參賽，他仍會持續做例行的伏地挺身和仰臥起坐鍛鍊。他說：「這跟我的比賽無關。它已經變成一種興奮劑或藥物。就算生病了，我還是會做。就好像有個聲音告訴我：『赫歇爾，你該起床了，該練一下了。』」

• • •

大腦多巴胺系統中的變化，會讓某些人在使用特定藥物後，更容易有獲得報償的感覺，這些人就比較容易上癮。有沒有可能，有些人就像雪橇狗和實驗室裡的小鼠，從生物學的角度來說，他們就比較容易從持續運動中，得到極大的報償或愉悅感？[4]截至我撰寫本文時已做過的十六項人類研究，都發現遺傳對人自願從事多少體能活動，有明顯的影響。

瑞典於2006年針對異卵和同卵雙胞胎共13,000對，做了一項研究，結果指出：同卵雙胞胎體能活動量相近的機率，是異卵雙胞胎的兩倍──平均來說，異卵雙胞胎有一半的基因相同，而同卵雙胞胎的基因則完全

相同。不過，該研究是用一份調查來計量體能活動量，而長期以來大家會高估自己的活動量。但有另外一項較小型的雙胞胎研究，是用加速規（accelerometer）直接計量活動量，結果發現異卵與同卵雙胞胎之間出現了同樣的差異。規模最大的研究，對象是來自歐洲六個國家及澳洲的37,051對雙胞胎，其結論是：約有一半到四分之三的運動量差異，可歸因於遺傳；至於獨特的環境因素，例如有沒有去健身俱樂部，影響就比較小。

239

多巴胺系統很顯然會對體能活動產生反應，這也是運動可用來輔助治療憂鬱症、減緩帕金森氏症惡化速度的其中一個原因——帕金森氏症就與製造多巴胺的腦細胞遭破壞有關。而且有證據顯示，反過來也是對的：體能活動量會受多巴胺系統影響。已有幾個科學證據顯示，多巴胺可能受某些基因控制。

有幾種版本的多巴胺受體基因，與體能活動較多和身體質量指數（BMI）較低有關。已有多項研究，包括針對所有已發表的研究進行的統合分析，也重現了這個研究結果：那些變體的其中一種，即DRD4基因的7R版本，會增加個人罹患注意力不足過動症（ADHD）的風險。德州農工大學哈范斯運動醫學與人類表現研究所（Sydney and J. L. Huffines Institute for Sports Medicine and Human Performance）所長提姆‧萊福特（Tim Lightfoot）已寫了幾篇論文，討論齧齒動物和人的自願體能活動，他看到了ADHD、運動、多巴胺基因之間的關聯。萊福特說：「我們在實驗室培育出的過動小鼠，極像ADHD的孩子，至少就多巴胺系統來看很像……牠們的（某一種）多

---

4 心理學家艾倫‧溫納（Ellen Winner）在她引人入勝的著作《天才兒童：迷思與真相》（*Gifted Children: Myths and Realities*）中，新創了「想要精通的強烈欲望」（rage to master）一詞，來形容天才兒童的一項主要特質。她說這是一種內在動機，是「熱切而過度狂熱的興趣」。她寫到的其中一段話，就彷彿在形容「老虎」伍茲或莫札特：「對某個領域過度狂熱的興趣，加上在該領域輕鬆學習的能力，這種幸運的結合就會帶來很高的成就。」

巴胺受體很少，如果能提升多巴胺的分泌量，牠們就會減少活動量。」

「利他能」可以促進過動兒的大腦分泌多巴胺分泌，以減少他們的活動量。對於很難在學校裡靜下來坐著的孩子來說，這顯然是好事。但萊福特也婉轉指出，藥物可能會產生意想不到的後果。「這些孩子可能非常強烈渴望運動，也許我們是在用藥物削弱他們的渴望。」

萊福特繼續說：「我們的社會現在很怕孩子發胖。那好，如果我們就讓其中一些孩子吃藥，降低他們的活動量，而這些藥物實際上也有可能導致他們發胖，情況會怎麼樣？」無論如何，這就發生在萊福特的小鼠身上。240

有一群科學家曾提出下面這個具爭議性的想法：對於在大自然中生活的人類祖先來說，過動與衝動也許具有優勢，因而使得會增加ADHD風險的基因保存下來。有趣的是，和定居下來的族群比起來，DRD4基因的7R變體，更常出現在長途遷徙的族群及游牧族群身上。

2008年，有個人類學家團隊為肯亞北部的阿利爾（Ariaal）族人做了基因測試，其中有一些仍過著游牧生活，一些則已在近期定居下來。在游牧組——而且只在游牧組中——帶有7R版本DRD4基因的人，營養不良的可能性比較小。研究人員提出的其中一種假說是：「也可能是因為（帶有7R的）游牧者活動量較高，而這些活動量轉化成了糧食生產量。」換句話說，就體力活動而論，攜帶該基因版本的人，有可能是辛勤的勞動者。

萊福特說：「我們這個領域有個麻煩，當我們研究活動本身以及有什麼因素在控制活動時，我們忘記了自己其實清楚知道，有一些生物機轉確實會影響一個人是否經常活動。你可能會有容易變成懶骨頭的體質。」

很顯然，就像肯亞孩童的情形一樣，必須靠雙腳奔波和嚮往更好的生活，對體能活動量會產生很深的影響。但對於在以往做過的所有自願體能活動遺傳研究中都出現的那些基因，前述那些環境因素並未排除掉它們產生的重大影響。

這些前後一致的研究結果，讓人想起曲棍球史上最優秀的球員韋恩·葛瑞茲基（Wayne Gretzky）的名言：「上帝賜給我的也許不是才能，而是熱情。」

又或許這兩者其實密不可分。

• • •

241　　儘管一項又一項的研究已經證實，基因遺傳會影響體能活動，但科學家才正要開始認識在其間發揮作用的特定生物過程。此外，科學家也都十分清楚，極端環境有可能大幅改變一個人的訓練量。多巴胺雖然對想要運動的渴望發揮了作用，但還是有某些更明顯的蠱惑。

以激烈訓練著稱的梅威瑟，在2007年造訪《運動畫刊》辦公室時，講到自己過去經常愁錢的慘澹時期。「但現在我很開心。」他一邊說，一邊露出燦爛的笑容，他指的是剛擊敗前拳王奧斯卡·戴拉荷雅（Oscar De La Hoya）替他賺進了2,500萬美元這件事。

總而言之，先天條件和後天訓練糾纏在一起，複雜難解，也就引發了以下疑問：在今時此刻，運動項目中進行基因檢測，究竟有沒有任何實際用途？

儘管有這些複雜因素，答案仍是：當然有。

15 | 傷心基因
運動場上的猝死、損傷與疼痛

The Heartbreak Gene:
Death, Injury, and Pain on the Field

2000年2月12日那天，我不在艾凡斯頓鎮高中的室內田徑場。我已 242
經畢業，加入大學田徑隊了。但我弟弟是高中田徑隊新生，我父親也在場，
在看台上錄影，我的朋友、以前的練跑搭檔凱文・理查茲（Kevin Richards）
倒地時，他和看台上的觀眾都站了起來，想看個究竟。

賽跑選手在耗體力的比賽後，因筋疲力竭而不支倒地，這種事時有所
見。但在凱文身上從未發生過。他的隊友都知道，他會默默處理疼痛，也
總是會站起來。他欣然接受比賽帶來的疼痛，對於虛脫倒下嗤之以鼻。他
曾說：「我喜歡承受痠痛，那感覺就像你有在做事。」

熟悉田徑運動的觀眾看到賽跑選手倒地，通常只會有些好奇。但凱文
是州冠軍，不該躺在塵土飛揚的綠色橡膠跑道上，渾身不停顫抖。

那天早上凱文睡過頭，他的母親葛雯朵琳（Gwendolyn）就感覺他不太
對勁。他從來沒有在比賽當天睡過頭。她覺得凱文生病了，所以要他別去
比賽了。不過，施塔格高中（Amos Alonzo Stagg High School）的丹・葛拉茲
（Dan Glaz）來挑戰一英里賽。葛拉茲是伊利諾州的賽跑好手，後來奪得州 243
冠軍，拿到俄亥俄州立大學的獎學金。

那時凱文三年級，也收到一些招募資料。除了是伊利諾州的八百公尺

頂尖好手，出身牙買加移民家庭的凱文也是優等生，將是家裡第一個讀大學的。他曾告訴我（經常是在一起練跑，我快要喘不過氣時），他想成為電玩遊戲設計師，他的第一志願是印第安那大學。這一天，凱文要與葛拉茲這個日後十大勁敵之一對陣，他可不想錯過擊敗他的機會。

在養老院上班的葛雯朵琳，一直不願指望凱文的跑步速度，所以她去參加助學金講座，想弄清楚要怎麼付大學學費，到最後凱文阻止她說：「你不用替我出半毛錢。」說完就轉身離開了。

凱文不支倒地之前，正緊緊追著葛拉茲做最後衝刺。跑道上還有其他選手，不過已經變成凱文和葛拉茲之間的對決。兩人已經領先眾人。在還剩兩圈的時候，葛拉茲拉開了距離，但最後一圈的低沉鈴聲響起時，凱文撲倒在地。他在最後一個彎道快速追上，使勁全力，跨出的每一大步都想切到葛拉茲前面。他沒有機會了，就差那麼一點，葛拉茲的肩膀率先過線，凱文名列第二。

凱文衝過終點線後走了幾步，腳步疲累無力。教練大衛・菲利普斯（David Phillips）走過去伸手要扶他時，凱文就不支倒地，開始打顫。

總教練布魯斯・羅曼（Bruce Romain）在職業生涯中看過近一百次癲癇發作，他跪在凱文身旁，檢查他的脈搏。還在快速跳動。他握住凱文的手，凱文沒有回握，只是繼續抖動喘氣，強迫空氣從嘴裡吐出來，就像被沖上岸的魚一般。每費力吐出一口氣，就有唾液白沫從下唇冒出來。

觀眾中的一名消防隊員打電話叫了醫護人員。凱文倒地後幾分鐘內，急救員就趕到體育館，協助羅曼替他做口對口人工呼吸。凱文猛吸一口氣，然後呼出一口虛弱的長氣。他呼吸停止了。

羅曼從凱文的身上移開目光，望向一名救護人員，兩個專業急救員四目相對。「糟糕，」羅曼衝口而出，因為凱文沒有脈搏了。一名救護人員急忙跑回車上拿去顫電擊板，羅曼和另外一個救護人員繼續全力替凱文做

244

心肺復甦術（CPR），一人充當凱文的肺部，對著他的嘴巴吹氣，另一人當他的心臟，按壓他的胸腔，強迫充氧血流過他的全身。但心肺復甦術只能爭取到一點時間，無法讓凱文恢復心跳。就像需要跨接起動的車子，現在只有機器能夠救他。

就在凱文跑最後一圈時，他體內提示心臟跳動的電訊號開始嚴重失靈。凱文的心臟並未有節律地縮放，反而像置於搖晃盤子上的果凍般發顫。左心室負責把來自肺部的充氧血強力擠出，送到全身，而此時凱文的左心室功能已經失常，導致血液循環阻塞。血液堵在他的肺部微血管中（這些血管非常窄，紅血球必須排成一路縱隊，依次通過），此時他血流內的水分穿過微血管壁，滲入肺部的小氣囊（即肺泡）中。水占據了本來應該充滿氧氣的空間，導致凱文開始陷溺在自己體內的水中。

救護人員拿來了去顫電擊板，要電擊凱文的心臟，好讓他的心律恢復正常。他們想透過電擊讓他起死回生，希望越快救活越好。此前凱文有很多時間接受計時，而跑道上接下來的這幾分鐘，是他生命中最關鍵的。再過一段相當於凱文跑完一英里的時間，他的腦細胞就會開始一批又一批地，在頭部缺氧的有毒環境中死亡。

凱文的一個隊友在終點線附近來回踱步，喃喃自語：「絕對不可能。他這麼強壯。」羅曼往後退，一臉震驚。他請一個助理教練打電話到葛雯朵琳上班的地方。她趕到的時候，她的兒子正被送上救護車。她硬擠進前座，一名醫護人員拉上簾子，不讓她看到兒子在後座進行搶救的情形。

他們抵達艾凡斯頓醫院後，葛雯朵琳坐在候診室，經歷她生命中最漫長的幾分鐘。然後牧師來跟她碰面。她大喊著：「我知道他死了！就直接告訴我他死了！」說完她就昏倒了。

凱文死了。他在跑道上就已經死了。

• • •

245

在三十億個鹼基對（即構成互相盤繞的DNA螺旋梯橫檔的化學化合物）的某個地方，凱文的遺傳密碼出了一個拼字錯誤。這就像多到可填滿十三套《大英百科全書》的一長串字母中，打錯了一個字母。

凱文的基因突變，原本有可能出現在數十億個位置的任何一處。當初若是在其中一個地方，就會導致他罹患肌肉萎縮症；如果在另一處，就會使他變成色盲；倘若出現在其他許許多多地方，則根本沒有多大影響，就像我們每個人每天攜帶著的大部分突變一樣。不過，凱文的突變在DNA螺旋梯橫檔上的發生位置，剛好負責草擬損壞心臟的生物藍圖。

凱文患有肥厚性心肌症（hypertrophic cardiomyopathy，簡稱HCM），這是一種遺傳性疾病，會引發左心室壁增厚，因而在心跳之間無法完全放鬆，就會阻礙血液流進心臟。大約每五百個美國人，會有一人患有肥厚性心肌症，但許多人永遠不會有嚴重的症狀。明尼亞波利斯心臟研究基金會（Minneapolis Heart Institute Foundation）肥厚性心肌症中心主任貝瑞・馬隆（Barry Maron）說，肥厚性心肌症是年輕人最常見的自然猝死原因，而且很容易導致年輕運動員猝死。

根據馬隆收集的統計數據，美國每兩週至少有一個患有肥厚性心肌症的高中運動員、大學運動員或職業選手猝死。其中一些人將會成名，就像NBA亞特蘭大老鷹隊中鋒傑森・科利爾（Jason Collier），或是NFL舊金山49人隊進攻線鋒湯馬士・赫朗（Thomas Herrion），或喀麥隆足球職業選手馬克－維維安・佛伊（Marc-Vivien Foé）。不過大多數人會像凱文・理查茲一樣——是青少年，生涯才正要開始。

在那些人的心臟，左心室的肌肉細胞並未照應該有的樣子，像磚牆般堆放整齊，而是歪斜的，就好像磚塊被丟成一堆。提示心臟收縮的電訊號經過這些細胞時，就很容易不穩定地來回反彈。劇烈的體育活動可能會觸發這種短路，比賽期間尤其危險，因為此時運動員繃緊身體，對初期的危

246

險徵兆不會有反應。

　　針對美國最緊迫的健康問題，即糖尿病、高血壓、冠狀動脈疾病，運動是神奇的良藥。但罹患肥厚性心肌症的人有可能因為運動，而增加猝死的風險。

　　舉例來說，艾琳・寇古特（Eileen Kogut）老早就知道，她的家族中有某種極危險的遺傳性疾病。1978年艾琳二十一歲時，她十五歲的弟弟喬伊（Joe），就在和他們兩人的哥哥馬克（Mark）繞著餐桌嬉鬧時猝死，驗屍報告所列的死因為「特發肥厚性主動脈瓣下狹窄」──基本上就是心臟由於不明原因增大。艾琳說：「喬伊是我們七個兄弟姊妹中的老么，他的死亡給我們一家人極大的打擊。」小弟在自己面前猝死的記憶，長留馬克的心底，於是他開始每天運動，深怕自己的心臟像喬伊一樣有缺陷。結果在1998年，馬克在賓州藍斯當（Lansdowne）YMCA的跑步機上跑步時突然倒下，撒手人寰，死因又是心臟因不明原因而增大。馬克死時是三十七歲，留下妻子和三個年幼的兒子。

　　肥厚性心肌症會以「體染色體顯性遺傳」的方式傳給後代，意思就是，帶有肇事基因的父母一方，把基因傳給孩子的機率是一半一半──就像丟一枚銅板的結果。

247

　　艾琳最後終於了解，帶走她的哥哥和弟弟的是肥厚性心肌症，於是在2008年決定研究自己的DNA。

● ● ●

　　隔著查爾斯河（Charles River），有另一棟由紅磚和鋼筋建造的建築與波士頓芬威球場（Fenway Park）遙遙相望。但在這棟建築的外部，沒有慶祝世界大賽奪冠的旗幟，而是一件呈現DNA雙螺旋的裝置藝術，有兩條彼此纏繞的金屬飾帶，從其中三層樓的牆面上蜿蜒而下。

　　建築的外部，是哈佛醫療聯盟個人化遺傳醫學中心（Harvard-affiliated

Partners HealthCare Center for Personalized Genetic Medicine），旗下的分子醫學實驗室由遺傳學家海蒂・雷姆（Heidi Rehm）主持。雷姆和她的實驗室研究員，每星期都會發現新的肥厚性心肌症突變。1990年代初期，一般認為肥厚性心肌症是單基因（即MYH7基因）上七種突變的其中一種造成的，MYH7基因是位於心肌的一種蛋白質的編碼基因。在我於2012年造訪雷姆的實驗室之前，資料庫裡已經有18個不同的基因，1,452個不同的突變（而且還在持續增加），當中任何一個都有可能引發肥厚性心肌症。大部分的突變，發生在位於心肌的蛋白質的編碼基因上，而有大約七成的肥厚性心肌症患者，某兩個基因的其中一個發生了突變。（但讓事情十分複雜的是，有三分之二的肥厚性心肌症突變是「私有突變」，也就是說，每一種突變都只在一個家族中發現。）肥厚性心肌症最常見的原因，是一種稱為「誤義突變」（missense mutation）的DNA拼字錯誤。當DNA密碼中有單一字母進行了交換，且字母交換的位置又重要到會改變構成蛋白質產物的胺基酸，這時就會發生誤義突變。

　　肥厚性心肌症突變，有可能隨機發生在沒有家族病史的人身上，但大部分的肥厚性心肌症基因變體，是從父母傳給子女的。不過，有些變體沒有在家族中代代傳承下去。其中一個特別危險的肥厚性心肌症基因變體，只會以自發性突變的形式，出現在一個家族成員身上。雷姆說：「那是因為它繁殖的時候會致命，還沒有人活到能夠生育、把它傳給下一代的年齡。」

　　有些突變可能非常溫和，甚至一輩子都不會察覺，譬如「Trp-792移碼」突變，聽起來很像職業美足戰術手冊裡的戰術，但其實是特別容易在門諾會教徒身上找到的突變。

　　然而在大多數情況下，很難判斷某個突變會不會使肥厚性心肌症患者有猝死的隱憂。凱文是在死後檢查心臟時，才診斷出患有這種疾病的，

248

其解剖報告顯示,他的心臟重達554公克,非常重,普通成年男性大約僅300公克。凱文除了曾得知有心雜音,並沒有明顯的肥厚性心肌症病徵。但我也是,一群群曾經讓醫生用聽診器檢查的運動員也是。心臟就像任何一種肌肉,會因運動而變得更強壯,運動員經常有不會造成危害的心雜音,在他們體能狀況不佳時,心雜音就會消失。[1]

　　鑑於家族病史,艾琳‧寇古特從孩子很小時,就讓他們定期接受心臟檢查。她的兒子吉米(Jimmy)在打籃球和舉重,偶爾會說自己呼吸急促。有人告訴他,他得了氣喘,這是肥厚性心肌症患者常遇到、卻也很危險的誤診,因為氣喘吸入器可能導致此症病患心律不整,因而送命。2007年,就讀匹茲堡大學的吉米準備升上三年級時,去做了基因檢測,結果得知自己有最常見的肥厚性心肌症突變之一,發生在協助調節心臟收縮的基因上。就像他的淡褐色眼睛和雀斑,這個突變遺傳自艾琳。確定有家族性的突變之後,艾琳決定讓她的其他孩子——當時十八歲的凱爾(Kyle)、十六歲的康諾(Connor),以及十二歲的凱瑟琳(Kathleen)——接受檢查,儘管他們都沒有出現症狀。她在2008年3月帶孩子們去做基因篩檢,祈禱沒有別的孩子遺傳到她的突變。

　　但不是好消息,康諾和凱瑟琳的檢測結果都呈陽性。艾琳說:「我很絕望,我不知道自己在期待什麼。我期待聽到好消息。那種事不容易接受……我在實驗室暴怒,我沒有好好應對。我只想著:『為什麼我要這麼做?他們年紀還小,我在想什麼?這會毀了他們的童年。』」

　　研究肥厚性心肌症的心臟病學家建議,患有這種疾病的人要避免極度

1　美國高中運動圈有個令人擔憂的趨勢是,越來越多的州允許沒受過多少、或完全沒受過心血管疾病訓練的醫療人員,替運動員做參賽前的篩檢——也就沒有機會提早發現有危害的心雜音。1997年,有十一個州允許手療師、中醫師甚至其他非醫師做檢查,到2005年,增加為十八個州,其中加州、夏威夷、佛蒙特這三州,還允許高中自行決定誰可以執行檢查。

嚴酷的活動，因為腎上腺素升高可能會引發致命的心律不整。吉米經過診斷後去動了手術，在胸腔植入去顫器。這個像火柴盒差不多大的小裝置，有電線連接到心臟，在一旁站崗看守，等心律出現異常。去顫器一偵測到異狀，就會自動放出電擊，讓心臟恢復正常模式。吉米重回大學生活，一切如常，只是少了籃球，而舉重不能高過頭頂，否則他的左半邊會承受過大壓力，可能導致去顫器的電線受損。

最後艾琳終於走出沮喪，很高興自己讓孩子做檢測，儘管這意味著他們得改變某些生活方式。正如她從最殘酷的經歷學到的，比失去一個手足更悲傷的，就是再失去一個，而比這更悲慘的命運，則莫過於失去哥哥、弟弟和一個孩子。雷姆說：「我完全迷上了這個遺傳學領域，因為它真的能讓你改變病患的人生——能夠找出他們的肥厚性心肌症的病因，並針對其他家族成員做預測。做出的結果有時候不好、有時候很好，但至少可以了解它、預測它。」

由於肥厚性心肌症最明顯的徵兆是心臟增大，而這在運動員身上很正常，因此徹底查明肥厚性心肌症，對運動員來說特別重要。要判斷心臟增大究竟是接受訓練所致，還是肥厚性心肌症的徵兆，通常需要真正的肥厚性心肌症專家——全世界這樣的專家極少。貝瑞·馬隆的兒子馬丁·馬隆（Martin Maron）是波士頓塔夫茲醫學中心（Tufts Medical Center）的心臟科醫師，也是運動員猝死方面的專家，他表示，具體的增大情形，要看運動員從事什麼運動而定。舉例來說，自行車選手和划船選手的訓練，會讓他們的腔室和心壁增大；而舉重選手的心壁會增厚，但腔室不會。每種運動有各自的識別模式。

在正常的心臟中，分隔腔室的心壁通常不到1.2公分，左心室的直徑一般小於5.5公分。心壁或腔室有任一個異常增大的話，就是罹病的徵兆。但如果只是增大一點，例如心壁介於1.3到1.5公分，腔室在5.5到7公分，

馬隆說,這「在運動員來說就是個灰色地帶」。意思就是,增大可能是訓練引起的,也可能是疾病造成的,而一些處於灰色地帶的運動員,是基於心臟為了適應訓練而增大的假設下,取得從事運動的許可,沒想到後來卻在運動場上猝死。如果換個做法,讓運動員做基因檢測,結果發現帶有已知的肥厚性心肌症突變,就不會再有灰色地帶了。

　　這是目前個人化基因檢測對運動員產生影響的層面──雖然他們未必渴望充分利用這個檢查。

　　2005年,中鋒艾迪·柯瑞(Eddy Curry)在得分領先芝加哥公牛隊全隊之際,卻因為心律不整禁止出賽。在接受醫療評估的同時,柯瑞錯過了該賽季的最後幾場比賽和整個季後賽。

　　後來公牛隊聽從貝瑞·馬隆的建議,在開給柯瑞的500萬美元合約中,附加了一項基因檢測條款──他們希望避免發生柯瑞在電視攝影機前倒下的情況,就像1990年的一場NCAA大學籃球賽中,該屆得分王暨籃板王漢克·蓋瑟斯(Hank Gathers)不幸死亡那樣。如果檢測結果顯示,柯瑞帶有已知的肥厚性心肌症基因變體,公牛隊就不會讓柯瑞出賽,但在接下來五十年,每年會支付他40萬美元。柯瑞拒絕做檢測,於是公牛隊隨後便把他交易到尼克隊。柯瑞的律師艾倫·米爾斯坦(Alan Milstein)對美聯社說:「就DNA檢測而論,我們只是首開先例。但很快我們就會知道,誰是不是容易罹癌、酗酒、肥胖、禿頭,還有天曉得什麼毛病……把那些資訊交給雇主,想想看那可能會有什麼後果。」

　　如今情況不同了。基因資訊隱私權的問題經過十三年的爭論,美國國會通過了「2008年基因資訊反歧視法」(Genetic Information Nondiscrimination Act of 2008,簡稱GINA),該法案在2009年年底生效,禁止雇主索取基因資訊,也禁止雇主與醫療保險公司根據基因資訊,給予差別待遇。(然而這項法案並未禁止壽險、傷殘保險、長照險業者給予差別待遇。)

251

　　許多運動員即使知道自己帶有極危險的突變，仍選擇繼續上場比賽。YouTube 上有一段影片，記錄了 2009 年永存不朽的一刻。影片中，當時二十歲的比利時魯瑟拉勒足球隊（SV Roeselare）後衛安東尼·范羅（Anthony Van Loo），像線切斷了的木偶般在球場上倒下。范羅心跳停止了。幾秒鐘後，他猛然一動，然後坐起來，彷彿什麼事也沒發生過。植入范羅胸腔的去顫器已放出電擊，把他從鬼門關救了回來。他很幸運，因為植入式去顫器並不是設計來承受劇烈運動的損耗。

　　是否要讓患有肥厚性心肌症的運動員從事體育運動，對醫生來說是個兩難，他們經常被迫猜測，自己某個肥厚性心肌症患者究竟是處於猝死風險，還是會活到九十歲且沒有嚴重的症狀。

　　現在已經知道，肥厚性心肌症的某些突變，要比其他突變更具威脅性，但醫學是一門不精確的科學。哈特福醫院（Hartford Hospital）心臟科醫師保羅·湯普森（Paul D. Thompson）說：「我看到一些孩子，無猝死家族史，也沒有症狀或很肥厚的心臟，所以我不認為他們當中很多人有很高的風險。我通常會跟他們說：『我認為你沒有很高的風險，但我需要晚上安心入眠，不能拿你的生命去冒險，所以我要禁止你比賽。』面對某個滿臉青春痘，因為是出色後衛球員而錄取某所高中的十七歲孩子，要告訴他一切都沒了，真是個重擔。」湯普森參加過 1972 年美國奧運馬拉松選拔賽。

　　不過，這總是好過那個後衛球員送了命。我回家參加好友凱文的葬禮時，去了他出事的室內田徑場。劃分其中一個跑道的一條白線上寫滿了留言：「luv ya 4 life（愛你一輩子）」、「希望來生再相見」、「到時候你要讓大家知道，為什麼你就這樣死了」。一年後我舊地重遊，那些留言還在，伴著凱文的汗水和夢想留在地板上，只不過已經隱沒在一層新塗的漆底下了。

● ● ●

　　凱文一直不知道他的胸腔裡埋著定時炸彈。但如果他知道呢？他的

252

朋友在葬禮上不斷強調，他是在做自己所愛的事時死去。凱文確實喜歡賽跑，但他也喜愛其他事物，譬如電腦。為了拿到獎學金，他必須賽跑，但我毫不懷疑他應該會放掉跑步，把好勝的精力轉移到其他事物。把他死於跑步講得很富詩意，不怎麼能安慰我。

雖然是否要為了預防運動員出事而限制他們出賽，這問題在情感上與法律上都充滿拉扯，但心臟病學家仍然同意，只要運動員明顯有猝死於運動場的風險，就該建議他們不要上場比賽。（然而有些運動員無視建議，還是繼續比賽。）但如果這個運動員只是有損傷的風險呢？體育運動本來就帶有風險，就像駕駛戰機，久而久之總會受傷。不過，如果科學家可以判斷某些運動員受傷的風險比其他人更高呢？

目前研究人員正在探究各項運動中，與一些最受關注的醫療風險有關的基因，因而開始可以判斷受傷的風險。

253

● ● ●

在紐約曼哈頓，秋高氣爽的十一月天午後，朗・杜給（Ron Duguay）剛做完好幾個小時的認知檢測，此刻坐在俯瞰公園大道南段（Park Avenue South）的椅子上，等候艾瑞克・布瑞弗曼醫師（Dr. Eric Braverman）宣布消息。從1977年開始，杜給在北美職業冰球聯盟NHL打了十二個賽季，主要是在紐約遊騎兵隊擔任中鋒。杜給是優秀的球員，曾入選1982年全明星賽，不過更出名的身分是冰球界的搖滾明星。

杜給不戴頭盔，深褐色鬈髮在他滑冰時向後飛揚，讓他成為1980年代的性感象徵。即使在今天，年紀五十多歲，娶了昔日超級名模金・亞歷克西斯（Kim Alexis）為妻，杜給的頭髮仍然濃密鬈曲，而且他親切又健談。但在布瑞弗曼的診療所，他很緊張。他一邊提到朋友常說他應該把自己的冰球歲月寫成書，一邊撫弄著戴在小指上的閃亮遊騎兵隊戒指。他說：「我得打電話給隊友。有很多事我想不起來。」那就是杜給在這裡的原因。他

認為自己在職業生涯中，經歷了幾次未確診過的腦震盪，他知道他的頭部多次遭球棍和手肘擊中，偶爾也被球餅打中。

布瑞弗曼來了，淡淡地告訴杜給他的三項檢查都沒通過，那些檢查就是在測他的記憶和大腦處理速度。布瑞弗曼說：「跟他的老樣子比起來，他現在糟透了。」

檢查過程中，布瑞弗曼也安排了一項基因檢測，看看杜給帶有哪種版本的脂蛋白酶元E（apolipoprotein E）基因，簡稱ApoE基因。杜給的祖母死於阿茲海默症，還有一個家人一直有記憶方面的毛病。針對阿茲海默症患者的研究都指出，某版本的ApoE基因，會大幅增加罹患此病的風險。

這個基因有三種常見的變體：ApoE2、ApoE3及ApoE4。每個人身上都有兩個ApoE基因副本，一個來自母親，一個來自父親，只要其中有一個副本是ApoE4，罹患阿茲海默症的風險就會升高到三倍，帶有兩個副本則會變成八倍。約有半數的阿茲海默症患者，帶有一個ApoE4基因（在普通人群中的比例則是四分之一），而攜帶此變體的患者往往在年輕時就得病了。

ApoE基因的重要性不僅波及阿茲海默症，還延伸到任一類型腦部創傷的可復原程度。舉例來說，攜帶了ApoE4基因變體的人若在車禍中撞擊到頭部，會昏迷得比較久，腦部出血及挫傷較多，創傷後較常癲癇發作，復健成功率較低，造成永久性損傷或死亡的可能性較高。

ApoE基因對腦部復原的影響，目前尚未完全了解清楚，但這個基因牽涉到頭部創傷後的大腦發炎反應，帶有ApoE4變體的人需要比較久的時間，才能清除腦部的類澱粉蛋白（amyloid），這種蛋白質會在大腦受損時不斷沉積。有幾項研究已經發現，攜帶了一個ApoE4變體的運動員，他們頭部受到撞擊後，要花比較久的時間康復，且日後失智的風險也比較高。

1997年有一項研究發現，帶有一個ApoE4副本的拳擊手，在大腦功

254

能障礙檢查取得的分數，比未帶有ApoE4副本、生涯長短相近的拳擊手來得差。在該研究中，三個拳擊手有嚴重的腦功能障礙，而且三人都帶有一個ApoE4基因變體。2000年，有一項針對五十三個現役職業美式足球球員進行的研究，得出的結論是，導致某些球員的腦功能檢查分數比其他球員低的因素有三個：一、年齡；二、頭部經常受到撞擊；三、攜帶了一個ApoE4變體。

在2002年，年屆四十的前休士頓油人隊及邁阿密海豚隊的後衛球員約翰‧格令斯里（John Grimsley），開始出現失智症的徵兆。他的家人注意到他會重述同一個問題，如果沒列清單就記不住要採買什麼食品雜貨，而且會要求租已經看過的電影。

格令斯里雖是經驗豐富的狩獵嚮導，卻在2008年清槍時誤射中自己而身亡。他的妻子薇吉妮雅（Virginia）長久以來一直很想知道，她的丈夫患有的腦震盪，是否與他的精神狀態退化有關，所以便捐出他的腦給波士頓大學的創傷性腦病變研究中心（Center for the Study of Traumatic Encephalopathy）。

這是波士頓大學研究人員檢查的第一個前NFL球員的腦，而隨著大家日漸體認到運動中發生腦創傷的危險性，日後他們還會檢查很多個。該研究中心的研究員在格令斯里的腦中，找到大量的蛋白質堆積，這是慢性創傷性腦病變（chronic traumatic encephalopathy，CTE）的特徵。這種疾病現在已經在眾多大學及職業美式足球員的腦部找到。波士頓大學的科學家還發現，格令斯里帶有兩個ApoE4基因變體副本——像這樣的人只占總人口的2%。

2009年，波士頓大學的研究人員提出數十個拳擊手與美式足球員腦傷案例的報告，成了全國媒體的頭條新聞（也令職業美式足球聯盟頭痛）。不過媒體報導中完全沒提到，基因資料包含在報告中的九位腦部受損的

255

拳擊手與美式足球員當中，有五人帶有一個ApoE4變體，也就是占了56%，是普通人之中的比例的兩到三倍。洛杉磯的布蘭登·柯比（Brandon Colby）是替前NFL球員做治療的醫生，他在談到那些病患時表示：「因頭部創傷引起明顯問題的人，每一位都帶有一個ApoE4副本。」柯比現在向考慮讓孩子玩美式足球的風險的父母，提供ApoE檢測服務。

神經學家貝瑞·喬丹（Barry Jordan）是2000年那項針對五十三個美足球員所做研究的共同作者，曾擔任紐約州體育委員會（New York State Athletic Commission）首席醫療官，他就曾考慮強制為紐約所有拳擊手做ApoE4變體基因篩檢。喬丹表示：「我認為我們無法阻止選手出賽，但這麼做也許就有助於密切監測他們的狀況。（帶有一個ApoE4基因變體）似乎不會增加腦震盪的風險，我也懷疑有這個可能性，不過它有可能影響腦震盪後的復原狀況。」

最後，喬丹還是決定不要強制做基因檢測，主因是他擔心資訊可能會如何為人所用，他說：「即使（基因資訊反歧視法）通過了，一切還很難講。資訊仍然會外流。我認為可以教育運動員，向他們推廣基因檢測，但我不確定大家會有多少興趣。有些人根本不想知道。」或者就如科羅拉多州拳擊委員會（Colorado State Boxing Commission）的神經學家詹姆斯·凱利（James P. Kelly）所言：「講到ApoE4，有些人會說知識並不是力量。」

這是令人焦慮不安的領域，不過聽我解釋過ApoE4檢測的大多數現役或退役職業運動員，似乎都很想做一次，只要資訊不會流向球隊、保險公司及未來的雇主。[2] 朗·杜給在布瑞弗曼醫師替他做完檢測幾週後，得知自己確實帶有一個ApoE4變體。杜給說，如果早知道可能有這種額外的認知障礙風險因子，他在球場上「就會慎重考慮戴上頭盔」。

2　我的採訪對象中有不少例外，例如前NFL四分衛西恩·薩茲貝里（Sean Salisbury）就說：「我不想知道自己在八十二歲時會得什麼病。」

256

　　我還問過很多運動員是否對ApoE檢測感興趣，其中一位是職業拳擊手葛倫·強森（Glen Johnson），職業生涯裡共打了七十一場比賽，包括2004年擊敗小羅伊·瓊斯（Roy Jones Jr.）和安東尼歐·塔佛（Antonio Tarver）的勝場。強森知道大腦損傷的主因是頭部受到撞擊，不僅僅是某個基因，但他表示：「我絕對不會隱瞞額外的資訊。」

　　前新英格蘭愛國者隊後衛泰德·強森（Ted Johnson）因承受了一連串的腦震盪而退役，後來又經歷安非他命成癮、憂鬱症、記憶力出問題、慢性頭痛，他說：「我大概會是第一個報名參加檢測的。我甚至不會猶豫。我知道帶有這個基因不能保證什麼，但如果你的風險真的有可能比普通人高，我不用考慮就會去做了。在我打球的時候我們並沒有資訊……如果你是現役球員，擁有這種資訊滿棒的。」紐約市西奈山醫院（Mount Sinai Hospital）的一位阿茲海默症研究人員已經提到，單一ApoE4副本攜帶者的失智風險，與在NFL打球的運動員差不多，兩種條件兼備的人更危險。

　　不過，由於無法量化額外的風險究竟有多高，我訪談過的醫師幾乎一致認為，不應該讓運動員做ApoE檢測。波士頓大學神經學家羅勃·格林（Robert C. Green）說：「這個領域很具爭議性。」格林曾參與REVEAL研究，該研究在探討自願做ApoE篩檢的人在聽到壞消息時，有何反應。「幾十年來遺傳學界一直建議，除非有什麼已獲得證實的行動可以做，否則沒有理由提供基因風險資訊。」但REVEAL研究發現，得知自己帶有一個ApoE4變體的人，並沒有感受到過度的恐懼。相反的，獲悉壞消息的研究受試者，往往會去加強醫師覺得也許有幫助的健康生活習慣，比方說運動，雖然沒有已獲證實的療法可延緩阿茲海默症發病。

　　儘管如此，不難理解這些醫師為何會猶豫。前紐約州體育委員會醫療官喬丹說：「如果我們帶有一個已知會提高膝蓋受傷風險的基因，而且那個消息又讓不該知道的人知道，可能就會有人決定不要簽下某個球員。這

257

會是個潛在問題。」（當然，球隊已經利用體檢和醫療紀錄，竭盡全力推測出同樣的資訊了。）

　　事實上，似乎會改變膝蓋受傷風險的基因的確找到了。南非開普敦大學（University of Cape Town）的生物學家，在鑑定出容易造成運動者肌腱和韌帶受傷的基因方面，一直是領先的。這些研究人員特別著重構成膠原蛋白纖維絲的蛋白質的編碼基因，如COL1A1和COL5A1。膠原蛋白有時稱為「身體的黏膠」，它們會讓結締組織維持應有的狀態。膠原蛋白纖維絲則是肌腱、韌帶、皮膚的基本構成要素。

　　帶有某種COL1A1基因突變的人會罹患脆骨症（正式病名為「成骨不全症」），很容易骨折。COL5A1基因產生的某種突變，會引發艾登二氏症候群（Ehlers-Danlos syndrome，又稱先天性結締組織異常症候群，俗稱鬆皮症），患者會有超柔軟度。開普敦大學的生物學家、膠原蛋白基因研究的主持人麥爾坎·柯林斯（Malcolm Collins）說：「在昔日馬戲團的年代，那些常把自己彎折起來塞進箱子的人，我敢說他們多半是艾登二氏症候群患者。他們的膠原蛋白纖維絲很反常，所以能把身體扭成你我辦不到的姿勢。」

　　艾登二氏症候群很罕見，但柯林斯和同事已經證實，更加常見的膠原蛋白基因變異，會同時影響柔軟度和結締組織受傷（如跟腱斷裂）的風險。[3]Gknowmix公司利用這項研究，提供醫師可替病患安排的膠原蛋白基因檢測。

3　在COL5A1基因方面的研究也發現，帶有特定變體的人柔軟度較差，這對跑步也許是一種好處。兩者間的關聯可能在於阿基里斯腱（跟腱）的剛性（stiffness），剛性可讓跟腱儲存更多彈性位能（先前提過瑞典跳高金牌選手霍姆的跟腱就很堅硬），提升跑步經濟性。在一項新穎的研究中，帶有該基因「剛硬」版本的運動員，在某次鐵人賽的跑步賽程中速度較快，但在游泳或自行車賽程中沒有比較快；也就是說，他們只有在充分使用到跟腱的賽程中，才有較佳表現。不過，這種剛硬的基因變體也與跟腱受傷風險升高有關。

　　柯林斯說：「我們只能夠告訴具有特定基因剖析的運動員，根據現有的知識，你受傷的風險偏高。這和說抽菸會增加罹患肺癌機會沒什麼兩樣，差別在於你可以戒菸，但不能改變DNA。不過還有其他因素是可以改變的。不管你在做什麼訓練，都可以修正一下，讓風險降低，你也可以做些『傷害預防』訓練，加強有風險的區塊。」

　　有一群NFL球員已經做了「受傷基因」檢測，看看自己有沒有那些容易造成跟腱受傷、或是膝蓋前十字韌帶撕裂傷的基因。舉個例子，杜克大學的美式足球隊就曾徵求校方批准，把球員的DNA交給校內的一名研究人員，去找出容易導致跟腱和韌帶受傷的基因。

　　因此，現在已經發現某一些基因與運動場上的猝死、大腦損傷及運動傷害有關。現在研究人員也已經開始鑑定引起疼痛的基因，這是運動中另一個令人討厭又無法避免的層面。看起來，基因影響了我們對疼痛的知覺。

● ● ●

　　在長達十三個NFL賽季、持球3,479次、斷過多根肋骨、幾次肩鎖關節脫位、兩三次腦震盪、一次鼠蹊部肌肉撕裂傷、一次胸骨挫傷，以及很多次膝蓋和腳踝手術的職業生涯日漸淡去的年頭，體重115公斤的跑鋒傑若米・貝提斯（Jerome Bettis）養成了週一早上的慣例。他會坐在自家樓梯的最上面，然後挪動屁股一階又一階下樓去吃早餐。

　　每到週日，匹茲堡鋼人隊（Pittsburgh Steelers）都在期待貝提斯帶著球殺出重圍。他說：「那是我的技能，我就是不能逃避他們。」在對上傑克森維爾美洲虎隊（Jacksonville Jaguars）的一場比賽中，有個防守球員的拇指穿過貝提斯的頭盔，弄斷了他的鼻子。隊醫用膠布把鼻子固定住，並塞了棉花。這有些幫助，只不過到了比賽最後，有一記迎面撞擊把棉花推進他的鼻道，順著喉嚨跑進胃裡。貝提斯說：「我好像是說：『等一下，各位，

那團棉花不見了。」那次是狀況最糟的。」

　　難怪貝提斯在週一早上沒辦法走下樓梯。有時疼痛劇烈到他覺得自己不得不缺席下一場比賽。不過，週日他一踏上球場，就絕不打退堂鼓。貝提斯說：「在你上場之後，就沒有什麼好猶豫的。你做好份內的工作，使出一切必要手段。」

　　貝提斯的韌性是出了名的，但他表示有不少運動員，甚至包括NFL球員，要努力應付身體的不適。貝提斯說：「我認為有些人的身體因為疼痛而好像關機了，導致他們的表現沒辦法保持在顛峰狀態。我不時會看到這種問題。」

　　疼痛耐受性和疼痛處理，對於大部分像跑步、跳躍這樣高強度的運動十分重要，因此蒙特婁馬吉爾大學（McGill University）疼痛遺傳學實驗室有個研究主題是：為何有些人比其他人更能忍受疼痛？該實驗室有個房間，從地板到天花板堆放了許多透明槽，裡面住著為了基因研究而刻意培育的小鼠，實驗人員要研究有什麼基因會影響小鼠（及人類）對疼痛的感受，以及要如何緩解疼痛。

　　其中一個透明槽中的小鼠缺少催產素受體。雖然這些小鼠用於疼痛研究，但牠們在社交辨識方面也有缺陷。把牠們和一起長大的小鼠放在一起，牠們不會認出對方。在另一個角落的透明槽裡，是毛色烏黑發亮、培育成易患有偏頭痛的小鼠，這些小鼠有很多時候都在抓自己的前額以及顫抖，而且牠們顯然有理由以頭痛這老毛病，當逃避交配的藉口。實驗室主持人傑弗瑞・莫吉爾（Jeffrey Mogil）談到這項希望幫助開發出偏頭痛療法的研究時說：「這個實驗已經花好幾年了，因為這些小鼠的繁殖情形實在非常糟糕。」

　　另一個架子上的透明槽裡，是帶有第一型黑素皮質素受體（melanocortin 1 receptor，簡稱MC1R）基因無功能版本的小鼠，用白話來說就是：這些小

260

鼠的毛色是紅的。大部分紅髮人的一頭紅髮，也是同樣的基因突變造成的。莫吉爾發現，帶有紅毛髮突變的人和小鼠，比較能忍受某些類型的疼痛，需要較少的嗎啡來緩解疼痛。

研究人員很早就鑑定出來，MC1R基因會影響人的疼痛感受。有另一個基因，則是一些科學家追蹤某個具奇特才華、年僅十歲的巴基斯坦街頭藝人時所發現的。

拉合爾（Lahore）一些醫護人員熟識這個男孩，因為他在手臂上插著刀子和赤腳踩上燒熱的煤炭之後，就會來求診，把傷口縫合起來。但他們從未替他治療疼痛。這個男孩不會感到疼痛。

英國遺傳學家前往巴基斯坦研究這個男孩時，他已經死了，年僅十四歲，是在為了讓朋友對他刮目相看而跳下屋頂後喪生的。不過，這些科學家在男孩的六個親戚身上，發現了同樣的狀況。這些科學家寫道：「他們沒有一個人知道疼痛是什麼感覺，儘管年紀較長的人有意識到哪些動作會引發疼痛（包括在橄欖球場上被擒抱摔倒時，要假裝很疼痛）。」

「年紀較長的人」才不過十、十二、十四歲。先天性痛覺不敏感症的患者往往活不了很久，他們在坐著、睡覺或站立時，不會像我們那樣會出於本能地移動自身重心，這導致他們關節感染，因而喪命。

這幾個感受不到疼痛的巴基斯坦親戚，身上的SCN9A基因都發生了一種非常罕見的突變，它會阻止按理要從神經傳遞到大腦的疼痛訊號。SCN9A基因上的另一種突變，則會導致攜帶者對疼痛過於敏感，很容易因為暖熱而感覺痛，所以就不穿鞋子。2010年，這些英國遺傳學家和美國、芬蘭、荷蘭的研究人員合作進行研究，他們的研究報告指出，更為常見的SCN9A基因變異，會影響成人對背痛等常見疼痛類型的敏感程度。看來，人與人之間的基因變異，保證我們誰也無法真正體驗他人身體之痛。

因參與疼痛調節而被研究得最多的基因，是COMT基因，它與大腦

261

內神經傳導物的代謝有關,多巴胺就是其中一種神經傳導物。COMT基因有「Val」和「Met」這兩種常見的版本,端看該基因的特定一段DNA序列所編碼的胺基酸是纈胺酸(valine)還是甲硫胺酸(methionine)。

在小鼠和人兩者的身上,Met版本清除多巴胺的效率較差,留在額葉皮質的多巴胺就比較多。認知檢驗和腦部造影研究已經發現,帶有兩個Met版本(記為Met/Met)的受試者,不論是動物還是人,認知與記憶操作往往表現得較好,需要的代謝較少,不過他們也比較容易焦慮,對疼痛比較敏感。(焦慮或「災難化」〔catastrophizing〕是預測疼痛敏感度的重要指標。)相反的,Val/Val攜帶者在需要快速心智靈活性的認知測驗中,似乎表現得稍微差些,但面對壓力與疼痛的回復力可能比較好。(他們服用利他能後改善的程度也比較大,利他能可提升額葉皮質內的多巴胺。)此外,COMT基因還跟正腎上腺素(又稱去甲基腎上腺素)的代謝有關,正腎上腺素會在面對壓力時釋放,具有保護效果。

美國國家衛生研究院國家「酒精濫用與酒精中毒研究所」的神經遺傳學實驗室(Laboratory of Neurogenetics)主任大衛・高德曼(David Goldman),新創了「勇士/憂士基因」(warrior/worrier gene)一詞,來形容這兩種COMT變體的明顯平衡。在進行過研究的各個地方,兩種版本都很常見。高德曼說,在美國有16%的人是Met/Met,48%是Met/Val,而有36%是Val/Val,這就讓他想到每個社會都需要勇士和憂士,因此兩種基因版本都普遍保留了下來。高德曼說:「我們從來沒有做過這種研究,不過我預測,如果我找來一大群NFL線鋒,他們應該比較可能有Val基因型,因為他們每天都彷彿置身戰壕中,承受疼痛,而且還不得不擁有這麼好的回復力和韌性。」[4]

說句公道話,針對COMT基因的研究經常是互相矛盾的,而且基因與疼痛敏感度的相關性,也是研究疼痛的專家學者激烈辯論的話題。不

262

過，參與情緒調節的基因也許能改變痛覺，這點倒是沒有爭議，畢竟嗎啡減輕不了多少疼痛，反倒減少了疼痛帶來的不快。高德曼說：「疼痛迴路與情緒迴路的共同處那麼多，跟許多神經傳遞物也有很多共同點。只要稍微改變情緒，就會大大改變疼痛反應。」

運動可以成為有力的調節劑。

• • •

哈弗福德學院（Haverford College）的心理學家溫蒂‧史登伯格（Wendy Sternberg）正在課堂上講壓力引起的痛覺缺失，也就是大腦在壓力很大的情況下阻斷痛覺的能力，這時有個學生告訴她說，這聽起來很像選手在比賽中發生的狀況。

2004年終極格鬥冠軍賽（Ultimate Fighting Championship）的一場重量級爭冠之戰，就是個極為痛苦的例子。巴西柔術黑帶選手法蘭克‧米爾（Frank Mir）使用「腕十字固」（armbar）這種關節技，鎖住了身高203公分、綽號「緬因狂人」的提姆‧席爾維亞（Tim "The Maine-iac" Sylvia）。米爾抓住席爾維亞伸出的右臂，肘關節抵住他的臀部，然後使力向後拉，看上去像是在用力拉起列車的煞車拉桿。

從電視上都可以聽見席爾維亞的手臂碎裂聲。裁判赫布‧狄恩（Herb Dean）衝上前把兩人拉開，大聲叫暫停。席爾維亞開始咒罵，要求繼續打。後來他坐上推床前往醫院，才開始感覺疼痛，意識到自己之前企圖繼續打

4　高德曼表示，額葉皮質內的多巴胺升高，對於必須「超敏捷」且心智靈活的棒球擊球員也許有幫助。安非他命可提高多巴胺濃度，數十年來一直是棒球圈內的主要興奮劑，俗稱「綠丸」（greenie）。美國職棒大聯盟在2006年把安非他命列為禁藥，結果在單一賽季去拿醫師開立的ADHD處方藥物的球員人數，突然間從28人跳升至103人；ADHD處方藥物是與安非他命類似的興奮劑。一名接受我採訪的醫師為大聯盟球員看診，就說他給八個職業球員開過處方藥阿德拉（Adderall），他們因為ADHD症狀來求診。這位醫師說：「診斷就像是一種面談，很容易裝裝樣子。」他表示，這八個球員在下一個賽季的打擊率都上升了。

是有欠考慮。他的手臂用了三個鈦合金骨板才復位固定。事後席爾維亞說：「（裁判）很可能挽救了我的職業生涯。」因為他在格鬥最激烈的時候，自己感覺不到疼痛。

史登伯格說：「大腦在急性壓力之下會抑制痛覺，讓你可以努力反擊或逃跑，而不必顧慮骨折。」在所有人類的基因裡，都演化出了一個在極端情況下阻斷痛覺的系統，就連日常的運動環境都會利用這個系統。

學生的發言促使史登伯格在1998年時，檢測了哈弗福德學院的田徑選手、擊劍選手和籃球隊員，檢驗他們在比賽前兩天、比賽當天、比賽兩天後對疼痛的敏感度。結果她發現，剛開始籃球隊員和賽跑選手對疼痛的敏感度，都不如他們的非運動選手同儕，但在比賽當天，所有選手對疼痛的敏感度都是最低的。史登伯格說：「我認為運動比賽能夠啟動「反擊或逃跑」這個反應機制（fight-or-flight mechanism）。只要投入了你所在乎的競賽，你就會啟動這個機制。」

● ● ●

透過比賽情況或運動員的情緒雖然可以減輕疼痛，但身體痛覺的基因藍圖是在腦內進行編碼的，不論身體是否完好無缺都是如此。（生來就沒有四肢或已經截肢的人，仍然經常感受到「幻肢」出現疼痛。）不過，一開始就必須練習疼痛。

1950年代，加拿大心理學家羅納德‧梅爾扎克（Ronald Melzack）還在馬吉爾大學攻讀博士，他的指導教授是心理學家唐納德‧赫布（Donald O. Hebb），那時赫布正在研究完全喪失生活經驗對智力有何影響。他拿蘇格蘭㹴犬做實驗。

這些狗都照料得很好，乾乾淨淨，食物充足，只是完全與外界隔絕。赫布感興趣的是，這會讓牠們走迷宮的能力產生什麼改變。（答案是：幾乎沒有。）但在狗兒走迷宮之前，梅爾扎克在繫留室觀察到一個現象，這

影響了他日後的研究，使他成為世上最具影響力的疼痛研究者。梅爾扎克說：「房間裡的水管正好在那些狗的頭部高度，這些好狗會跑來跑去，用頭去撞水管，像是沒什麼感覺似的。牠們就不停跑來跑去，用頭去撞水管。」

那時梅爾扎克有抽菸習慣，所以就劃了一根火柴。他說：「我遞出火柴棒，牠們就把鼻子湊上來。牠們會倒退，然後又湊過來嗅一嗅。我弄熄這根火柴，再點燃一根，牠們還是會湊過來嗅了又嗅。」這些狗顯然有正常的大腦硬體，但少了下載大腦痛覺軟體的關鍵發育機會。牠們從未學過對火焰卻步。就像語言或打棒球，即使我們每個人可能生來就有必需的基因硬體，但如果少了取得軟體的機會，那些基因就沒有多大的用處。馬吉爾大學疼痛遺傳學實驗室的莫吉爾補充說：「像疼痛這樣的感覺必須經過學習，是非常出人意料的事情。」

● ● ●

疼痛是與生俱來的，但也是必須學習的。疼痛無法避免，但可以減輕。疼痛是所有人和所有運動員的共同經驗，不過絕對沒有兩個人的疼痛感受是完全相同的，就連同一個人在兩種情況下，感受到的也相當不一樣。我們每個人都像希臘悲劇裡的主角，受限於大性，但任由我們在限制範圍內改變自己的命運。神經遺傳學家高德曼說：「如果你的基因型是個憂士，不要成為職業勇士也許會比較好。但話說回來，一切還很難說，因為人會克服許多障礙。」

就像本書討論過的大部分表徵，運動員應付疼痛的本領，是先天與後天盤根錯節交織而成的一體。正如某個科學家告訴我的：少了基因與環境這兩者的任一個，就不會產生結果。

這也進一步證實了，要找出「運動員基因」的任何主張，都是十年前隨著人類基因體首度完整定序，而達到高峰的痴心妄想時代所臆造的產

265

物，那個時候，科學家還不理解自己多麼不了解這部基因食譜有多麼複雜。大部分的人類基因究竟在做什麼事，仍是個謎。當然啦，ACTN3基因也許可以告訴世界上的十億多人，他們不會跑進奧運100公尺決賽，不過很可能他們老早就知道了。

倘若需要成千上萬個DNA變異，才能解釋眾人身高的一部分差異，那麼找到一個造就出運動明星的基因，機會有多大？微乎其微？或者根本就是零？

然而……

16 | 金牌突變
The Gold Medal Mutation

時值2010年12月，斯堪地那維亞半島北部的人類文明，暫時化為埋在積雪下的一層沉積，要等春天到來才會出土。此刻我在芬蘭的北極圈以北（芬蘭人稱這地方為Napapiiri），過去幾天的降雪量創歷史新高，氣溫維持在攝氏零下26度。由於沒有風，每天一大早出門踩在雪地上看似平和，但不一會兒鼻毛就凍成冰劍了。

芬蘭人把每年的這段時節稱為「Kaamos」，大致上是「永夜」的意思，是指一年當中太陽斜射芬蘭北部的角度非常大，導致白天其實僅是下午兩點左右短短三小時的微光，彷彿從宇宙鼻煙壺下方一閃而過。

我沿著E8公路往北駛去，要去尋找一個幽靈。這裡是幽靈的最佳住所——四周盡是因為寒雪而變硬變白的松樹和雲杉，旁邊有瑞典花楸和歐洲白榆，外圍是樹皮裹著一層白色水氣的白樺和毛樺。馴鹿在路旁蹦蹦跳跳，然後消失在雪中。放眼望去一片雪白，像是天上打翻了牛奶瓶，而我開車通過在人間形成的這灘水。這片大地充滿樸實無華之美，天空和雪地閃爍著最明淨的雪白色，而夜晚只有最空靈的黑色。

但愛莉絲·門蒂蘭塔（Iiris Mäntyranta）的出生地離這裡不遠，她可以看到各種顏色。在她眼裡，天空帶著一點淡藍色，偶爾會有紫色閃光透出雲牆。

在幾個月前聯絡上愛莉絲之前，我並不確定我要尋找的幽靈——也就

是她的父親——是否尚在人世。1960 年代他踏出自己的北極小村莊，奪下七面奧運獎牌，包括三面金牌，但自此之後，我就沒在任何英語媒體上看到他的消息了。現在我們一起開車到北部跟他會面。

愛莉絲在郡政府擔任行政人員，我們從她的工作地點——瑞典呂勒奧（Luleå）——開了三個小時的車，就快要到了。剛通過北極圈，我們就駛進佩洛市（Pello）這個人口四千的市鎮，這是沿途會見到的最後一個像樣的城鎮。在駛出佩洛的路上，我們經過了一尊比真人還要大的男子銅像，他立在大理石基座上，做出越野滑雪大步行走的姿勢。這個人就是愛莉絲的父親。

半小時後我們駛離平整的道路，彎進一條松樹夾道的小徑，最後在一幢位於一座大湖西側的房子前面停下來。我下車的時候，覺得有眼睛在看我。我轉頭看我們剛開過的那條小徑，有一頭淺棕色的馴鹿走到轉角，盯著我看，好像能嗅出我衣服上的布魯克林。外頭很寒冷，又下著雪，於是我們趕緊進到屋內。

我一跨進屋子，站在槍架下方的門墊上踢落靴子上的霜雪時，一張地中海人長相的臉孔就出現在玄關。他是銅像那個人，了不起的艾羅·門蒂蘭塔（Eero Mäntyranta）。我大吃一驚。在我看過的 1960 年代老照片中，他的膚色以生活在極區的人來說大概稍微深了些，但沒什麼好再看一眼的。不過現在，他的膚色更接近來自該地區富含鐵質土壤的紅色顏料，而不像白雪的色調。愛莉絲在開來的路上告訴我，她父親的獨特基因突變，使他的膚色隨著年紀越來越紅，但我沒想到會是這種帶著一些紫斑的深紅色。

艾羅的妻子拉珂兒（Rakel）走來玄關，她的眼睛呈冰河藍色，皮膚雪白，與艾羅形成了強烈對比。艾羅不會說英語，但燦爛地笑著迎接我。他身上的一切都有點寬闊。臉龐圓潤，長著蒜頭鼻，手指粗壯，下巴寬闊，紅色針織毛衣底下是厚實的胸膛，毛衣的中央有一隻面無表情的馴鹿。他

268

是個相貌不凡的男子。黑髮一絲不苟地向後梳，突出的顴骨像是把薄薄的嘴唇邊緣提起似的，讓他始終顯得很開朗，充滿好奇心。他顯然也擁有一種衝勁，更別說他現在七十三歲了。他右手中指的遠端指關節彎曲得很厲害，宛如盯著食指的潛望鏡。他的手掌看上去好像可以把滑雪杖折成兩半，從他握手的力道更證實了這個推測。

艾羅把我帶到廚房，拉珂兒在廚房裡替我、愛莉絲、愛莉絲的瑞典籍丈夫湯米（Tommy）、愛莉絲的兒子維克特（Viktor）準備了茶和咖啡——維克特是 Surunmaa 樂團的樂手（該團的曲風融合鄉村、藍調及探戈），此刻在拍攝一支記錄外祖父一生的紀錄片，就暫住在艾羅持有的土地上的一棟小屋裡。

從廚房的大窗看出去，是白雪皚皚的樹林。這裡過去是赤貧如洗的地區，但現在就連芬蘭最偏遠的北部，都因國家的木材與電子產品貿易而繁榮起來，住宅保持得像娃娃屋一樣完美無缺。坐在這裡端著小瓷杯啜茶，向一個穿著馴鹿毛衣的紅鼻男子露出笑容，我很確定我踏進了一顆耶誕水晶球裡。

在彼此介紹過，並喝過茶之後，我跟著艾羅走到屋外，給十幾隻馴鹿餵一點淺綠色的地衣飼料。馴鹿是飼養來比賽的，馴鹿肉也可以當食物。我走向其中一隻的時候，維克特幫忙翻譯艾羅的警告說，馴鹿跟馬不一樣，不喜歡讓人摸。有幾隻的毛色是泰迪熊身上的棕色，其他是米白色的。在屋外飄落雪花的映襯下，艾羅臉上的紅色格外醒目。

陽光很快就褪去，我們回到屋內。接下來的幾小時，我向艾羅盤問他精采的運動生涯。愛莉絲、湯米、維克特輪流翻譯這種聽起來就像一串深沉「ess's」音，其間穿插急促「k's」、「cox's」音，偶爾還帶著西班牙語捲舌音的語言。

陽光消失後，我們會休息一下，吃馴鹿肉和馬鈴薯。艾羅握著的叉子

269

讓他回想起四十多年前的一段日子時，他會開懷大笑，在那段日子，他是
世界上頂尖的優秀運動員。

• • •

　　那年是1964年，艾羅‧門蒂蘭塔再度因貴賓身分而感到很不自在。
他置身杯觥交錯間，對著擺在餐盤旁邊的三支叉子緊皺眉頭。他剛在奧地
利因斯布魯克（Innsbruck）主辦的冬季奧運中，奪得兩面金牌和一面銀牌，
稱霸越野滑雪競賽，媒體稱他「錫菲爾德先生」；錫菲爾德（Seefeld）指的
就是這次冬奧的越野滑雪比賽場地。門蒂蘭塔在15公里賽領先第二名的
選手四十秒，這樣的領先幅度在奧運越野滑雪史上是空前絕後的，而在他
後面的五個完賽者，彼此的差距都在二十秒內。在30公里賽，他領先了
一分鐘多。現在最困難的來了：晚宴。成為自己國家歷來最厲害的運動員，
免不了要出席眾多慶祝盛宴。

　　門蒂蘭塔在加州斯闊谷（Squaw Valley）主辦的1960年冬季奧運接力賽
拿下他的第一面金牌之後，參加了芬蘭奧委會在洛杉磯安排的慶功宴。
那一次，他正要從桌上拿起高腳杯喝水時，一群溫文儒雅的賓客大步走上
前，用杯裡的水洗起手來。不過，此刻的三支叉子給了他新難題。

　　1940年代，門蒂蘭塔還是個在芬蘭蘭科哈爾維（Lankojärvi）鄉村長大
的孩子，當時他們是一家人共用一支叉子。他們不到5坪的房子俯瞰著蘭
科哈爾維湖，這支叉子就在房子裡來回傳遞。孩子們用削尖的枯枝代替餐
具，叉起馬鈴薯塊和麵包片。

　　假如所有孩子都活下來了，門蒂蘭塔家會有十二個孩子。結果最後有
六個。儘管如此，有艾羅、他的父母、他的兄弟姊妹及他的姊夫同住屋簷
下，這個斗室可能有點溫暖舒適。加上順道來閒聊、抽根菸的鄰居，小屋
裡擠了十多人是常有的事。在那種氣氛下，小艾羅初次運用絕妙的獨處專
注能力，這種能力有助於他日後在永夜時節的黑暗天空下，獨自一人在滑

270

雪道上進行長時間訓練。他是很優異的學生，全因為他可以不受屋裡喧鬧的干擾，蜷坐在瀰漫的菸霧中，就著一盞油燈的搖曳燈光做功課。那段日子是戰後芬蘭的節約時光，這個國家要償付戰爭賠款給蘇聯達二十年。

1943年冬天，納粹士兵向北方推進，蘭科哈爾維的居民撤離家園時，艾羅才六歲。他和鎮上所有婦女與小孩一起上了卡車，有個芬蘭士兵告訴他們要保持肅靜，以免被德國士兵聽到。有個老婦人不聽勸告，高唱共產黨勞動歌曲時，他嚇得發抖。卡車最後安全開上渡船，帶他們越過邊界，到了瑞典的上托爾內奧（Overtornea）。在那裡，艾羅驚訝地盯著像一層鉛灰色積雪般散落滿地的彈殼。他和家人在瑞典的松茲瓦爾（Sundsvall）待了一整個冬季，才獲准返回沒有積雪、沒有納粹兵的芬蘭。

春天時的回家之路，是個希望不斷破滅的路程。由於路上布滿了地雷，他們必須坐馬車穿過樹林。德軍一邊撤出芬蘭、一邊放火，由於芬蘭的城鎮可說只是茂密森林當中的空地，所以導火線不虞匱乏。拉普蘭區（Lapland）燃燒得像一座廣大的營火坑，曾是松木門柱、樓梯、山牆的結構，都成了悶燒的餘燼。

但門蒂蘭塔一家回家後發現，他們的小屋是少數沒被燒燬的。他們住在湖水邊遠的那一面，無路可達，所以納粹士兵懶得冒險繞過湖，穿越樹林到另一頭夷平幾間不起眼的簡陋小屋。這座湖保住了他們的家。開啟艾羅滑雪生涯的，也是這座湖。

271

雖然德軍沒有嘗試過湖，但蘭科哈爾維的許多孩童沒有選擇的餘地——他們的學校在湖的對岸。門蒂蘭塔學滑雪就像學走路那麼快，從瑞典回來不到一年，他就跟其他孩子一起滑冰或滑雪穿過湖面去上學，腳上踩的只是釘在一起的木板條——有一次他掉進冰裡，差點溺死。整趟路程要花差不多一小時，冬天的時候一路上都是漆黑的，所以孩子們只能瞄準遙遠的湖岸，然後盡量往好處想。

在拉普蘭生活的每個人會滑雪，是不得已的。但沒有多久，門蒂蘭塔就脫穎而出。他七歲時，就在學校贏得越野滑雪比賽；到了十歲，他開始在當地各個村莊的孩子聯合參與的比賽中拔得頭籌；十一歲時，他在全佩洛市的青少年賽輕鬆獲勝。

門蒂蘭塔不像芬蘭南部的青年，他在孩提時從未夢想要在體育方面出人頭地。從1917年芬蘭脫離俄國宣布獨立以來，運動對芬蘭的國家認同一直是不可或缺的部分。國家級的體育組織紛紛成立，而且得到豐厚的收穫——獎牌。幾位獲得「芬蘭飛人」封號的長跑好手在1920年代稱霸世界。二戰結束後，國際奧會授予赫爾辛基1952年奧運主辦權，運動再度成為團結芬蘭人民的燈塔。但芬蘭的體育傳統對年輕時的門蒂蘭塔沒有產生影響。蘭科哈爾維沒有廣播電台或報紙，所以他不知道芬蘭有什麼傑出運動員。他沒有機會受到眾人愛戴的芬蘭中長跑名將帕佛‧努密（Paavo Nurmi）的精神感召；努密告訴世人：「心智是一切，肌肉只是一些橡膠。這就是我的全部，我因我的心智而存在。」門蒂蘭塔與1952年赫爾辛基奧運的唯一接觸，是他在鄰居家看到一張巴西選手做三級跳遠的照片。滑雪對門蒂蘭塔而言，是運輸與交通方式，是謀得更佳工作的機會。

戰後的二十年間，芬蘭得供應剩餘的金錢和資源給俄國，償付戰爭賠款，經濟成長停滯，因此拉普蘭當地年輕人的唯一出路，就是到森林裡伐木和運輸木材。門蒂蘭塔十五歲時和一些成年男子住在森林裡，當中有很多躲避法律制裁而遠走北方的逃犯。這些人閒暇時都在喝酒、打撲克牌和打架。門蒂蘭塔睡覺時會在枕頭下擺一塊木頭，以備夜裡必須出手反擊攻擊他的人。這種生活對年輕人來說既痛苦又刺激，但兩年下來，他再也無法忍受了。

他知道，政府習慣提供邊境巡邏警衛這種輕鬆工作，給大有可為的年輕越野滑雪者，這樣一來他們就可以沿著邊境滑雪，訓練和工作一舉兩

272

得。於是他趁著林業工作空檔開始訓練，而且進步神速。十九歲的時候，他去瑞士參加一系列比賽，如果表現得不錯，他就有機會進入芬蘭國家代表隊。結果他贏得所有比賽，不久就獲聘擔任邊境巡邏警衛。

門蒂蘭塔的母親告誡他，這時候該存錢，而不是去追求女孩子。他聽從勸告兩個多星期，直到某天晚上在佩洛和他未來的金髮藍眼妻子跳舞為止。後來夫妻倆有了孩子，門蒂蘭塔就經常在夏季進行訓練，訓練方式會像這樣：他會開車送拉珂兒和孩子們去他們在三十二公里外的小屋，然後跑步或走路去跟他們碰面。

儘管瑞典和芬蘭國界經常有非法走私，但北極圈以北的邊界通常很平靜，尤其是在冬季，因此門蒂蘭塔有很多時間投入訓練。他（穿著厚襪時）的身高是170公分，在越野滑雪選手中算很矮的。他有黑色的眉毛，深褐色的眼睛，皮膚呈淺古銅色，看起來比較像來自義大利海灘的人，而不像來自北極地區較南邊的松樹林。不過他就在那裡，每天八十多公里，用他的滑雪杖一路猛戳覆蓋著大地的皚皚白雪。他常常在月光下訓練。再不然，如果他在佩洛的道路附近，就會在路過車子的車燈光束中滑一會兒，再回到黑暗裡。月光被遮掩時，他擔心自己會一頭撞上樹，但都順利避開了意外事故；他以飛快的速度持續進步。

到了二十二歲，他顯然夠資格代表芬蘭參加1960年奧運滑雪賽了，只不過大部分的滑雪選手都比他年長，代表隊的官員不急著讓缺乏經驗的新手在這個最盛大的舞台上測試身手。門蒂蘭塔說服代表隊教練進行一個隊內計時賽，結果他排名第二，敗給了三十五歲、已經摘下兩面奧運金牌的滑雪傳奇人物維科・哈庫利南（Veikko Hakulinen）。這表現讓門蒂蘭塔成為奧運40公里接力賽代表隊的一員，他們也抱回了一面金牌。

那個奧運冠軍只是前奏。緊接著在1964年因斯布魯克奧運，他奪得兩面金牌和一面銀牌，然後是1968年在法國格勒諾伯（Grenoble），一面

273

銀牌和兩面銅牌,以及生涯中一連串的世界錦標賽冠軍。合計起來,他在五百場比賽中奪得名次,積聚的水晶杯、銀碗和銀盤足夠擺滿一間瓷器店了。即使到現在,有時候他還是會醒過來,告訴拉珂兒他的腿很痠,因為他又夢見自己在滑雪比賽了。

不過,門蒂蘭塔走向滑雪名人的小徑,早在1960年冬季奧運之前就開始了。它始於森林裡的工作促使他謀求更好的出路之前,在他開始踩著彎翹的木板條滑雪過湖去上學之前,甚至要追溯到他三歲那年第一次踩上滑雪板之前。這條小徑始於他曾祖父的芬蘭之行。

• • •

門蒂蘭塔家族最初是怎麼在芬蘭落腳生根的,細節並不清楚,但在1850年代,毫無疑問已有親戚在拉普蘭定居了。很可能是艾羅的曾祖父從比利時來此地當鐵匠,製造偽幣。他的兒子伊薩克(Isak)娶了尤漢娜(Johanna),尤漢娜的父親是個有錢人,在蘭科哈爾維北部擁有一大片地。伊薩克和尤漢娜入住那片土地上的小屋,條件是伊薩克要協助定居在那裡的農人務農。但伊薩克不是做工的料,所以很快就不受歡迎了。

伊薩克工作散漫、標準低落,艾羅沒有遺傳到這些,倒是經由他的父親尤侯(Juho),遺傳到一個罕見的基因版本,改變了他體內的血液供應。

艾羅身上的第一個徵兆,出現在他青少年的某次例行健康檢查報告中。驗血結果顯示,他的血紅素濃度高得異常;血紅素是紅血球裡的攜氧蛋白質,當中的鐵質會讓血液呈紅色。由於艾羅十分健康,血紅素濃度過高沒什麼好擔心的。

不過,在他的比賽生涯期間,情況開始改變。每次做檢查,都發現艾羅的血紅素偏高,紅血球數目也遠多過平常值。這些跡象通常代表耐力型運動員作弊,透過違規方法增血,往往是注射人工合成的紅血球生成素(EPO)。EPO這種激素會示意身體生成紅血球,因此注射EPO會刺激運動

274

員的身體增加血液供應。

艾羅的紅血球計數比普通男性高出65%，有人會因此抹黑他傑出的生涯。儘管留有從他小時就記錄在案的異常血液剖析，懷疑他使用禁藥的臆測還是滿天飛。直到他從滑雪界退役二十年後，科學家才查明真相。

• • •

其他的門蒂蘭塔家族成員，也偶爾在做例行健康檢查後，發現自己血紅素濃度偏高。由於沒有明顯的不良影響，醫師並沒做什麼處理。

然而，這激起了赫爾辛基大學血液學研究領頭者佩卡·沃皮奧（Pekka Vuopio）的好奇心，沃皮奧是土生土長的拉普蘭人，很清楚艾羅·門蒂蘭塔的輝煌運動成就。1990年，沃皮奧和同事請艾羅到赫爾辛基接受一系列檢查，希望藉此為「紅血球增多症」（polycythemia）這種疾病提供解釋，這種疾會導致血液過於濃稠，造成危險，有時會在家族中遺傳。

其中一名醫師原本推測，艾羅的紅血球壽命可能比正常值長，因此在老的紅血球清除掉之前，新的紅血球就生成了。但後來發現不是這樣。另外一種可能的解釋是，艾羅天生就會大量分泌EPO，從而命令他的身體製造過多紅血球。但這也不是答案。艾羅血液中的EPO含量很低，幾乎快要低於健康成年男性的下限。

不過，血液學家伊娃·尤沃寧（Eeva Juvonen）在實驗室裡細看艾羅的骨髓細胞時，看到令她驚訝的東西。為了檢測艾羅的骨髓細胞（負責製造紅血球）是不是對EPO特別敏感，研究程序是要把EPO加到一個細胞樣本，然後追蹤紅血球生成。結果，尤沃寧根本還沒用EPO刺激艾羅的骨髓細胞，這些細胞就啟動製造紅血球的程序了。只要樣本中已經有一點點EPO，就足以讓紅血球工廠保持忙碌。因此，艾羅的身體顯然活力特別充沛，聽從了微量EPO的召喚。要闡明原因，就需要更多的門蒂蘭塔家族成員。

275

• • •

　　亞伯特・德拉夏培爾（Albert de la Chapelle，亦見於第四章）把自己視為「基因獵人」，他十分善於追蹤獵物。跨欄女將馬丁內茲－帕提尼奧因女性身分遭質疑，不得參加女子組競賽時，這名遺傳學家站出來為她發聲。如今他在俄亥俄州立大學訓練自己，看出使人容易罹患已知最致命癌症的基因，比如急性骨髓性白血病，這種癌症會干擾血球生成，可能讓本來很健康的病人幾週內就死亡。

　　德拉夏培爾的大半生涯，都在赫爾辛基大學尋找有哪些致病基因突變，使得某些病在芬蘭境內比世上其他地方發生率高出許多。引發這些疾病的，是「創始者突變」（founder mutation），這是指某個突變來自一小群人中的某人，後來隨著群體日漸擴大，而散播到整個群體中。德拉夏培爾所屬的團隊，澄清了二十多個芬蘭特有疾病的遺傳基礎，其中包括多種癲癇和侏儒症。（有些也是美國明尼蘇達州的特有疾病，因為此州很多居民有芬蘭血統。）

　　實驗室檢驗艾羅・門蒂蘭塔的血液後不久，德拉夏培爾前往蘭科哈爾維，與四十個門蒂蘭塔家族成員會面，他們齊聚在艾羅的家中，與正在研究他們血液的研究人員談天。那時是冬天，德拉夏培爾記得，他看著午時輕灑在湖面上的陽光，讚歎不已。

　　午餐吃過拉珂兒準備的鮮馴鹿肉後，德拉夏培爾起身去客廳與眾人相談，他回憶道：「我跟三個年長女士坐在沙發上，當時我已經知道有兩人得病了，一人沒有。她們把自己的健康狀況跟我講了一遍，結果健康出了各種毛病的，是沒有得病的那位，得病的兩人反而相當健康，根本沒察覺她們有什麼不一樣。」

　　即使不是因為她們的膚色略深，德拉夏培爾也早就知道，這兩名健康的女士有這種血液狀況。他已經分析過她們的基因體了。

接受檢查的門蒂蘭塔家族成員總共有九十七人，其中二十九人的血紅素明顯偏高，膚色也比普通芬蘭人稍微紅一些。不同於當初針對艾羅所做的研究，這次檢查不只做到血液層次。德拉夏培爾鑽研到十九號染色體上的某個基因：紅血球生成素受體（erythropoietin receptor，簡稱EPOR）基因。

這種基因會告訴身體如何製造EPO受體——這是在骨髓細胞上等待EPO激素的分子。若把EPO受體比作鑰匙孔，那它就是只有EPO激素這把鑰匙才能打開的鑰匙孔。鑰匙一放進鎖孔，紅血球就會開始生成：這個受體會通知一個骨髓細胞，開始製造一個含有血紅素的紅血球。

在那二十九個血紅素異常偏高的家族成員身上，構成EPOR基因的7,138對鹼基當中，有一個鹼基是不一樣的。就像所有人類一樣，該家族所有成員都有兩個EPOR基因副本，但在那些受影響的家族成員身上，他們其中一個EPOR基因副本的6,002號位置上，都是一個腺嘌呤分子，而不是鳥嘌呤分子。這個變動雖然微小，影響卻非常大。

這個拼寫上的更動，並不會提供更多訊息給這個細胞系統，去繼續製造出EPO受體，反而組成了一個「終止密碼子」（stop codon），這相當於遺傳密碼的其中一章最後一句結束時的句點。基本上終止密碼子是在告訴RNA（核糖核酸，讀取DNA密碼以便轉譯成行動的分子），指令到此完結。它在說：**繼續下一步，這裡沒別的東西可讀了**。因此，發生在門蒂蘭塔家族身上的突變，會讓EPO受體生成中止，留下超過15%的結構未完工，而不是替色胺酸這種胺基酸編碼——這是那段EPOR基因通常會做的事。在受到影響的門蒂蘭塔家族成員身上，未完成的受體區段恰好位於骨髓細胞內。骨髓細胞外的受體區段在等候EPO鑰匙，同時間位於內部的區段卻在調整後續的反應，宛如停止血紅素生成的煞車裝置。那些受到影響的家族成員身上缺乏那個煞車裝置，於是紅血球的生成就失控了。

這個家族很幸運，並沒有因為紅血球生成過量而變得不健康。除了膚

色略深，他們的外表沒有什麼異狀，而且通常是在例行健康檢查時，無意間發現這種狀況的。

門蒂蘭塔家族身上的EPOR基因，是1990年代初期的重大發現。此家族成員血紅素偏高的狀況，以體染色體顯性遺傳的方式，在家族中一代傳一代，這表示家族成員身上只要帶有單一突變基因副本，就會出現這個狀況。在此項研究之前，其他顯性遺傳基因突變就已經發現了，但通常是與重大疾病有關。

這些研究人員在1991年與1993年發表的幾篇論文中提到，攜帶家族EPOR突變的門蒂蘭塔家人都很長壽。他們似乎找到了一種有益於某個運動員、除此之外就無足輕重的突變。但德拉夏培爾表示，他無法說服艾羅本人相信，EPOR突變在他的奧運之路上幫了他一把。德拉夏培爾說：「他一直說自己是靠決心和心靈，而不是靠身體的力量。」

● ● ●

由於我遠從布魯克林來見艾羅，所以他很熱切地告訴我，他在1960年冬季奧運結束後紐約市之行的狀況。他用「嚇人」這個詞，來描述這個充滿凱迪拉克、路燈、柏油路的混亂環境。

他也把自己最珍視的獎牌展示給我看，冬季奧運的七面，還有一面芬蘭政府通常專門頒給英勇軍人的榮譽勳章。就像芬蘭人有專指永夜的詞彙，他們也有一個無法翻譯的字彙「sisu」，意思大致是熱情的力量，或是面對阻礙時保持沉著的決心。芬蘭政府認定艾羅是sisu的化身。

金髮齊肩、戴著黑框眼鏡的愛莉絲，翻譯了一段她童年時的往事，事情發生在1964年冬奧結束後。那時，當地的電力公司出錢讓艾羅搭直升機回到家鄉，直升機降落在覆蓋著湖面的冰上，現場聚集了上百個狂歡慶祝的民眾。愛莉絲還小，但記得自己興奮地跑向直升機。剛開始艾羅很喜歡受人矚目，而且這也給了他一份替當地政府教兒童體育的工作。不過，

278

這很快就變成負擔。

　　艾羅（透過愛莉絲的翻譯）說，在1960年代中期，記者們會突然出 279
現在他家門口，要求他「跟我講個故事，但得是你沒跟別人講過的」。到
比賽前，從芬蘭南部來的遊客會順便來拜訪，要求看獎牌並拍照，艾羅和
拉珂兒覺得自己被迫迎合這些要求。對艾羅來說，滑雪向來就是關乎輸贏
和謀得好工作，而不是出於他熱愛這項活動，所以這種多餘的關注，足以
逼得他在1968年冬奧之後，在三十歲時從滑雪賽中功成身退。

　　後來應某家芬蘭名人雜誌的要求，他在1972年札幌冬奧之前短暫復
出。他三年沒滑雪了，也完全沒練習，而且體重遠遠超出比賽期間的重量。
該雜誌承諾支付艾羅的訓練開銷，好讓他能夠離開工作崗位一下，只要他
授權雜誌記錄他復出一事。艾羅在冬奧前六個月重回賽道，進入了代表
隊，並在日本的30公里賽名列十九，然後他再次退隱，這次再也沒復出了。

　　在我的拜訪行程接近尾聲時，我們都在客廳的沙發和椅子上坐了下
來，兩旁是冬季風景畫。艾羅指著掛在牆上的一系列深褐色老照片。他們
是他的祖先。有皮膚黝黑的伊薩克，穿著背心，戴著扁帽，斜躺在林間空
地上，正與尤漢娜享用著食物，尤漢娜用條淺色圍巾裹著頭。這張照片的
上面，是艾羅的父母尤侯和緹內（Tynne）的照片，兩人跟幾個孩子坐在一
塊空地的木頭椅上。

　　在德拉夏培爾開始探究家族基因體之前，伊薩克和尤侯就去世了，但
接受檢測的門蒂蘭塔家族成員夠多，讓他可以製作出一張基因家族樹，推
斷他倆帶有EPOR突變。尤侯的兩個兄弟李維（Leevi）和艾米爾（Eemil），
也帶有這種突變。

　　不過，它在艾羅的這個支系很快就會結束了。他的兒子哈瑞（Harri）
帶有這種突變，也有希望成為年輕的越野滑雪選手，但哈瑞在年輕時就因
病去世，那個疾病與EPOR突變無關。愛莉絲沒有這種突變，而艾羅的另 280

外兩個孩子，異卵雙胞胎米娜（Minna）和維薩（Vesa）當中，只有米娜帶有突變，但她的獨子沒有。

當我問艾羅，得知赫爾辛基大學的醫師替他洗刷違規增血的嫌疑後，他是否鬆了一口氣，他說是，但對於他們暗示突變帶給他優勢這一點，他並不同意。艾羅覺得自己的紅血球高承載血液黏稠度升高，應該會阻礙血液循環，所以就與表現方面的優勢互相抵消。德拉夏培爾堅決不同意。他提到艾羅的血紅素濃度是他看過最高的，並告訴我：「這是優勢，毫無疑問。如果血液循環不良，情況就相當嚴重了，而且自己會知道。」

最近幾年，艾羅有過幾次肺炎發作，醫生認為可能與他的血液非常黏稠有關，因此現在他在服用血液稀釋劑。愛莉絲補充說，他皮膚發紅也是最近才有的事。在比賽生涯中，艾羅身上沒有顯現出 EPOR 突變的不良影響，而且門蒂蘭塔家族中帶有突變的其他成員，到老年時都還很健康。

雖然關於門蒂蘭塔家族突變的科學文件證據，在運動領域是獨一無二的，但一定還有其他功成名就的運動員，血紅素濃度也異常的高。像越野滑雪、自行車等耐力型運動已經建立制度，血紅素或紅血球含量異常高的選手，如果能證明自己血紅素偏高是天生的，就可以取得禁藥檢驗豁免，繼續參賽。一些選手已經獲得這種豁免，也表現得非常好。

義大利自行車手達米亞諾・庫內哥（Damiano Cunego）有國際自由車總會（International Cycling Union）授予的禁藥檢驗豁免，他在二十三歲時，成為有史以來登上世界第一的最年輕公路車手。挪威越野滑雪選手弗若德・艾斯提（Frode Estil）有國際滑雪總會（International Ski Federation）授予的禁藥檢驗豁免，他在 2002 年鹽湖城冬季奧運中，摘下兩面金牌和一面銀牌。庫內哥和艾斯提的血紅素濃度都沒有艾羅那麼高，不過都高於接受相似訓練方式的隊友和競爭對手，而且他們可以證明自己是天生就偏高——男性的血紅素正常值是每公合血液含 14 到 17 克，而艾羅的血紅素一

281

直在20克以上，有時甚至高達23克，比他的家人還要高。

正如約克大學研究中天生有強健體能的那六個人，他們生來就有些不同。

• • •

想到開回呂勒奧的車程要三個小時，愛莉絲對艾羅和拉珂兒說，她耶誕節再來看他們，然後告訴我，我們該上路了。

就在準備動身時，我突然罵自己差點忘了問一個顯而易見的問題。我聽到艾羅的直系後代並沒有遺傳到EPOR突變時，失望地想著，大概沒辦法看看這個突變能否能使門蒂蘭塔家的年輕輩叱吒運動場了。不過從德拉夏培爾製作的家族樹，我知道有一些親戚帶有這個突變。

「艾羅的兄弟姊妹有這個突變嗎？」我問愛莉絲。

她告訴我，有一個人有。他的妹妹奧娜（Aune），另外奧娜的兒子貝爾提（Pertti）和女兒艾麗（Elli）也都有。

「他們有沒有滑雪？」我問。

「有啊，」她告訴我。

「那他們滑得好不好？」

艾麗在1970年和1971年世界青年錦標賽中，兩度奪得15公里接力冠軍，而貝爾提參加了1976年因斯布魯克冬季奧運，就在他舅舅最著名的獲勝場地，在40公里接力摘下一個奧運金牌，在1980年的寧靜湖（Lake Placid）冬季奧運再添一面銅牌。

除此之外，這家族中就沒有其他人參加比賽了。

後記 ｜ 完美運動員

Epilogue ｜ The Perfect Athlete

艾羅‧門蒂蘭塔的生平是「一萬小時法則」故事的模範。他在貧困中
長大，每天不得不滑雪穿過凍結的湖面上下學。不到二十歲時，他開始認
真滑雪，把這當成改善生活的跳板——藉此謀得邊境巡邏員的職位，再也
不用做危險又辛苦乏味的森林工作。門蒂蘭塔只需要嘗到最淡的成功滋
味，就能刺激他展開激烈訓練，結果他成為自己那一代中頂尖的奧運選
手。誰會否定他練習勤奮，在嚴寒冬夜裡孤獨？把滑雪板換成腳，北極森
林換成東非裂谷，他的故事就能套進某個肯亞馬拉松選手的敘事範本中。

如果不是一群熟知門蒂蘭塔輝煌紀錄的好奇科學家，在他退役二十年
後把他請到實驗室，他的故事也許仍是後天訓練大獲全勝。但拜遺傳學之
賜，他的人生故事看起來截然不同了：100%的先天條件，加上100%的
後天訓練。

門蒂蘭塔顯然有罕見的天賦。同樣明顯的是，他必須勤奮訓練，才能
把那份天賦鍛鍊成奧運金牌。心理學家德魯‧貝里（Drew Bailey）告訴我：
「少了基因和環境這兩者，就沒有結果。」就像門蒂蘭塔這個案例，單一
基因有顯著影響的例子十分少見，尋找運動才能基因是極複雜又困難的工
作。不過，目前沒辦法找出大部分的運動基因，並不表示這些基因不存在，
科學家會慢慢找出更多的。

橫越非洲和牙買加，去採集運動員DNA的科學家皮齊拉迪斯擔心，

如果找到那些影響運動表現的基因，而且發現它們比較集中在某個族群或地區，可能就會貶低運動員的努力。但我們已經知道，某些族群帶有的基因，會讓他們在特定運動項目處於優勢或劣勢。用耶魯大學遺傳學家季德的例子來說，匹格米人和其他族群比起來，很少帶有導致身材高大的基因變體，因此我們都會同意，匹格米人不太可能是NBA明星球員的源頭。

在籃球場上，身高顯然是先天優勢，但麥可・喬丹的成就是否因為他很幸運，生來就有讓他比匹格米人和世上大多數人高的基因，而貶低了呢？如果有哪個科學家或運動迷因為喬丹先天長得比較高，就詆毀他的努力和球技，那在我寫這本書的過程中倒是沒有遇到。事實上，恰恰相反的極端在體育界還更為常見——對天賦視而不見，就好像不存在一般。

想想《運動畫刊》上一篇報導的標題和副標：「內心深處的熱情：公牛中鋒喬金・諾亞（Joakim Noah）雖然沒有NBA同袍的耀眼天分，但他給球賽帶來同樣強大的禮物」。這個「禮物」是指諾亞想贏球的欲望。儘管他身高有210公分，父親是法國網球公開賽冠軍，而且臂展長216.5公分，垂直跳能夠離地95公分。這些如果不是耀眼的運動天分，請問什麼才是？不論是標題提到，還是諾亞本人在報導中說自己缺乏天分，似乎都描述他持球笨拙，跳投能力也普普通通。照運動科學的標準，這比較可能與他培養運球和投籃技巧時下的工夫有關，而跟他的遺傳天賦無關。較為忠實的標題或許要這麼寫：「外在的天分：喬金・諾亞雖沒習得像隊友一樣的籃球技能，但他具備極佳的體能天賦，因此終究會成為出色的NBA球員」。

承認有天分和具備影響運動潛力的基因，絲毫無損於要把那份天賦化為成就所花的努力。一萬小時「法則」之父艾瑞克森與同事所做的研究，一般並未處理遺傳天賦是否存在的議題，因為他們最初的研究對象是音樂或運動方面的高成就者。只要一項研究在開始之前已經把大部分的人篩掉了，該研究對於天賦存在與否通常就沒什麼好說的，或沒有立場說什麼。

284

　　實際上，說運動專長完全依賴先天條件或後天訓練的任何一個論點，都是一種「稻草人論證」（straw-man argument）。如果世上每個運動員與其他所有運動員是同卵雙胞胎，那麼決定誰能參加奧運或躋身職業選手之列的，就只有環境和練習了。相反的，如果全世界的運動員都接受完全相同的訓練方式，那麼他們在競技場上的表現，就只能靠基因來分高下了。但這兩者都不是實際情況。[1]（偶爾會有相同基因、相同訓練的特例，講出預料之中的故事。比利時同卵雙胞胎兼訓練搭檔凱文和強納森‧博利〔Kevin and Jonathan Borlée〕在倫敦奧運400公尺決賽中，雖然分別跑賽道的最內側和最外側，跑出的成績卻只差0.02秒，當時我就站在終點線旁邊看他們衝線。）基本上，運動員一向同時由他們的訓練環境以及他們的基因，來分出高下。

　　就像棒球擊球員面對投球的反應能力，在某些情況下，看似要依賴超乎常人的反射動作的技能，多半是經過學習的腦中資料庫產生的結果。（然而，這個資料庫一旦就位，擁有絕佳視覺硬體的運動員，就能讓它發揮最大功用。）在其他方面，譬如對肌耐力訓練迅速產生反應的能力，基因就會促成辛勤訓練帶來進步。我們極有可能把自己的技能和特徵，過度歸因於天賦或訓練的其中一個，而究竟歸因於何者，就看哪一個符合我們個人的故事。

　　史帝夫‧賈伯斯（Steve Jobs）說過一段很出名的話，說到他長久以來一直以為，自己的個性完全是生活經驗形塑的，直到成年後初次和他的小說家妹妹莫娜‧辛普森（Mona Simpson）相見時，在這之前他並不知道自己有個妹妹。儘管他倆在不同的家庭裡長大，兩人卻十分相像，對此賈伯

285

1　然而還是有一些有趣的奇聞軼事。美國一對同卵雙胞胎菁英短跑女將米麗莎和蜜雪兒‧巴伯（Me'Lisa and Mikele Barber），兩人雖是分開訓練的，但她們的100公尺個人最佳成績僅相差0.07秒。

斯相當驚訝。他在1997年告訴《紐約時報》:「過去我總是站在後天派那一邊,但現在我已經擺向先天派這一邊了。這是因為莫娜和生兒育女之後。我的女兒現在十四歲,她是什麼個性已經很清楚了。」

隨著基因研究日趨成熟,我們也會在我們講述的運動故事背後,找到越來越多的基因輸入,有些很大,但有許多是不重要的。不過,我們不太可能單從遺傳學獲得完整答案,不只是因為環境與訓練一向是關鍵因素。回想一下,就連身高這個很容易測量的表徵,科學家都需要幾千個受試者和數十萬個DNA密碼位置,才能解釋成人身高的一半差異。我們越來越清楚,許多表徵受大量DNA變異的相互影響所左右,因此研究將需要上百、甚至上千個受試者,才能弄清楚這些表徵的遺傳根源。但世上並沒有上千個菁英100公尺短跑選手,同時,讓一個短跑健將跑得飛快的基因變體,可能和那些讓隔壁跑道上的競爭對手跑得飛快的基因變體,完全不同。還記得嗎,說到肥厚性心肌症這種造成運動員猝死的疾病,獨特的已知致病基因變體大多是「私有」的突變,也就是說它們至今只出現在一個家族中。同樣的身體狀況,有時可以經由許多不同的遺傳途徑達成。

儘管如此,在我寫這段文字的時候,日本科學家從小鼠幹細胞成功製造出有生殖能力的卵子細胞的消息,成了熱門的頭條新聞。有位科學家在廣播節目中推測,這項突破終將讓人有能力針對包括運動技能在內的具體表徵,去設計後代。這位科學家暗示,**我們可以打造完美的運動員**。史丹佛大學生物倫理學家漢克·葛孛利(Hank Greely)告訴美國全國公共電台(NPR):「這會賦予父母強大的能力,去替自己的子女選擇遺傳表徵。」

不過,關於運動表徵,我們目前就連大部分運動技能基因到底有哪些版本可選擇,都還毫無頭緒。有些罕見的基因,如EPOR或肌肉生長抑制素,本身就會對運動技能產生重大影響,但有很大影響的單基因已證實是例外。在可預見的未來,我們無法設計出從遺傳學的角度來看,很理想的

286

運動樣本。遺傳上很完美的運動員，將只需要幸運獲得有利自身運動項目的「正確」基因版本。

問題是，機會有多大呢？

• • •

這個問題讓英國曼徹斯特都會大學遺傳學家艾倫・威廉斯（Alun Williams）難以成眠。於是他和同事強納森・佛蘭德（Jonathan P. Folland），便在科學文獻中仔細搜尋（到目前為止）與肌耐力天賦最相關的二十三種基因變體，接著又去收集相關資訊，了解那些基因變體多常出現在人身上。

有些變體可在超過80%的人身上找到，有的則不到5%。佛蘭德和威廉斯利用這些基因出現頻率值，預測了全球共有多少個「完美」的耐力型運動員（帶有這二十三個基因的兩個「正確」版本的人）。

威廉斯斷定完美並不常見，即使是根據數目有限的已確認基因來看。像三度在環法賽奪冠的葛瑞格・勒蒙（Greg LeMond），或傳奇女鐵人克莉西・威靈頓這樣的人，畢竟是難得一見的。不過，當威廉斯在他的電腦上跑統計演算法，發現任何人擁有這組完美基因變體的機率居然不到一千兆分之一時，他驚愕得說不出話來。客觀地做個對比吧：如果你每個星期買二十張美國樂透彩券，那麼你連中兩次「大百萬樂透」的機率，都比獲得那個基因頭獎的機會來得大。若只根據佛蘭德和威廉斯列入計算的少量基因來看，世界上並沒有從遺傳學角度來說很完美的運動員。還差得遠呢。以地球上區區七十億人來算，很可能沒有人具備二十三個基因當中有超過十六個的理想肌耐力剖析。相反的，一個人也不太可能帶有其中非常少數的肌耐力基因。基本上，每個人都落在或靠近混亂的中間地帶，彼此間只有幾個基因不同。這就好像我們都在一遍又一遍玩基因輪盤，把籌碼押在不同的格子上，有贏有輸，最後所有人都趨向平庸。威廉斯說：「我們全都依賴機運，所以相對來說很相近。」

287

然而，有某些菁英運動員不依賴機運——比如純種馬。由於競速能力牽涉到複雜的基因混合，冠軍競賽馬往往是競速馬彼此交配了許多代之後的結果。與競速表徵有關的基因越多，可能就會需要讓競速馬與競速馬配種越多代，去培育出獲得夠多正確基因變體的後代，成為獲勝的競賽馬。賽馬場上唯一可以肯定的，就是每一匹頂尖的馬不但有競賽馬雙親，還有競賽馬祖父母和曾祖父母。

賽馬育種員的工作做得很好；最優秀的純種馬在一分半鐘就能跑完一英里（1.6公里）。儘管如此，在世界上許多知名的賽馬中，獲勝馬匹的速度都在幾十年前停滯了。純種馬可能已經達到生理上的極速，或者只是把配種馬群內的新運動技能基因都用光了。（相對於其他品種的馬，純種馬是近親配種的結果，現代競賽馬的基因有一半以上，可追溯到17世紀末和18世紀初，從北非與中東引進英國的僅僅四匹馬身上——牠們分別是阿拉伯馬高多芬〔Godolphin Arabian〕、阿拉伯馬達利〔Darley Arabian〕、土耳其馬拜耶爾〔Byerley Turk〕，以及柯文的栗色柏柏馬〔Curwen's Bay Barb〕）。

正如皮齊拉迪斯所說的，要成為世界頂尖高手，「你一定要選對父母」。他當然是在開玩笑，因為我們無法選擇父母。而且人類結為夫妻時，往往不會意識到彼此有什麼基因變體；我們結成一對的方式，比較像輪盤上的小球滾過幾個格子，最後才在許多合適位置的其中一個定下來。威廉斯暗示，假定人類要培育出帶有更多「正確」運動基因的運動員，有一種方法是在遺傳輪盤小球裡加進更多血統權重，倘若父母和祖父母都是傑出運動員，那麼就有可能攜帶大量的優良運動技能基因。身高226公分的姚明，曾是身高最高的NBA現役球員，他的父母是中國身高最高的夫妻檔，兩人都曾是籃球球員，撮合他倆的是中國籃球協會。布魯克・拉默（Brook Larmer）在《姚明行動》（*Operation Yao Ming*）一書中寫道：「當局為了魁梧

288

體型刻意挑選出姚明的兩代祖先，他的母親和父親都在不情願的情況下，被徵召進入運動體系。」儘管如此，為了超級球星後代而把運動員刻意湊成對，還是很少見的。

就連這樣，也不保證優秀運動員的任何一個後代，在運動方面會有所成就。事實上，父母越優秀，孩子越不可能有同樣優秀的表現。在受到許多基因影響的任一個表徵中，從統計學上來看，孩子就是不太可能像父母當中很幸運的一方那麼好運。「趨中迴歸」（regression to the mean，或譯「向平均迴歸」）這個用語，有一部分出自身高研究。當然，兩個身高超過210公分的人所生的小孩，很可能高出平均身高，但可能不會像自己的父母那麼極端。同樣的，兩個天賦殊異的運動員所生的小孩，可能會比隨機選出的人，攜帶更多有助於運動技能的基因組合，但很難像父母那麼幸運。

人類多半會繼續仰賴機運，運動也多半會繼續為人類生物多樣性的大觀園，提供很棒的舞台。下屆奧運到來之時，請一定要在盛大的開幕式上尋覓人類體型的極致。145公分的體操選手站在140公斤的鉛球選手旁邊，鉛球選手抬頭看著210公分高的籃球選手，而這個籃球選手展開雙臂時，兩手指尖相距足足230公分長。或是195公分的游泳選手跟他的同胞——175公分的1,500公尺賽跑選手——一起進場，而兩人下半身的褲子一樣長。

我們的族裔史、地理史和個人家族史，塑造了我們每個細胞核中以及我們身體內所攜帶的基因訊息。就最真實的基因層面來看，我們全是一家人，是祖先們所走的路讓我們如此截然不同，想到這點就令人驚歎。達爾文在他的動搖典範之作《物種原始》（On the Origin of Species）的結語中揭示，他所見的所有生物變異都源於共同的祖先，然後寫道：「……從如此單純的源頭，已經演化出無窮無盡最美、最奇妙的生命形式，且此刻還在繼續演化。」

289

我們每個人都是獨一無二的，因此基因科學將會繼續讓我們看到，沒有一體適用的訓練計畫，就像沒有萬靈丹一樣。如果一項運動或一套訓練方法行不通，問題可能不是出在訓練。就最深層的意義來說，問題可能在於你。

別害怕嘗試不同的事物。唐諾・托馬斯和克莉西・威靈頓都不害怕，而尤塞恩・波特終究下定決心要揚名板球界。

20世紀初，在體型大霹靂之前，體育老師普遍認為，「中等」體型是所有運動項目的理想體能狀況。他們真是大錯特錯！現在遺傳學家和生理學家正在強化證據，證明練習計畫也許可以因人而異。

2007年年底，頗具聲望的《科學》期刊把「人類基因變異」列為當年最重要的科學突破，並放上封面。封面故事寫道，隨著DNA定序變得更便宜又快速，「現在研究人員發現，我們彼此之間真是很不一樣。」

追求運動技能進步，就是要找到適合自己獨特生理狀況的練習計畫。正如HERITAGE家族研究顯示的，單一的運動計畫對於特定的身體特徵，會產生很大且個別化的改善範圍。但奇妙的是，即使在HERITAGE研究中，還是沒有對一切練習都「毫無反應」的人。當然，有些受試者的有氧適能沒有改善，不過也許他們的血壓下降了，或是膽固醇濃度有了改善。每個人都以某種獨特方式，從運動或競賽練習中獲得益處。參與就是一種自我發現的歷程，在很大程度上，這個歷程甚至超出了尖端科學能夠解釋的範圍。

著名生長專家兼世界一流跨欄運動員譚納說得很中肯：「每個人的基因型都不一樣。因此為求最佳的成長發育，每個人都應該有不一樣的環境。」

祝訓練愉快。

美國平裝版後記

Afterword to the Paperback Edition

美國版《運動基因》是在2013年8月出版的，而柏林馬拉松在隔月舉行。男子選手前五名的國籍是：肯亞、肯亞、肯亞、肯亞、肯亞。而在女子選手方面，肯亞人包辦了第一、第二及第四名。在十月的芝加哥馬拉松，肯亞男子選手拿下第一、第二、第三、第四、第八及第十一名，肯亞女子選手奪得前兩名。一個月後，肯亞選手在紐約市馬拉松男子組和女子組雙雙奪冠。

但不要被肯亞二字騙了。就像在這本書第十二章和第十三章放個驚嘆號一樣，這些選手個個來自卡倫金族這個少數民族——源族群：五百萬人。這是哥斯大黎加的人口數。你能否想像哥斯大黎加的賽跑選手在一場大型馬拉松賽包辦前五名？我們在卡倫金馬拉松選手身上，見證了具備世界一流運動本領的人數，超出人口比例達到人類史上最高的現象。嘗試用這個角度來看事情：在我寫這段文字之時，史上有十七個美國人和十四個英國人，在馬拉松賽跑出2小時10分以內的成績（相當於4分58秒跑完一英里，或3分4秒86跑完一公里）；今年（2013）就有七十二個卡倫金人達到這樣的成績。這證明了卡倫金人具備獨特生理特質和訓練環境，也證明了由丹尼斯‧奇梅托（Dennis Kimetto）樹立的某種精神典範，在他以極快的賽會紀錄奪得2013年芝加哥馬拉松賽冠軍之前，他在路跑界並不特別出名。

衝過終點線後，現年二十九歲的奇梅托承認自己是路跑新人。他表

示：「在2010年以前，我專心於農事，從來沒有跑過步。以前我真的沒跑過步。我都在種玉米和養牛。」

我為這本書的報導內容走訪肯亞時，除了對卡倫金跑者的修長身材大感驚訝，也對他們永遠不嫌晚的心態驚詫不已。奇梅托在二十五、六歲時，某日在購物中心遇到一個知名的馬拉松選手，對方邀他加入訓練，之後奇梅托才開始認真跑步。我不禁思索，要是奇梅托住在美國或歐洲，那次相遇會如何發生。也許他會考慮一會兒，幻想著自己從農夫變成職業運動員，在某個由大城市主辦的馬拉松賽中，高舉雙臂衝過終點線，帶著六位數薪水衣錦榮歸裂谷鄉間，情不自禁地笑了起來。然後白日夢會破滅，他會意識到為時晚矣，追求這個目標的時間已經過了，有搶先起步優勢的人太多了。

畢竟，這往往是「一萬小時法則」這嚴格觀點中，心照不宣的薄弱環節；這個觀點是說：唯有累積練習時數，你才能達到成就。如果只有練習很重要，而你的對手累積的練習時數已經遠遠超過你，你就沒有成功的希望了。這個「法則」還未傳到裂谷省西部，真是謝天謝地。卡倫金人的主要賽跑現象，一直是二十幾歲的男女初次開始認真訓練，所根據的假設是，如果他們夠有才華，有重要的動機，願意熬過激烈的訓練，他們就能趕上那些已經練習更多時數的人。正是這種「永遠不嫌晚」的心態，讓體育界（及這本書）有了跳高選手唐諾·托馬斯、三項全能運動員克莉西·威靈頓這樣的運動員，以及他們精采的故事。

我提到這件事，是因為《運動基因》觸及的受眾，比我所設想的還要廣。（歐巴馬總統被拍到在「小商家星期六」〔Small Business Saturday〕拿起一本《運動基因》。）這本書的成功，讓我更加相信讀者想了解尖端科學，不怕極複雜的事物。同時這也代表，第一版的油墨還沒有乾，我對一萬小時法則的批判所產生的可能影響，已經成了主流新聞報導的話題。其

293

中一位對我批評最力的，是英國記者、暢銷書《練習的力量》(Bounce) 的作者馬修・施雅德 (Matthew Syed)，《練習的力量》在寫非凡的表現很大程度上仰賴一萬小時法則（也稱為「十年定律」），同時試圖刻意淡化基因的重要性。

我和施雅德一起上 BBC 電台接受訪問時，他爭辯的不是我在書裡寫出的科學，而是他認為承認與生俱來的天賦會帶來什麼社會影響。施雅德暗示，內含任何遺傳天分概念的社會訊息，都會限制人們的努力方式，阻礙他們發揮潛能。

奇梅托、托馬斯、威靈頓這些冠軍選手會怎麼說？三十歲才踏入職業之路、職業生涯短短五年的威靈頓，不僅成為優秀的冠軍選手，還是了不起的慈善家。我們很幸運能有她這樣的人，她從自己的成就中獲得這樣的訊息：「人人都有天賦，有時候那些天賦隱藏起來了，所以必須敢於嘗試新事物，否則你可能不知道自己擅長什麼事。」

我希望並且深信，對於這本書提及的遺傳學和生理學的進一步科學研究，會繼續把托馬斯和威靈頓找到適才適性運動的單純好運，轉變成可協助更多運動員充分發揮才能的科學本位體系。

新聞工作者誤解原始一萬小時研究（研究對象是一小群小提琴手）的問題，到 2012 年、原始論文發表二十年後達到顛峰，結果讓主導該研究的心理學家安德斯・艾瑞克森決定該出面回應了。他在題為〈把教育交給新聞工作者的危害〉(The Danger of Delegating Education to Journalists) 的公開信中，稱一萬小時法則是「瞎編」的，這封信會連結到他的學院網站。他也在一篇科學期刊文章中，貶斥那個眾所周知的超譯，多次用「那個通俗網路版」來稱呼。他試圖在公開信中澄清對於原始一萬小時研究的幾個誤解。他寫道：「一萬小時事實上是（20 歲以內的小提琴手）最優組的平均值；其實大部分最優秀的小提琴家在 20 歲時，累積的練習時數比這少很多。」

294

上個月我前往澳洲運動學院開會，翻閱了一位足球教練的訓練計畫，他計畫替球員在十八歲前安排**整整**一萬小時的訓練，而艾瑞克森在公開信澄清的誤解，對他來說會是個突如其來的意外。就如我在第二章指出的，（以小提琴家為對象的）原始研究得出的那個平均時數，其本質會掩蓋每一項關於技能習得的研究中，所呈現的個別差異。（再者，請記住：原始的小提琴研究，是去找某所世界一流音樂院裡的演奏家來研究，他們已經預先經過高規格的篩選了。在體育運動領域，這就好比只去研究NBA中鋒球員，注意到他們都有大量練習，於是斷定練習是他們能進入NBA打球的唯一原因——而不是練習加上身高超過210公分。）

對於施雅德的那種批評方式，我更關注的是他似乎在暗示，我們該摒棄那些不符合他所偏好的社會訊息的科學。提升那些鼓勵特定訊息的研究，同時刻意淡化與之矛盾的科學，雖然出發點是好的，但往好的方面說是誤導，往壞的方面說則是有害的。（後者的例子請參見第十一章。）在我看來，認為我們可以選擇最好的社會訊息，又不用承認科學的廣泛性，無論如何都是很專橫的。若要幫助每個人追尋最好的成果，我們得了解人與人間真正且重要的先天差異是什麼，而不是規定一個神奇數字或單一途徑。（第二章的「**兩名跳高選手的故事**」就證實了，達到出類拔萃的途徑不止一條，即使是在相當容易的運動上，達到實質上相同的成就的兩個人身上。）我們應該努力收集更多關於個人獨特性的數據，而不是欣然接受強迫我們逃避它的心態。在我做報導期間的某一天，那種心態有了例證；當時，某所一流研究型大學人體運動學系的系主任向我坦承，他隱瞞了做運動者對某種膳食補充劑的反應的相關數據，因為他發現黑人和白人受試者有不同的反應。他擔心，公然承認不同族裔的受試者之間存有差異，不知道會有什麼後果。不管他的意圖是什麼，隱瞞數據就意味著，公眾和科學界的其他人無從得知這個資訊。

295

　　一萬小時的思維，也有可能造成不當或沒有效果的過度專項化訓練，傷害我們最年輕的運動員。出書後經常有人問我：「我的孩子應該在什麼時候專攻一項運動？」如果累積練習時數是你在某項運動取得成功的唯一決定因素，那麼答案顯然始終是：「越早越好。」當然，如果只針對成年菁英運動員與表現稍差的準菁英運動員，去比較他們刻意練習的平均時數，花很多時間練習顯然很重要：

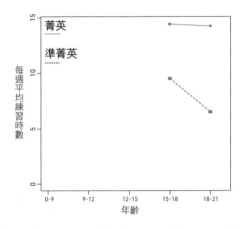

然而，當科學家納入童年時期的練習時數，看到的全貌卻是這樣：

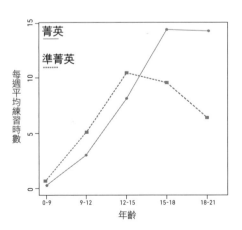

296

　　在童年階段的大部分時候，未來的菁英在他們最後專精的運動上，其實平均來說練習得比準菁英少。他們在十五、六歲時才專攻一項運動，開始認真累積練習時數。[1]有些最終成為菁英的運動員可能只是比較有天分，不用那麼早專精於一項運動。或者，考量到上圖中大約處於青春期的交叉時間點，未來的準菁英或許只是發育得較早，在同儕的身體變化後來居上時不再顯得突出，隨後這些準菁英就開始放棄了。關於這個模式，另一種可能解釋是：提早專項化，實際上阻礙了某些運動技能的發展。回想第三章談到的，提早開始劇烈的短跑專項訓練，有可能造成令人擔心的「速度高原期」。與美國高中一年級新生的充分跑步訓練計畫相比，牙買加優良田徑高中的新生所接受的訓練，簡直輕鬆得可笑——每週休息幾天，沒有重量訓練。[2]牙買加人先是玩樂，找到屬意的比賽項目，到高年級時才認真起來。（在《運動基因》出版一個月後，有一項針對奧克拉荷馬州立大學美式足球員所做的研究也發表了，該研究發現，在大學重訓室鍛鍊了四年的運動員，肌力雖大幅提升，但速度並未進步。這些研究人員的結論是，招募者最好是挑選速度已經很快的足球員。）2

　　有些運動員會先嘗試各項運動，再找出自己最適合的項目，而提早專項化也可能過早中斷這個摸索期。雖然有特殊專長的神童令我們著迷，也獲得媒體關注，但事實證明，較晚從事專項運動的人是常態，而非特例。以兩度拿下NBA最有價值球員的史蒂夫・奈許（Steve Nash）為例。奈許在加拿大的足球家庭長大，起初想成為職業足球員，就像他的弟弟馬丁（Martin）後來的發展一樣。（在YouTube搜尋「Steve Nash soccer with

1　這些數據來自「cgs制」的運動，也就是可以用公分、公克、秒這些單位計量的運動，包括自行車、田徑、划船、游泳、帆船、三項全能、舉重等等。另一些運動項目也發現了類似的模式，包括網球及幾種團體運動。有一項針對152位美國職棒球員所做的研究發現，他們在高中時最普遍的經歷，是在專項化訓練前也打美式足球和籃球。但在某些運動，如女

Eli Freeze」，可看到奈許秀出厲害足球技巧的影片。）

　　奈許告訴NBA.com：「我在十二、三歲開始打（籃球），所以我擁有第一顆球的時候，一定已經十三歲了。」他十三歲時擁有自己的第一顆球。奈許形容，獲得籃球就像是找到「新朋友」。比起一大堆參加青少年聯盟，或在幼稚園就接受某種系統化指導的美國男孩（包括我在內），他可能落後了五到八年，不過奈許顯然很快就迎頭趕上，日後還成為籃球史上球技數一數二的球員。奈許說：「如果你擅長其他運動，在那個年紀很容易就能轉換到任何一項運動。我是在十三、四歲時，發覺我有機會當個非常好的（籃球）球員。」

298

　　奈許所遵循的模式，在有關於菁英運動員童年期的研究中，多次出現：他的「體驗期」到十二歲左右結束，他在這段期間嘗試各種運動，找到體能上和心理上最適合他的一項，然後在十五、六歲時專注投入，開始務正業。

　　聽起來很像球王費德勒，他小時候打過羽球、籃球，也踢過足球，而且認為那些經歷讓自己成為更好的運動全才。（至少，那些經歷顯然沒有危及他的網球發展。）強·沃海姆（L. Jon Wertheim）在他的《天才之擊》（*Strokes of Genius*）一書中，形容費德勒的父母是「幫忙踩煞車」（pully），而不是逼得太緊（pushy）。沃海姆寫道：「如果他們給過他什麼鼓勵的話，那也是要他別把網球看得太嚴重。」瑞典有一項針對準菁英及菁英網球選手（其中五人是世界排名前十五的選手）所做的研究，發現最後躋身準菁英的選手，在十一歲就放掉網球以外的所有運動，而最後成為菁英選

子體操，提早專項化訓練是避免不了的——過去三十年間，體型大霹靂（見第七章）已經讓菁英女子體操選手的身高平均從160公分縮到145公分，保留了很短暫的競技時機。
2　牙買加的全國高中錦標賽是按照年齡組來分的，讓年齡較小的跑步選手可以發展得慢一點。在美國的州錦標賽，跑得快的十四歲選手可能會和十八歲的選手競賽。

手那些人，則會繼續從事多項運動到十四歲為止。未來的菁英在十五歲時，才開始比未來的準菁英花更多時間練習。研究人員寫道，在未來菁英的童年時期，「網球只是多項運動的其中一個。他們是在單純、和睦、不要求成功的俱樂部環境體系中，參與網球運動」。未來的準菁英大多在過了童年期之後，獲勝次數開始減少，最後他們通常在不到二十歲時，就完全放棄這項運動了。[3]

有一項針對音樂家童年期的研究，也顯現了類似的模式。心理學家約翰·斯洛博達（John A. Sloboda）和邁可·豪伊（Michael J. A. Howe）在〈音樂優異表現的生物前兆〉（Biological Precursors of Musical Excellence）這篇論文中提到，他們發現某所競爭激烈的音樂學校裡，被視為「能力優異」的青少年，在入學前嘗試過多種樂器，而且練習和所上的課都比被視為「能力平平」的學生來得少。能力平平的學生在入學之前，演奏和練習他們的第一種樂器的時間累積達1,382小時，反觀能力優異的學生只有615小時，而且後者比較晚才專攻一種樂器並增加練習。這兩位心理學家寫道，能力平平的演奏者「演奏樂器的總時數較多，但投入絕大部分的精力在他們選擇的第一種樂器上」。也就是說，他們固守單一的道路，而不是欣然接受體驗期；在體驗期，無論運動員還是音樂家，顯然往往都會找到最適合自己獨特身心的發展之路。當然，有些時候孩子接觸的第一種樂器，後來也證明是理想的樂器——「老虎」伍茲就是一例。不過，對每一個像「老虎」伍茲的孩子來說，有多少人被催促立刻專攻一項，就像準菁英網球選手或音樂學校裡那些「能力平平」的學生，而不是多方嘗試參與，就像能力優

299

3 伊利諾州羅耀拉大學基層醫療保健運動醫學的醫學主任尼魯·賈揚蒂（Neeru Jayanthi）已經證實，年輕運動員如果從事多項運動，而非專攻一項，受傷率比較低。他的研究結果並不在建議孩子一定要花比較少的時間在運動上，只是建議他們要從事多種活動。想想費德勒的例子。

異的學生和奈許那樣,等確定了較適合的項目再集中精力?斯洛博達和豪伊寫道:「這些數據的強烈意涵是,小時候上太多課可能沒有用。」

　　早期體驗的價值不會削弱練習的重要性。(我想到卡倫金跑步選手時,我知道如果肯亞裂谷省西部突然經濟起飛,成為今天的富裕城市中心,那麼生理優勢的影響就會變得微乎其微,中長跑現象在明天就會消失大半。)不過,我們對人類的變異了解得越多,就越明白單靠練習是不夠的。找到適合自己才能的目標,努力達成,才是取得最佳表現的關鍵。

　　《運動基因》問世後,葛拉威爾在幾個場合中,回應了我對「一萬小時法則」的批判,這些回應都是經過深思熟慮的,包括他在我接受加州 KPCC公共廣播電台的電話專訪時加入討論(這讓我很意外)。葛拉威爾在節目中說,練習一萬小時的見解不應該套用在運動領域,它只適用於具有「認知複雜度」的活動。

　　研究技能發展的運動心理學家喬·貝克在回應時指出:「運動中的知覺與行動,是人類能做到的最複雜事物之一,不僅執行上很複雜,還經常有人設法阻止你執行。」在我們的KPCC專訪中,葛拉威爾詳盡說明他的觀點是,學習西洋棋、音樂、電腦程式設計這些需要大量知識的困難技能,都需要經過大量練習,而且往往比大多數人所設想的多出許多。我認為這要看大多數人的設想是什麼。如果是覺得大量練習極為重要,特別是高品質的練習,那我百分之百贊同。我的朋友都知道我的理念是,給我六個月,我就能指導隨便哪個有兩條腿(或義肢、競速輪椅)且沒有嚴重疾病的人跑完馬拉松賽,所以我在《運動基因》問世後變成某些天才類型的某種代言人,讓我覺得有點奇怪——注意喔,不是在2小時10分以內跑完,因為那需要特殊的遺傳特質,但接受過指導的人可以跑完全程就是了。凡是從未受過訓練計畫、開始探索個人生理狀況的人,無論是訓練跑步,還是像棒球、板球或網球這類需要大量動作技能的運動,都錯失了奇蹟般的、

非常迷人的轉變。

　　說到動作技能，讀者常問我的另一個問題是：有沒有證據顯示，某些基因對細緻動作技能的習得很重要？就像我在最前面幾章寫到的，雖然牽涉到動作技能的具體基因多半還不清楚（就像與身高有關的基因多半還不清楚），但有關於技能習得的研究通常發現，技能越複雜，學習速度的個別差異就越大。有些早期研究也確認了可能影響動作技能習得個別差異的特定基因變體。我在《運動基因》的第一份初稿中，有把一些這方面的研究寫進去，但由於相關的科學還在起步階段，所以我在不得不修剪篇幅時，決定把它留在剪輯室地板上了。我也擔心讀者會過度解釋這些研究發現。然而，如果你對表現科學有足夠的興趣，把《運動基因》這本書讀到這裡了，那麼你也相當有能力處理複雜的內容，能夠理解關於任何單基因的早期科學研究在不久的將來，也許會受到支持或質疑。因此，我在這裡補上了從這本書初稿中剪掉的相關段落。它談的是BDNF基因，這個基因替它的同名蛋白質編碼：腦源神經營養因子（brain-derived neurotrophic factor，簡稱BDNF）。這個基因有兩個變種，稱為「val」和「met」，美國國家心理衛生研究院（National Institute of Mental Health）做過一項研究，發現帶有met版本的人，研究人員要他回想看過的景象時，表現得比較差。一些後續研究顯示，BDNF可能也會影響到參與運動技能習得的「肌肉記憶」：

　　在學習動作技能時，大腦運動皮質中的BDNF量會增加，而BDNF是學習技能時，負責協調大腦重組的神經訊號之一。2006年有一項研究發現，受試者在使用右手練習動作技能時（例如用儘速將小木樁放進洞裡），右手所對應的腦區（即神經「動作地圖」）大小會隨著練習增加的情形，只發生在那些不帶有met版本BDNF基因的人的腦中。所有受試者一開始的動作地圖大小相似，但只有非met版攜帶者

會隨著練習發生變化。

　　2010年，由神經學家史蒂芬・克芮麥（Steven C. Cramer）帶領的科學家團隊，著手試驗BDNF基因是否會影響參與動作技能學習的記憶類型，他們的試驗結果顯示確實會有影響。在該研究中，參與試驗的人要在一天之中，開車沿著一條數位車道跑十五次。所有駕駛者在學習過程中都有改進，但met版本攜帶者沒改善多少。研究團隊要求所有駕駛者，四天後回來再開一次這條路線，結果met版本攜帶者出錯次數比較多。科學家在駕駛者練習動作技能時，透過功能性磁振造影（fMRI）觀察他們的大腦，結果發現那些帶有met版本BDNF基因的人，呈現出不同的活化型態。

　　像這樣鎖定單基因變體的大腦活化與基因關聯研究，研究結果必須可以重現，然後才會公認為事實。不過，這項研究的概念很吸引人，當然值得繼續關注，看看它會不會獲得支持。如果後來證實val版本和met版本攜帶者之間，動作技能學習差異是穩定且顯著的，那就但願後續的研究會去尋找可協助met版本攜帶者進步的練習策略。畢竟大部分的鍛鍊和運動遺傳學的目標就是：為每一個人找到理想的訓練環境。

　　在科學家越來越明白個別差異的同時，我們每個人卻越來越難取得跟自己的基因有關的某些資訊。2013年11月，美國食品暨藥物管理局（Food and Drug Administration，FDA）下令，直接對消費者提供服務的基因檢測公司23andMe必須停止部分業務——23andMe以99美元的價格，替每個消費者檢測上百個基因變體。FDA具體指出，當23andMe提供與健康風險有關的基因資訊，其實也是在提供一種醫療診斷，但這應該是在醫師的管理下才能使用。對於23andMe服務的部分顧慮，源自類似我在第九章談ACTN3「速度基因」時所描述的難題：一個基因也許真的對速度有

影響，但在不了解其他許多基因及環境因素的情況下，做出人生的決定，可能是很愚蠢的，這就像你只看到拼圖的一小塊，就要判斷一整幅拼圖描繪什麼圖案。（在ACTN3的例子裡，這是很愚蠢的。）

　　當我去瀏覽23andMe的留言板，發現有些消費者顯然會貿然過度解讀他們的數據，擔心某個健康風險，即使他們覺得自己很健康，即使他們檢測出陽性的基因變體可能只是讓罹患相關疾病的風險增加一點點。不過我覺得許多在23andMe留言板貼文的人（自願去做檢測的人）是理智的，他們理解檢測結果在某些情況下，可能是以新興的科學為基礎，了解單一基因往往呈現不出全貌。（到目前為止，研究都顯示，自願做篩檢且高風險致病基因檢測為陽性的人，通常會相當理性地看待這些資訊。）23andMe將會繼續提供祖源檢測，也會繼續（在消費者的允許下）把原始基因數據用於研究。該公司不會再提供消費者基因變體的相關資訊，例如（在第十五章描述過的）會增加阿茲海默症風險、且會妨礙攜帶者在腦震盪後康復的ApoE4。（那個資訊還是要從醫師那裡取得。）

　　我個人很喜歡從直接對消費者提供服務的系統取得資料，但我知道我能透過非常獨特的管道，找遺傳學實驗室和全世界的專家，協助我把資訊放進一般消費者不易獲得的脈絡中。值得稱許的是，23andMe確實提供了來自遺傳學家的科學論文引用文獻、圖表和影片解釋，以及該公司的檢測結果。然而許多消費者還不十分清楚，他們的特定表徵或疾病基因剖析，可能會隨著科學的最新發展而逐月改變。

　　談到我們個人的基因資訊，我不知道「謹慎」和「自由取得」兩者之間，完美的平衡點在哪裡。23andMe也毫不掩飾他們計劃把所彙集的消費者資料，（同樣是在經過許可的情況下）用於其他業務，例如提供資料給藥廠，這樣他們也許就能向具有某種基因剖析的消費者打廣告。

　　直接對消費者提供服務的基因檢測如果要適用於大眾，則除了第十五

章談過的「基因資訊反歧視法」，基因隱私權法規也需要加強。不過，基因體定序的價格，下跌得比 Speedo 發明新泳衣後的游泳速度還快，因此現在就該讓更多人參與基因資訊議題的討論。事實上昨天就該討論了。

　　但正當基因技術和尖端生理學讓我們更清楚每個運動員的差異，在可預見的未來，卻有更好的全方位資訊來源。帶著嘗試錯誤的心態，接受訓練計畫並觀察自己的進展，是一種個人的生理及心理探索，這是每個人都可享有的，而且各不相同。擁有你自己的體驗期，永遠不嫌晚。

　　正因為這樣，我想用《運動基因》首版的結尾替這個版本作結：

祝訓練愉快！

大衛・艾普斯坦

2013年12月

致謝

Acknowledgments

應該感謝的名單對這裡的篇幅來說太長了，幸好許多人的名字都可以在書中找到。這些都是把想法分享出來的運動員、科學家和其他人。

有些人騰出時間讓我採訪了幾十次，例如皮齊拉迪斯。我跟隨皮齊拉迪斯去牙買加時，他確保在他替一位牙買加前奧運選手做生檢時，我可以一起待在手術室裡。在與他共處的時間裡，我是個富裕的人。

生理學家 Stephen Roth 與 Tim Lightfoot 仔細審查了整本書在運動生理學方面的描述，抓出錯誤或不精確的地方。濃縮科學敘述同時又要維持準確性，絕非易事，而在我能做到的範圍內，我要感謝十多位科學家的耐心。我也要感謝幫我查證事實的 Rebecca Sun，她是個剛要嶄露頭角的編劇天才。如果書裡仍有錯誤，全是我的責任。

每隔一段時間，我就會翻到一本研究深度和見解獨創性令我自覺形穢的書。其中兩本書的作者已經過世——譚納（J. M. Tanner）和古柏（Patrick D. Cooper）。我很遺憾永遠沒有機會採訪他們，不過他們的努力與不受傳統束縛的見解，會留存在我腦海中，不斷給我熱情和勇氣。

我要特別感謝《運動畫刊》的幾個同事。沒有 Richard Demak，我恐怕就不會靠運動科學寫作為生了。沒有 Chris Hunt 和 Craig Neff，我大概也無法替《運動畫刊》寫那篇後來催生出這本書的報導。沒有 Terry McDonell 和 Chris Stone，我想我應該就不會有寫這本書的自由。沒有

L. Jon Wertheim和我的經紀人Scott Waxman持續鼓勵，我鐵定在這本書還沒開始之前就會放棄了。Scott，謝謝你制止我想打退堂鼓的念頭。（感謝Farley Chase處理國外版權。）

　　如果不是因為我和凱文・理查茲的友誼，很可能我當初就不會開始從事運動科學寫作了。凱文出生於牙買加，在超過十三年前的某個週六，於艾凡斯頓的一場田徑比賽中猝死。我想，對我們這些和他一起跑步的人來說，這個傷疤將永遠是新的。我要謝謝凱文的父母Gwendolyn和Rupert以及教練David Phillips所提供的力量。還要感謝Kevin Coyne，教我如何書寫死亡和朋友情誼。

　　在肯亞，如果沒有Ibrahim Kinuthia、Godfrey Kiprotich、James Mwangi及Tom Ratcliffe和Christopher Ratcliffe，我就到不了我所去的地方，接觸不到我所接觸的人（和語言）。如果沒有Ibrahim和Harun Ngatia，我可能還停在從雅胡路路到奈洛比的路邊，努力找回那個自己鬆脫飛出、撞上一頭綿羊然後滾進灌木叢裡的輪胎。（謝謝那些好心從乾草中拔出車輪螺帽的孩子。）

　　在牙買加，我要感謝理工大學的教職員，特別是體育主任Anthony Davis和科學與運動學院院長Colin Gyles。

　　在日本，我要感謝東京都老人醫學研究所（Tokyo Metropolitan Institute of Gerontology）的Noriyuki Fuku和Eri Mikami。

　　在芬蘭，我要感謝門蒂蘭塔一家人，尤其是愛莉絲。此外還要謝謝Elizabeth Newman，原本我對於找到艾羅・門蒂蘭塔不抱希望，是她幫忙用芬蘭語幫忙講電話。

　　我要給我的瑞典「家人」puss och kram（親吻和擁抱）。特別是Kajsa Heinemann，在我的瑞典之行給予友誼，也替我翻譯了瑞典文的文章，好讓我為採訪霍姆的工作做好準備。

說到這個，我還要感謝幾位幫忙翻譯對話、論文或影片的人員：Shiho Takai（日語）、Alex Von Thun（德語）及 Veronika Belenkaya（俄語）。

雖然我的名字會出現在封面上，但如果拉開布幕，你就會看見許多高手。感謝企鵝（Penguin）出版集團 Current 出版社的全體人員，尤其是行銷總監 Will Weisser、公關宣傳總監 Allison McLean、公關 Jacquelynn Burke，以及 Katie Coe。我要特別感謝兩位編輯 Adrian Zackheim 和 Emily Angell。要衡量他們對這個出書計畫和對我的耐心，最佳之道就是用文字表達：有四萬字──我的第一份初稿大大超出篇幅這麼多字。我也要謝謝 Yellow Jersey Press 的 Matthew Phillips 和 Louise Court。

心理學家德魯‧貝里的貢獻怎麼說都不為過，包括：容許我在一天當中的任何時候，找他做不著邊際的討論，幫忙分析 NBA 球員的資料，以及充當個人警報系統，提醒我留意可能會影響我下筆的新研究發現。基因科學一直在變動，我無法獨自追蹤它的進展。（謝謝 Will Boylan-Pett 幫忙取得期刊。）

就我所知，在我研究遺傳學之前，我的父親 Mark Epstein 對遺傳學興趣缺缺，但他現在時常搜尋文章，甚至還去檢測了自己的部分基因體區段。一個父親還能提供比這更好的榜樣嗎？我的妹妹 Charna 和弟弟 Daniel 聽我說「我覺得我寫不出來」的次數，大概多到我忘了說過多少遍，他們從未相信我說的。我的母親 Eve Epstein 好像始終知道我會寫出一本書，除了幫我翻譯瑞典文，她的鼓勵也一直支撐著我。在進行這本書的過程中，我無意間發現了一封信，是一位音樂老師在我母親七歲時，寫給我的外祖父母的──我母親的父母都逃離了德國。信是這樣寫的：

> 我想向你們報告，令嬡在我所能給她的時間裡，有極為優異的表 308
> 現。她有超高的音樂 IQ，應該由專家給她特殊的關注。我只有零星

的幾分鐘特別關照她，這令我擔憂。在過去二十年接觸到、教過的孩子當中，我從來沒有遇過比 Eve 更敏捷、更突出的孩子。也許我們可以找時間談一談。

謹啟
Howard Baker

這提醒了我們，先天與後天都是必備條件，缺一不可。

最後要感謝的是 Elizabeth。我喜歡對自己開玩笑說，MC1R 基因變體帶來的高疼痛耐受度，一定能解釋她為什麼那麼能忍受我的滑稽舉動。如果我再寫一本書，我一定也會把那本書獻給她。

註釋與部分引用文獻

Notes and Selected Citations

　　這本書的報導涵蓋了上百次訪談。在許多情況下，我直接引述了受訪者，凸顯出資訊來源。在少數情況下，科學家和我分享他們從菁英運動員取得的資料，但要求匿名，理由是該研究的目的，是為了替特定隊伍或運動員獲得競賽優勢。由於在這種情況下，我沒有提到科學家或運動員的名字，所以他們的資料僅用來證實其他研究。

　　另外，我也在會議中獲得寶貴的相關資料，比如2010年的英國體育與運動科學協會（British Association of Sport and Exercise Sciences）大會，以及美國運動醫學會（ACSM）年會。到2012年，我在運動醫學界已經惹夠多麻煩了，結果還受邀擔任ACSM講者，在那次會議上，我也很榮幸和（足跡踏遍全世界的DNA採集者）皮齊拉迪斯共同籌劃了專家小組，討論運動特殊才能是先天還是後天。專家小組成員包括：克勞德·布夏爾（世上最具影響力的運動遺傳學家）、安德斯·艾瑞克森（因一萬小時和刻意練習研究而出名的心理學家），以及菲利普·阿克曼（設計出飛航管制員測驗的動作技能習得專家）。討論當然很熱烈，但會後晚餐氣氛和樂。對我而言，這是科學的最佳範例，大家雖彼此有爭論，但也會互相合作。

　　我在這裡會列出大量但不完整的引用文獻。我經常提到研究者及出版品兩者或其中一項，因此通常很容易追查所引用的書籍和研究。舉例來說，珍娜·史塔克斯和布魯斯·亞伯內西做過的數十項研究，對第一章大有助益，不過我在這裡不會詳列他們的論文。這些註釋的用意，是要強調正文中沒有詳盡說明的事實出處，並且方便有興趣鑽研原始參考書目的讀者去找來讀。這本書裡的引述，絕大多數直接出自我的受訪者，只要不是我採訪來的，就會在正文中或這裡註明出處。

Chapter 1 ——技壓職棒大聯盟明星的女子：不談基因的專精模式

2　珍妮·芬奇在採訪時告訴我，她擔心普荷斯回敬一記平飛球，以及邦茲不讓攝影機拍攝某幾球。芬奇多次三振大聯盟球員，以及普荷斯說出「我可不想再經歷一次」這句話，這些影像都在 *MLB Superstars Show You Their Game* (Major League Baseball Productions, 2005) 這支DVD影片中。

4　關於人在設法打到快速球時面臨的問題：Adair, Robert K. *The Physics of Baseball* (3rd ed.). Harper Perennial, 2002. Land, Michael F., and Peter McLeod (2000). "From Eye Movements to Actions: How Batsmen Hit the Ball." *Nature Neuroscience*, 3(12):1340–45. McLeod, P. (1987). "Visual Reaction Time and High-Speed Ball Games." *Perception*, 16(1):49–59.

5　喬·貝克（約克大學）和約格·舒勒（Jörg Schorer，德國明斯特大學）教我反應速度，還讓我做了一次遮擋測試，在測試過程中，我必須防守一個虛擬的球門，不讓職業女子手球選手進球。從這本書初稿的原始第一章標題，可以猜到我的測試結果：敗給數位女孩。

5　凡是曾被告知「眼睛要盯著球看」的人，可看：Bahill, Terry A., and Tom LaRitz (1984). "Why Can't Batters Keep Their Eyes on the Ball?" *American Scientist*, May–June.

6 珍娜・史塔克斯在知覺技能及簡單反應時間方面所做的一些研究：

Starkes, J. L., and J. Deakin (1984). "Perception in Sport: A Cognitive Approach to Skilled Performance." In W. F. Straub and J. M. Williams, eds. *Cognitive Sports Psychology*, 115–28. Sport Science Intl. Starkes, J. L. (1987). "Skill in Field Hockey: The Nature of the Cognitive Advantage." *Journal of Sport Psychology*, 9:146–60.

8 德赫羅特的實驗，為西洋棋專業技能的研究奠定基礎：

de Groot, A. D. *Thought and Choice in Chess*. Amsterdam University Press, 2008.

10 卻斯和西蒙的西洋棋專業技能組塊理論：

Chase, William G., and Herbert A. Simon (1973). "Perception in Chess." *Cognitive Psychology*, (4):55–81.

11 布魯斯・亞伯內西和同事所做的幾個創新遮擋研究：

Abernethy, B., et al. (2008). "Expertise and Attunement to Kinematic Constraints." *Perception*, 37(6):931–48.

Mann, David L., et al. (2010). "An Event-Related Visual Occlusion Method for Examining Anticipatory Skill in Natural Interceptive Tasks." *Behavior Research Methods*, 42(2):556–62.

Muller, S., et al. (2006). "How do World-Class Cricket Batsmen Anticipate a Bowler's Intention?" *Quarterly Journal of Experimental Psychology*, 59(10):2162–86.

12 拳王阿里的視覺反應速度，以及阿里的測試結果最初如何被錯誤描述：

Kamin, Leon J., and Sharon Grant-Henry (1987). "Reaction Time, Race, and Racism." *Intelligence*, 11:299–304.

12 籃球的籃板球知覺技能：

Aglioti, Salvatore M., et al. (2008). "Action Anticipation and Motor Resonance in Elite Basketball Players." *Nature Neuroscience*, 11(9):1109–16.

13 心理學家理查・艾布蘭（Richard Abrams）提供了聖路易華盛頓大學在2006年對普荷斯所做出的幾個測試結果：

http://news.wustl.edu/news/pages/7535.aspx.

13 運動技能專長研究的詳盡背景資料：

Starkes, Janet L., and K. Anders Ericsson, eds. *Expert Performance in Sports: Advances in Research in Sport Expertise*. Human Kinetics, 2003.

13 練習特定項目會改變大腦，造成自動化：

Duerden, Emma G., and Danièle Laverdure-Dupont (2008). "Practice Makes Cortex." *The Journal of Neuroscience*, 28(35):8655–57.

Squire, Larry, and Eric Kandel. *Memory: From Mind to Molecules* (chap. 9). Macmillan, 2000.

Van Raalten, Tamar R., et al. (2008). "Practice Induces Function-Specific Changes in Brain Activity." *PLoS ONE*, 3(10):e3270.

13 精通一種熟悉的運動方式，會影響大腦的活動。有個有趣的研究：

Brümmer, V., et al. (2001). "Brain Cortical Activity Is Influenced by Exercise Mode and Intensity." *Medicine & Science in Sports & Exercise*, 43(10):1863–72.

14 針對從西洋棋、外科手術到寫作等各種專門技能的現代研究，這是最好的入門書，而且強調「軟體」：

Ericsson, K. Anders, et al., eds. *The Cambridge Handbook of Expertise and Expert Performance.* Cambridge University Press, 2006.

Chapter 2 ──兩名跳高選手的故事（或：10,000小時±10,000小時）

18　可以上網了解麥克羅夫林的進展：thedanplan.com。

21　報導中引述了康皮泰利和哥貝特兩人或個別的大量西洋棋研究，但最重要的是這幾項：
Campitelli, Guillermo, and Fernand Gobet (2008). "The Role of Practice in Chess: A Longitudinal Study." *Learning and Individual Differences*, 18(4):446–58.
Gobet, F., and G. Campitelli (2007). "The Role of Domain-Specific Practice, Handedness, and Starting Age in Chess." *Developmental Psychology*, 43(1):159–72.
Gobet, Fernand, and Herbert A. Simon (2000). "Five Seconds or Sixty? Presentation Time in Expert Memory." *Cognitive Science*, 24(4):651–82.

22　安德斯‧艾瑞克森在這篇論文中，指出葛拉威爾「誤解了」他的結論：
Ericsson, K. Anders (2012). "Training History, Deliberate Practise and Elite Sports Performance: An Analysis in Response to Tucker and Collins Review—What Makes Champions?" *British Journal of Sports Medicine*, Oct. 30 (ePub ahead of print).

23　霍姆的個人網站（scholm.com）是他終生迷戀跳高運動（及樂高積木）的明證。

29　這個網頁保存了托馬斯（穿著鬆垮短褲）參加第一場比賽的照片：
http://www.polevaultpower.com/forum/viewtopic.php?f=32&t=7161& sid=e68562cf62585697482f1ec91c086165。

29　大部分的細節都出自托馬斯本人和比賽紀錄，但托馬斯的表哥說到托馬斯「連跑道會繞一圈都還不知道」，以及克雷頓說他「不知道怎麼熱身」，最初都出自美國田徑暨越野運動教練協會（U.S. Track and Field and Cross Country Coaches Association）在2007年發布的一篇新聞稿，標題為〈難以置信的成名一跳〉（An Improbable Leap into the Limelight）。

31　YouTube有托馬斯在世界錦標賽奪冠的影片：http://www.youtube.com/watch?v-yzmPtZyuo4o。

32　強尼‧霍姆的「丑角」發言，引述自瑞典刊物 *Sport Expressen* 在2007年8月30日的文章。可上網看到：
http://www.expressen.se/sport/friidrott/han-ar-en-javla-pajas/。

32　日本NHK電視台為霍姆和托馬斯製作的紀錄片很精采──片名大致可翻譯成「窺探頂尖運動員的身體內部」。

33　有個很好的例子可說明，能力相當的競爭對手在累計練習時數方面，有很大的落差：
Baker, Joseph, Jean Côté, and Janice Deakin (2005). "Expertise in Ultra-Endurance Triathletes: Early Sport Improvement, Training Structure, and the Theory of Deliberate Practice." *Journal of Applied Sport Psychology*, 17:64–78.

34　這幾篇論文都記述了菁英運動員累積的練習時數：
Baker, Joseph, Jean Côté, and Bruce Abernethy (2003). "Sport-Specific Practice and the Development of Expert Decision-Making in Team Ball Sports." *Journal of Applied Sport Psychology*, 15:12–25.
Helsen, W. F., J. L. Starkes, and N. J. Hodges (1998). "Team Sports and the Theory of Deliberate

Practice." *Journal of Sport & Exercise Psychology*, 20:12–34.

Hodges, N. J., and J. L. Starkes (1996). "Wrestling with the Nature of Expertise: A Sport Specific Test of Ericsson, Krampe and Tesch-Römer's (1993) theory of 'deliberate practice.'" *International Journal of Sport Psychology*, 27:400–24.

Williams, Mark A., and Nicola J. Hodges, eds. *Skill Acquisition in Sport: Research, Theory and Practice* (chap. 11). Routledge, 2004.

34 關於有28%的澳洲運動員短短四年後就達到國際比賽水準:

Bullock, Nicola, et al. (2009). "Talent Identification and Deliberate Programming in Skeleton: Ice Novice to Winter Olympian in 14 Months." *Journal of Sports Sciences*, 27(4):397–404. Oldenziel, K., F. Gagne, and J. P. Gulbin (2004). "Factors Affecting the Rate of Athlete Development from Novice to Senior Elite: How Applicable Is the 10-Year Rule?" Pre-Olympic Congress, Athens. (網站上有摘要:http://cev.org.br/biblioteca/factors-affecting-the-rate-of-athlete-development-from-novice-to-senior-elite-how-applicable-is-the-10-year-rule/。)

35 Thorndike, Edward L. (1908). "The Effect of Practice in the Case of a Purely Intellectual Function." *American Journal of Psychology*, 19:374–384.

37 甚至連射飛標的表現,也能以累積的練習時數,來解釋十五年後的一小部分變異數:

Duffy, Linda J., Bahman Baluch, and K. Anders Ericsson (2004). "Dart Performance as a Function of Facets of Practice Amongst Professional and Amateur Men and Women Players." *International Journal of Sport Psychology*, 35:232–45.

Chapter 3 ——大聯盟視力與史上最好的青少年運動員樣本:軟硬體兼具的典範

38 羅森鮑姆在他的書裡,詳述了自己在道奇隊裡的部分工作:

Beware of GUS: Government-University Symbiosis. Lulu.com, 2010.

39 附有道奇隊數據的主要論文(丹尼爾‧雷比好心提供了其他資料):

Laby, Daniel M., et al. (1996). "The Visual Function of Professional Baseball Players." *American Journal of Ophthalmology*, 122:476–85.

39 人類視力的理論極限:

Applegate, Raymond A. (2000). "Limits to Vision: Can We Do Better Than Nature?" *Journal of Refractive Surgery*, 16: S547–51.

39 人類視錐細胞密度的範圍:

Curcio, Christine A., et al. (1990). "Human Photoreceptor Topography." *Journal of Comparative Neurology*, 292:497–523.

40 皮耶薩選上是賣他父親的面子:

Whiteside, Kelly. "A Piazza with Everything." *Sports Illustrated*, July 5, 1993.

40 中國與印度的視力研究:

Nangia, Vinay, et al. (2011). "Visual Acuity and Associated Factors: The Central India Eye and Medical Study." *PLoS ONE*, 6(7):e22756. Xu, L., et al. (2005). "Visual Acuity in Northern China in an Urban and Rural Population: The Beijing Eye Study." *British Journal of Ophthalmology*, 89:1089–93.

40 以年輕人為對象的視力研究，包括瑞典青少年在內：

Frisén, L., and M. Frisén (1981). "How Good Is Normal Visual Acuity? A Study of Letter Acuity Thresholds as a Function of Age." *Albrecht von Graefes Archiv für klinische und experimentelle Ophthalmologie*, 215(3):149–57.

Ohlsson, Josefin, and Gerardo Villarreal (2005). "Normal Visual Acuity in 17–18 Year Olds." *Acta Ophthalmologica Scandinavia*, 83:487–91.

41 整體而言，打擊手在二十九歲時開始走下坡：

Fair, Ray C. (2008). "Estimated Age Effects in Baseball." *Journal of Quantitative Analysis in Sports*, 4(1):1.

41 泰德・威廉斯談自己的視力：

Williams, Ted, and John W. Underwood. *My Turn at Bat: The Story of My Life*. Simon and Schuster, 1988, p. 93–94.

42 奇斯・艾爾南德茲所說的話，引述自2012年4月10日，紐約大都會與華盛頓國民對戰到第六局時，他在SNY電視台發表的評論。

42 虛擬實境的擊球研究：

Gray, Rob (2002). "Behavior of College Baseball Players in a Virtual Batting Task." *Journal of Experimental Psychology*: Human Perception and Performance, 28(5):1131–48.

Hyllegard, R. (1991). "The Role of Baseball Seam Pattern in Pitch Recognition." *Journal of Sport & Exercise Psychology*, 13:80–84.

42 大多數職業網球選手視力都非常好，但仍有幾人視力普通：

Fremion, Amy S., et al. (1986). "Binocular and Monocular Visual Function in World Class Tennis Players." *Binocular Vision*, 1(3):147–54.

43 拳王阿里的反應速度：

Kamin, Leon J., and Sharon Grant-Henry (1987). "Reaction Time, Race, and Racism." *Intelligence*, 11:299–304.

43 奧運選手的視力：

Laby, Daniel M., David G. Kirschen, and Paige Pantall (2011). "The Visual Function of Olympic-Level Athletes—An Initial Report." *Eye & Contact Lens*, Mar. 3 (ePub ahead of print).

43 深度知覺與接球技能：

Mazyn, Liesbeth I. N., et al. (2004). "The Contribution of Stereo Vision to One-Handed Catching." *Experimental Brain Research*, 157:383–90.

Mazyn, Liesbeth I. N., et al. (2007). "Stereo Vision Enhances the Learning of a Catching Skill." *Experimental Brain Research*, 179:723–26.

44 艾默里醫學院對青少年棒壘球選手所做的研究：

Boden, Lauren M., et al. (2009). "A Comparison of Static Near Stereo Acuity in Youth Baseball/Softball Players and Non–Ball Players." *Optometry*, 80:121–25.

45 許奈德的網球研究只以德文發表：

Schneider, W., K. Bös, and H. Rieder (1993). "Leistungsprognose bei jugendlichen Spitzensportlern [Performance prediction in adolescent top tennis players]." In: J. Beckmann, H. Strang, and E. Hahn, eds., *Aufmerksamkeit und Energetisierung*. Göttingen: Hogrefe.

46　葛拉芙和德國奧運田徑代表隊一起進行訓練，是在她的先生的回憶錄中提到的：

Agassi, Andre. *Open*. Vintage, 2010 (Kindle e-book).（繁體中文版《公開：阿格西自傳》於2010年由木馬文化出版。）

46　格羅寧根天賦研究的介紹：

Elferink-Gemser, Marije T., et al. (2004). "The Marvels of Elite Sports: How to Get There?" *British Journal of Sports Medicine*, 45:683–84.

Elferink-Gemser, Marije T., and Chris Visscher. "Chapter 8: Who Are the Superstars of Tomorrow? Talent Development in Dutch Soccer." In: Joseph Baker, Steve Cobley, and Jörg Schorer, eds. *Talent Identification and Development in Sport: International Perspectives*. Routledge, 2011.

50　比利時與荷蘭草地曲棍球隊隊員的練習時數差異：

van Rossum, Jacques H. A. "Chapter 37: Giftedness and Talent in Sport." In: L. V. Shavinina, ed. *International Handbook on Giftedness*. Springer, 2009.

50　各式各樣而非專項化的運動經驗，有助於獲得某些運動的專門技能：

Baker, Joseph (2003). "Early Specialization in Youth Sport: A Requirement for Adult Expertise?" *High Ability Studies*, 14(1):85–94.

Baker, Joseph, Jean Côté, and Bruce Abernethy (2003). "Sport-Specific Practice and the Development of Expert Decision-Making in Team Ball Sports." *Journal of Applied Sport Psychology*, 15:12–25.

52　關於「速度高原期」的討論：

Schiffer, Jürgen (2011). "Training to Overcome the Speed Plateau." *New Studies in Athletics*, 26(1/2):7–16.

53　「老虎」伍茲談他想打球的欲望：

Verdi, Bob. "The Grillroom: Tiger Woods." *Golf Digest*. January 1, 2000, 51(1):132.

53　伍茲六個月大時，就可以穩穩地站在他父親的掌心：

Smith, Gary. "The Chosen One." *Sports Illustrated*. December 23, 1996.

Chapter 4 ── 男人為什麼有乳頭

56　關於瑪麗亞・荷塞・馬丁內茲－帕提尼奧的煎熬，她本人寫得最好：

Martínez-Patiño, María José (2005). "Personal Account: A Woman Tried and Tested." *Lancet*, 366:S38.

59　《美國新聞與世界報導》調查美國人是否認為，頂尖女運動員很快就會勝過頂尖男運動員：

Holden, Constance (2004). "An Everlasting Gender Gap?" *Science*, 305: 639–40.

59　暗示女性將擊敗男性的論文：

Beneke, R., R. M. Leithäuser, and M. Doppelmayr (2005). "Women Will Do It in the Long Run." *British Journal of Sports Medicine*, 39:410.

Tatem, Andrew J., et al. (2004). "Momentous Sprint at the 2156 Olympics? Women Sprinters Are Closing the Gap on Men and May One Day Overtake Them." *Nature*, 431:525.

Whipp, Brian J., and Susan A. Ward (1992). "Will Women Soon Outrun Men?" *Nature*, 355:25.

60 男性在投擲項目勝過女性三個標準差，而且這個差距在參與運動之前就開始了：
Thomas, Jerry R., and Karen E. French. "Gender Differences Across Age in Motor Performance: A Meta-Analysis." *Psychological Bulletin*, 98(2):260–82.

61 性別分化的相關資料（特別是第一章）：
Baron-Cohen, Simon, Svetlana Lutchmaya, and Rebecca Knickmeyer. *Prenatal Testosterone in Mind: Amniotic Fluid Studies*. The MIT Press, 2004.

61 大衛·吉里寫的《男性、女性：人類性別差異的演化》(*Male, Female: The Evolution of Human Sex Differences*, 2nd ed., American Psychological Association, 2010)非常引人入勝，也是這一章談到的性別差異事實的主要出處（例如：男孩還在子宮時，就開始發育出比女孩長的前臂；狩獵採集社會中，有30%的男子死於其他男子之手；上半身肌力的性別差異）。我也採用了以下這本匯編了一百年來的性別差異研究的總集：
Ellis, Lee, et al. *Sex Differences: Summarizing More Than a Century of Scientific Research*. Psychology Press, 2008.

61 澳洲原住民男女孩的投擲技能差異，以及澳洲原住民孩童的投擲技能：
Thomas, Jerry R., et al. (2010). "Developmental Gender Differences for Overhand Throwing in Australian Aboriginal Children." *Research Quarterly for Exercise and Sport*, 81(4):1–10.

62 人和其他動物身上的性擇與體能競爭，以及鎖定目標的能力差異：
Puts, David A. (2010). "Beauty and the Beast: Mechanisms of Sexual Selection in Humans." *Evolution and Human Behavior*, 31:157–75.

62 在子宮裡接觸到高出正常睪固酮濃度的女性，她們鎖定目標的能力：
Hines, M., et al. (2003). "Spatial Abilities Following Prenatal Androgen Abnormality: Targeting and Mental Rotations Performance in Individuals with Congenital Adrenal Hyperplasia." *Psychoneuroendocrinology*, 28(8):1010–26.

62 儘管投擲技能有差異，受過良好投擲訓練的女性，還是會勝過未受訓練的男性：
Schorer, Jörg, et al. (2007). "Identification of Interindividual and Intraindividual Movement Patterns in Handball Players of Varying Expertise Levels." *Journal of Motor Behavior*, 39(5):409–21.

62 針對田徑與游泳菁英表現差距所做的分析：
Thibault, Valérie, et al. (2010). "Women and Men in Sport Performance: The Gender Gap Has Not Evolved Since 1983." *Journal of Sports Science and Medicine*, 9:214–23.

62 超級耐力型比賽中的性別差異，從一代跑者都熟知的一本書的第682頁開始：
Noakes, Timothy D. *Lore of Running* (4th ed.). Human Kinetics, 2002.

63 男女之間在跑步方面的差距不斷擴大：
Denny, Mark W. (2008). "Limits to Running Speed in Dogs, Horses and Humans." *The Journal of Experimental Biology*, 211:3836–49.
Holden, Constance (2004). "An Everlasting Gender Gap?" *Science*, 305: 639–40.

65 兩性在骨骼生長與比例的差異：
Malina, Robert, Claude Bouchard, and Oded Bar-Or. *Growth, Maturation & Physical Activity* (2nd ed.). Human Kinetics, 2003.
Malina, Robert M. "Part Five: Post-natal Growth and Maturation." In: Stanley J. Ulijaszek,

et al. eds. *The Cambridge Encyclopedia of Human Growth and Development*. Cambridge University Press, 1998.

Morgenthal, Paige A., and Diane N. Resnick. "Chapter 14: The Female Athlete: Current Concepts." In: Robert D. Mootz and Kevin McCarthy, eds., *Sports Chiropractic*. Jones & Bartlett Learning, 1999.

65 這本書的第176頁有一張表，列出了與運動技能有關的兩性身體基本差異：

Abernethy, Bruce, et al. *The Biophysical Foundations of Human Movement* (2nd ed.). Human Kinetics, 2004.

66 體力競爭取決於生物的棲居區域：

Puts, David A. (2010). "Beauty and the Beast: Mechanisms of Sexual Selection in Humans." *Evolution and Human Behavior*, 31:157–75.

67 有非常多的研究，都證明現代人類祖先的女性人數多於男性，但吉里的《男性、女性：人類性別差異的演化》第234至235頁有總結。

67 提到成吉思汗的論文：

Zerjal, T., et al. (2003). "The Genetic Legacy of the Mongols." *American Journal of Human Genetics*, 72:717–21.

67 兩歲到二十歲的男女，青春期前後運動技能差異的統合分析：

Thomas, Jerry R., and Karen E. French. "Gender Differences Across Age in Motor Performance: A Meta-Analysis." *Psychological Bulletin*, 98(2):260–82.

67 在青春期前，男女孩的身高或肌肉量與骨量沒有差異：

Gooren, Louis J. (2008). "Olympic Sports and Transsexuals." *Asian Journal of Andrology*. 10(3):427–32.

68 男女孩的投擲、短跑等各種體育技能隨著年齡產生的變化，請見這本書的第十一章：

Malina, Robert, Claude Bouchard, and Oded Bar-Or. *Growth, Maturation & Physical Activity* (2nd ed.). Human Kinetics, 2003.

68 關於女子馬拉松選手身體特質（包括體脂肪在內）的討論：

Christensen, Carol L., and R. O. Ruhling (1983). "Physical Characteristics of Novice and Experienced Women Marathon Runners." *British Journal of Sports Medicine*, 17(3):166–71.

68 關於發育中的體操選手身高與表現的討論：

Claessens, Albrecht L. (2006). "Maturity-Associated Variation in the Body Size and Proportions of Elite Female Gymnasts 14–17 Years of Age." *European Journal of Pediatrics*, 165:186–92.

Malina, R. M. (1994). "Physical Growth and Biological Maturation of Young Athletes." *Exercise and Sport Sciences Reviews*, 22:389–433.

69 關於東德禁藥使用計畫的有趣調查：

Ungerleider, Steven. *Faust's Gold: Inside the East German Doping Machine*. Thomas Dunne Books, 2001.

70 關於雙性人奧運選手的兩篇精采評論：

Ritchie, Robert, John Reynard, and Tom Lewis (2008). "Intersex and the Olympic Games." *Journal of the Royal Society of Medicine*, 101:395–99.

Tucker, Ross, and Malcolm Collins (2009). "The Science and Management of Sex Verification in Sport." *South African Journal of Sports Medicine*, 21(4):147–150.

70 男女性的睪固酮濃度範圍，來自內分泌學家的訪談與實驗室的參考範圍。睪固酮參考範圍因實驗室而略有出入。Quest Diagnostics 檢驗室提供的男性睪固酮範圍，是每公合血液 241 至 827 毫微克。梅約醫院（Mayo Clinic）提供的範圍也差不多：

http://www.mayomedicallaboratories.com/test-catalog/Clinical+and+Interpretive/8508.

71 在亞特蘭大奧運，有七位女子選手檢測出帶有 SRY 基因：

Wonkam, Ambroise, Karen Fieggen, and Raj Ramesar (2010). "Beyond the Caster Semenya Controversy." *Journal of Genetic Counseling*, 19(6):545–548.

71 在五屆奧運會中，女性參賽選手普遍帶有 Y 染色體：

Foddy, Bennett, and Julian Savulescu (2011). "Time to Re-evaluate Gender Segregation in Athletics?" *British Journal of Sports Medicine*, 45(15):1184–88.

71 完全型雄性素不敏感症候群的發生率：

Galani, Angeliki, et al. (2008). "Androgen Insensitivity Syndrome: Clinical Features and Molecular Defects." *Hormones*, 7(3):217–29.

71 證明患有 AIS 的女性個子高且有男性化骨架比例的其中幾項研究：

Han T. S., et al. (2008). "Comparison of Bone Mineral Density and Body Proportions Between Women with Complete Androgen Insensitivity Syndrome and Women with Gonadal Dysgenesis." *European Journal of Endocrinology*, 159:179–85.

Zachmann, M., et al. (1986). "Pubertal Growth in Patients with Androgen Insensitivity: Indirect Evidence for the Importance of Estrogens in Pubertal Growth of Girls." *Journal of Pediatrics*, 108:694–97.

71 雄性素不敏感只「觸及體育界雙性人問題的表面」：

Foddy, Bennett, and Julian Savulescu (2011). "Time to Re-Evaluate Gender Segregation in Athletics?" *British Journal of Sports Medicine*, 45(15):1184–88.

72 菁英女子選手的睪固酮濃度：

Cook, C. J., et al. (2012). "Comparison of Baseline Free Testosterone and Cortisol Concentrations Between Elite and Non-Elite Athletes." *American Journal of Human Biology*, 24(6):856–58.

72 睪固酮濃度偏高的女子籃網球球員，自我選汰出較繁重的訓練負荷量：

Cook, C. J., and C. M. Beaven (2013). "Salivary Testosterone is Related to Self-Selected Training Load in Elite Female Athletes." *Physiology & Behavior*, 116-117C:8-12 (ePub ahead of print).

74 男性的心臟增大速度較快：

Kolata, Gina. "Men, Women and Speed. 2 Words: Got Testosterone?" *New York Times*, August 22, 2008.

Chapter 5 —— 可造之才

78 除了與萊恩的訪談，他與麥克‧菲利普斯（Mike Phillips）合寫的傳記《追求金牌：吉姆‧萊恩傳》

（*In Quest of Gold: The Jim Ryun Story*）詳盡敘述了他在田徑場上的崛起，也是萊恩父母所說的話和他自身引文的出處。

79　HERITAGE家族研究產出了一百多篇期刊文章。以下這些研究論文對這一章是最重要的：

Bouchard, Claude, et al. (1999). "Familial Aggregation of VO$_2$max Response to Exercise Training: Results from the HERITAGE Family Study." *Journal of Applied Physiology*, 87:1003–8.

Bouchard, Claude, et al. (2011). "Genomic Predictors of the Maximal O2 Uptake Response to Standardized Exercise Training Programs." *Journal of Applied Physiology*, 10(5):1160–70.

Rankinen, T., et al. (2010). "CREB1 Is a Strong Genetic Predictor of the Variation in Exercise Heart Rate Response to Regular Exercise: The HERITAGE Family Study." *Circulation: Cardiovascular Genetics*, 3(3): 294–99.

Timmons, James A., et al. (2010). "Using Molecular Classification to Predict Gains in Maximal Aerobic Capacity Following Endurance Exercise Training in Humans." *Journal of Applied Physiology*, 108:1487–96.

79　這裡可找到給非專業人士的HERITAGE家族研究介紹：

Roth, Stephen M. *Genetics Primer for Exercise Science and Health*. Human Kinetics, 2007.

83　針對二十九個基因表現特徵的獨立科學評論：

Bamman, Marcas M. (2010). "Does Your (Genetic) Alphabet Soup Spell 'Runner'?" *Journal of Applied Physiology*, 108:1452–53.

84　邁阿密GEAR研究團隊的成員好心分享了他們的研究數據，特別是：

Pascal J. Goldschmidt（邁阿密大學米勒醫學院院長）、Margaret A. Pericak-Vance（邁阿密人類基因體學研究所所長）、Jeffrey Farmer（GEAR專案主持人）、Evadnie Rampersaud（哈斯曼人類基因體學研究所，遺傳流行病學暨統計遺傳學中心，遺傳流行病學部主任）。

91　「天生就有強健體能的六個人」研究：

Martino, Marco, Norman Gledhill, and Veronica Jamnik (2002). "High VO$_2$ max with No History of Training Is Primarily Due to High Blood Volume." *Medicine & Science in Sports & Exercise*, 34(6):966–71.

94　威靈頓的「近乎不可能的任務」：

"Wellington Wins World Ironman Championships." Britishtriathlon.org, October 14, 2007.

96　安德魯・威汀進入田徑界的歷程，請參見這篇報導：

Layden, Tim. "Off to a Blazing Start." *Sports Illustrated*, September 20, 2010.

96　艾貝托・胡安托雷納在這本書裡，詳述他從籃球轉換到徑賽的歷程：

Sandrock, Michael. *Running with the Legends*. Human Kinetics, 1996, p. 204.

97　傑克・丹尼爾斯追蹤吉姆・萊恩五年的研究：

Daniels, Jack (1974). "Running with Jim Ryun: A Five-Year Study." *The Physician and Sportsmedicine*, 2:63–67.

98　日本青少年長跑選手的研究：

Murase, Yutaka, et al. (1981). "Longitudinal Study of Aerobic Power in Superior Junior Athletes." *Medicine & Science in Sports & Exercise*, 13(3):180–84.

Chapter 6 ——從巨嬰、渾身肌肉的惠比特犬，談基因如何影響肌肉鍛鍊

100 「巨嬰」的原始論文：

Schuelke, Marcus, et al. (2004). "Myostatin Mutation Associated with Gross Muscle Hypertrophy in a Child." *New England Journal of Medicine*, 350:2682–88.

101 科學文獻中首次描述肌肉生長抑制素的論文：

McPherron, Alexandra C., Ann M. Lawler, and Se-Jin Lee (1997). "Regulation of Skeletal Muscle Mass in Mice by a New TGF-β Superfamily Member." *Nature*, 387(6628):83–90.

102 在牛身上發現的肌肉生長抑制素突變：

McPherron, Alexandra C., and Se-Jin Lee (1997). "Double Muscling in Cattle Due to Mutations in the Myostatin Gene." *Proceedings of the National Academy of Sciences*, 94:12457–61.

103 惠比特犬與肌肉生長抑制素突變：

Mosher, Dana S., et al. (2007). "A Mutation in the Myostatin Gene Increases Muscle Mass and Enhances Racing Performance in Heterozygote Dogs." *PLoS ONE*, 3(5):e79.

104 肌肉生長抑制基因預測賽馬的衝刺能力與利潤：

Hill, Emmeline W., et al. (2010). "A Sequence Polymorphism in MSTN Predicts Sprinting Ability and Racing Stamina in Thoroughbred Horses." *PLoS ONE*, 5(1):e8645.

104 發生在肌肉生長抑制素基因的變異，對動物運動表現的作用：

Lee, Se-Jin (2007). "Sprinting Without Myostatin: A Genetic Determinant of Athletic Prowess." *Trends in Genetics*, 23(10):475–77.

Lee, Se-Jin (2010). "Speed and Endurance: You Can Have It All." *Journal of Applied Physiology*, 109:621–22.

105 抑制肌肉生長抑制素的分子，可讓小鼠的肌肉在兩週內增長60%：

Lee, Se-Jin, et al. (2005). "Regulation of Muscle Growth by Multiple Ligands Signaling Through Activin Type II Receptors." *Proceedings of the National Academy of Sciences*, 102(50):18117–22.

105 藥廠正在進行抑制肌肉生長抑制素藥物的人體試驗：

Attie, Kenneth M., et al. (2012). "A Single Ascending-Dose Study of Muscle Regulator ACE-031 in Health Volunteers." *Muscle & Nerve*, August 1 (ePub ahead of print).

106 李·史威尼談他的IGF-1研究工作與基因禁藥的前景：

Sweeney, H. Lee (2004). "Gene Doping." *Scientific American*, (July 2004): 63–69.

107 由阿拉巴馬大學伯明罕分校的核心肌肉研究實驗室，與退伍軍人事務部醫學中心所做的研究：

Bamman, Marcas M., et al. (2007). "Cluster Analysis Tests the Importance of Myogenic Gene Expression During Myofiber Hypertrophy in Humans." *Journal of Applied Physiology*, 102:2232–39.

Petrella, John K., et al. (2008). "Potent Myofiber Hypertrophy During Resistance Training in Humans Is Associated with Satellite Cell-Mediated Myonuclear Addition: A Cluster Analysis." *Journal of Applied Physiology*, 104: 1736–42.

108 邁阿密大學的研究團隊慷慨分享了GEAR研究的數據。

108 十二週後肌力增加了0%到250%不等：

Hubal, M. J., et al. (2005). "Variability in Muscle Size and Strength Gain After Unilateral

Resistance Training." *Medicine & Science in Sports & Exercise*, 37(6):964–72.

109 肌肉收縮速度會限制人的衝刺速度：
Weyand, Peter G., et al. (2010). "The Biological Limits to Running Speed Are Imposed from the Ground Up." *Journal of Applied Physiology*, 108(4):950–61.

109 通俗易懂的肌纖維類型介紹，還附上圖表呈現典型的肌纖維比例：
Andersen, Jesper L., et al. (2007). "Muscle, Genes and Athletic Performance." In: Editors of *Scientific American*, ed. *Building the Elite Athlete*. Scientific American.

110 對於運動員的肌纖維比例最著名的兩項研究：
Costill, D. L., et al. (1976). "Skeletal Muscle Enzymes and Fiber Composition in Male and Female Track Athletes." *Journal of Applied Physiology*, 40(2):149–54.
Fink, W. J., D. L. Costill. and M. L. Pollock (1977). "Submaximal and Maximal Working Capacity of Elite Distance Runners. Part II: Muscle Fiber Composition and Enzyme Activities." *Annals of the New York Academy of Sciences*, 301:323–27.

110 關於肌纖維類型的絕佳入門資料，而且是免費的：
Zierath, Juleen R., and John A. Hawley. "Skeletal Muscle Fiber Type: Influence on Contractile and Metabolic Properties." *PLoS Biology*, 2(10):e348.

110 在網站上可免費看這篇論文的〈圖2〉，圖中所示的是法蘭克·蕭特的小腿肌肉組織切片：
Zierath, Juleen R., and John A. Hawley. "Skeletal Muscle Fiber Type: Influence on Contractile and Metabolic Properties." *PLoS Biology*, 2(10):e348.

110 每天給肌肉八小時電刺激，無法改變慢縮肌纖維的比例：
Simoneau, Jean-Aimé, and Claude Bouchard (1995). "Genetic Determinism of Fiber Type Proportion in Human Skeletal Muscle." *The FASEB Journal*, 9:1091–95.

110 由耶斯珀·安德森合著的這篇評論，提到訓練對肌纖維的影響：
Andersen, J. L., and P. Aagaard (2010). "Effects of Strength Training on Muscle Fiber Types and Size: Consequences for Athletes Training for High-Intensity Sport." *Scandinavian Journal of Medicine & Science in Sports*, 20(Suppl. 2):32–38.

110 找出肌耐力基因與肌纖維比例關聯性的俄羅斯研究：
Ahmetov, Ildus I. (2009). "The Combined Impact of Metabolic Gene Polymorphisms on Elite Endurance Athlete Status and Related Phenotypes." *Human Genetics*, 126(6):751–61.

Chapter 7 ——體型大霹靂

114 「贏者全拿」市場與技術影響的討論：
Frank, Robert H. *Luxury Fever: Money and Happiness in an Era of Excess*. Free Press, 1999 (Kindle e-book).

115 傑西·歐文斯的關節活動速度與卡爾·劉易士的速度相近：
Schechter, Bruce. "How Much Higher? How Much Faster?" In: Editors of Scientific American, eds. Building the Elite Athlete. *Scientific American*, 2007.

115 關於人體完美身形的引述，出自這篇文章：
Sargent, D. A. (1887). "The Physical Characteristics of the Athlete." *Scribner's Magazine*,

2(5):558.

116 諾頓和歐茲寫過許多文章，討論菁英運動圈內不斷變化的體型。以下兩篇是最好的匯編論文，本章有許多運動項目的例子，就是取自這兩篇論文：

Norton, Kevin, and Tim Olds (2001). "Morphological Evolution of Athletes Over the 20th Century: Causes and Consequences." *Sports Medicine*, 31(11):763–83.

Olds, Timothy. "Chapter 9: Body Composition and Sports Performance." In: Ronald J. Maughan, ed. *The Olympic Textbook of Science in Sport*, Blackwell Publishing, 2009.

117 非常高的女子選手進入奧運決賽的機率，是非常矮的女子選手的191倍：

Khosla, T., and V. C. McBroom (1988). "Age, Height and Weight of Female Olympic Finalists." *British Journal of Sports Medicine*, 19:96–99.

119 諾頓和歐茲合編了教科書《人體測量學》（Anthropometrica, UNSW Press, 2004），這是關於運動方面體型測量的權威入門書。書中第十一章〈人體測量學與運動表現〉（Anthropometry and Sports Performance）提供了豐富資訊，從背向式跳法引入後，跳高選手身高的迅速變化，到呈現世界紀錄保持人的體型隨競賽距離的變化圖。

119 跑步者的身高與散熱速度：

O'Connor, Helen, Tim Olds, and Ronald J. Maughan (2007). "Physique and Performance for Track and Field Events." *Journal of Sports Sciences*, 25(S2):S49–60.

120 核心體溫對精力的影響（以及安非他命的作用）：

Roelands, Bart, et al. (2008). "Acute Norepinephrine Reuptake Inhibition Decreases Performance in Normal and High Ambient Temperature." *Journal of Applied Physiology*, 105:206–12.

Tucker, Ross (2009). "The Anticipatory Regulation of Performance: The Physiological Basis for Pacing Strategies and the Development of a Perception-Based Model for Exercise Performance." *British Journal of Sports Medicine*, 43:392–400.

120 專門針對寶拉·雷德克利夫身體散熱狀況，所進行的討論：

Schwellnus, Martin P., ed. *The Olympic Textbook of Medicine in Sport*. Wiley, 2008, p. 463.

120 著名的1968年墨西哥城奧運選手體型研究：

de Garay, Alfonso L., Louise Levine, and J. E. Lindsay Carter, eds. *Genetic and Anthropological Studies of Olympic Athletes*. Academic Press, 1974.

121 麥可·菲爾普斯的褲管內縫長度比較短：

McMullen, Paul. "Measure of a Swimmer: From Flipper Feet to a Long Trunk, Phelps Represents a One-Man Body Shop of What a Swimmer Should Be." *Baltimore Sun*, March 9, 2004.

122 普通美國人與職業運動選手的年薪差距（以美國人口調查與統計局的數據來更新）：

Olds, Timothy. "Chapter 9: Body Composition and Sports Performance." In: Ronald J. Maughan, ed. *The Olympic Textbook of Science in Sport*. Blackwell Publishing, 2009.

122 人體測量學表徵基因研究聯盟（GIANT Consortium）所做的研究：

Willer, C. J., et al. (2009). "Six New Loci Associated with Body Mass Index Highlight a Neuronal Influence on Body Weight Regulation." *Nature Genetics*, 41(1):25–34.

123 美國與芬蘭的研究人員發現，快縮肌纖維比例高會減少脂肪燃燒，讓血壓升高，並增加罹患心

臟病的風險：

Hernelahti, Miika, et al. (2008). "Muscle Fiber-Type Distribution as a Predictor of Blood Pressure: A 19-Year Follow-Up Study." *Hypertension*, 45(5):1019–23.

Kujala, Urho M., and Heikki O. Tikkanen (2001). "Disease-Specific Mortality Among Elite Athletes." *JAMA*, 285(1):44.

Tanner, Charles J., et al. (2002). "Muscle Fiber Type Is Associated with Obesity and Weight Loss." *American Journal of Physiology—Endocrinology and Metabolism*, 282:E1191–96.

124　法蘭西斯‧候威好心分享了他的運動選手身體計測數據。

124　考吉爾談天生的骨骼差異：

Cowgill, L. W. (2010). "The Ontogeny of Holocene and Late Pleistocene Human Postcranial Strength." *American Journal of Physical Anthropolgy*, 141(1):16 –37.

126　譚納的引文出自：

Tanner, J. M. *Fetus into Man: Physical Growth from Conception to Maturity* (revised and enlarged edition). Harvard University Press, 1990.

Chapter 8 ── NBA球員的身體比例

129　丹尼斯‧羅德曼在某次訪談時，證實自己的長高長得很快，不過他的自傳裡有最生動的描述，而且提供了他說過的話：

Rodman, Dennis. *Bad as I Wanna Be*. Dell, 1997.（繁體中文版《盡情使壞：NBA籃板王羅德曼自傳》，足智文化2018年出版。）

130　麥可‧喬丹在影片 *Come Fly with Me*（Fox/NBA）中指出，他在高中一年級時開始灌籃，當時的身高快要173公分，而他哥哥的運動才華和矮個子也經常有人談論，最具說服力的也許就是大衛‧胡柏斯坦（David Halberstam）在《麥可‧喬丹傳：為萬世英名而戰》（*Playing for Keeps: Michael Jordan and the World He Made*. Three Rivers Press, 2000）第二章所寫的。（繁體中文版由足智文化於2018年出版。）

131　基因混合可能是身高普遍增長的原因：

Malina, Robert M. (1979). "Secular Changes in Size and Maturity: Causes and Effects." *Monographs of the Society for Research in Child Development*, 44(3/4): 59–102.

131　處理葛拉威爾、戴維‧布魯克斯（David Brooks）等媒體撰稿人所主張的門檻假說的科學論文：

Arneson, Justin J., Paul R. Sackett, and Adam S. Beatty (2011). "Ability-Performance Relationships in Education and Employment Settings: Critical Tests of the More-Is-Better and the Good-Enough Hypotheses." *Psychological Science*, 22(10):1336-42.

Hambrick, David Z., and Elizabeth J. Meinz (2011). "Limits on the Predictive Power of Domain-Specific Experience and Knowledge in Skilled Performance." *Current Directions in Psychological Science*, 20(5):275–79.

（論文附記：到十三歲時，在SAT數學科測驗的分數排在第99.9百分位數的孩子，他們拿到數學或科學博士學位的機率，是成績「僅」排在第99.1百分位數的孩子的十八倍。）

131　本章提到的NBA球員體型資料分析，是由作者和心理學家德魯‧貝里（Drew H. Bailey）做的原始分析。我們採用的數據，來自內文中所提的NBA聯合體測及美國政府部門原始資料。

133 160公分的「小蟲」包格斯可以灌籃：
Foreman, Tom Jr. "Bogues, Webb Make Case for the Little Guy." Associated Press, February 16, 1985.

135 關於姚明的「創生」的有趣記述：
Larmer, Brook. *Operation Yao Ming: The Chinese Sports Empire, American Big Business, and the Making of an NBA Superstar*. Gotham, 2005.

136 17世紀時的法國人平均身高：
Blue, Laura. "Why Are People Taller Today Than Yesterday?" *Time*, July 8, 2008.

136 工業化社會中生長趨勢的資料，出自譚納的《從胎兒長成人》（*Fetus into Man*, Harvard University Press, 1990）。以下是他詳述的段落：在截然不同的環境長大的同卵雙胞胎兄弟的故事（第121頁）；雙胞胎的成長模式（第123頁）；人類並不是隨著超級市場演化的（第130頁）；社會經濟階級之間的腿長差異（第131頁）；指出全盲孩童有不同成長模式的研究（第146頁）；日本「經濟奇蹟」期間的腿長迅速增長（第159頁）。

136 以DNA變異來解釋45%的身高差異的那份研究，也討論了「身高在特定群體中，約有80%是可遺傳的」這個普遍的發現結果：
Yang, Jian, et al. (2010). "Common SNPs Explain a Large Proportion of the Heritability for Human Height." *Nature Genetics*, 42(7):565–69.

137 關於無法找到身高基因：
Maher, Brendan (2008). "The Case of the Missing Heritability." *Nature*, 456: 18–21.

137 女子體操選手初經延後，會長到一般成人的身高：
Norton, Kevin, and Tim Olds. *Anthropometrica*. UNSW Press, 2004, p. 313.

138 這本書裡也討論了腿長，尤其是日本人的腿部發育：
Eveleth, Phyllis B., and James M. Tanner. *Worldwide Variation in Human Growth* (2nd ed.). Cambridge University Press, 1991.

138 按族裔來比較腿長的圖表：
Eveleth, Phyllis B., and James M. Tanner. "Chapter 9: Genetic Influence on Growth: Family and Race Comparisons." *Worldwide Variation in Human Growth* (2nd ed.). Cambridge University Press, 1990.

138 1968年墨西哥城奧運選手研究（關於族裔差異「持續存在」的引述在第73頁）：
de Garay, Alfonso L., Louise Levine, and J. E. Lindsay Carter, eds. *Genetic and Anthropological Studies of Olympic Athletes*. Academic Press, 1974.

140 「艾倫律」的原始論文：
Allen, Joel Asaph (1877). "The Influence of Physical Conditions in the Genesis of Species." *Radical Review*, 1:108–140.

140 有大量研究已把艾倫律和貝格曼法則延伸到人的身上。想了解最近的討論和驗證性研究請見：
Cowgill, Libby W., et al. (2012). "Development Variation in Ecogeographic Body Proportions." *American Journal of Physical Anthropology*, 148:557–70.

140 1998年對全球當地族群身體比例的分析：
Katzmarzyk, Peter T., and William R. Leonard (1998). "Climatic Influences on Human Body Size and Proportions: Ecological Adaptations and Secular Trends." *American Journal of*

Physical Anthropology, 106:483–503.

141 2010年的「肚臍」研究：

Bejan, A., Edward C. Jones, and Jordan D. Charles (2010). "The Evolution of Speed in Athletics: Why the Fastest Runners Are Black and Swimmers White." *International Journal of Design & Nature*, 5(3):199–211.

Duke press release: "For Speediest Athletes, It's All in the Center of Gravity." July 12, 2010.

Chapter 9 ——我們（某種程度上）都是黑人：種族與基因多樣性

142 「遠離非洲」假說及先前的競爭假說的相關資料：

Klein, Richard G. "Chapter 7: Anatomically Modern Humans." *The Human Career: Human Biological and Cultural Origins* (2nd ed.). University of Chicago Press, 1999.

143 人類「家族樹」圖解的一個例子：

Tishkoff, Sarah A., and Kenneth K. Kidd (2004). "Implications of Biogeography of Human Populations for 'Race' and Medicine." *Nature Genetics*, 36(11): S21–27.

144 大膽走出非洲的那群祖先是個很小的群體：

Macaulay, V., et al. (2005). "Single, Rapid Coastal Settlement of Asia Revealed by Analysis of Complete Mitochondrial Genomes." *Science*, 308:1034–36.

Wade, Nicholas. "To People the World, Start with 500." *New York Times*, November 11, 1997, p. F1.

144 測定人類與黑猩猩分家並遷徙出非洲的時間，所用的分子定年法與化石定年法：

Gibbons, Ann (2012). "Turning Back the Clock: Slowing the Pace of Prehistory." *Science*, 338:189–91.

144 一覽基因多樣性如何隨遠離非洲的距離遞減：

Prugnolle, Franck, Andrea Manica, and François Balloux (2005). "Geography Predicts Neutral Genetic Diversity of Human Populations." *Current Biology*, 15(5):R159–60. 請見圖2。

146 肯尼斯・季德與人合著的CYP2E1論文，是他描述基因多樣性的一個例子：

Lee, M. Y., et al. (2008). "Global Patterns of Variation in Allele and Haplotype Frequencies and Linkage Disequilibrium Across the CYP2E1 Gene." *The Pharmacogenomics Journal*, 8(5):349–56.

147 莎拉・蒂許科夫談讓成人能夠消化乳糖的基因變異：

http://www.youtube.com/watch?v=sgNEb0itPOs.

148 在盧安達，成人普遍有乳糖不耐症：

Cox, Joseph A., and Francis G. Elliott (1974). "Primary Adult Lactose Intolerance in the Kivu Lake Area: Rwanda and the Bushi." *American Journal of Digestive Diseases*, 19(8):714–724.

148 有個常見的基因變體會讓運動選手免被驗出禁藥：

Schulze, Jenny Jakobsson, et al. (2008). "Doping Test Results Dependent on Genotype of Uridine Diphospho-Glucuronosyl Transferase 2B17, the Major Enzyme for Testosterone Glucuronidation." *Journal of Clinical Endocrinology & Metabolism*, 93(7):2500–2506.

148 關於人類DNA相似度99.5%，這篇論文既有趣又專業：

Levy, Samuel, et al. (2007). "The Diploid Genome Sequence of an Individual Human." *PLoS Biology*, 5(10):e254.

149　2007年度重大科學突破「人類基因變異」：

Pennisi, Elizabeth (2007). "Breakthrough of the Year: Human Genetic Variation." *Science*, 318:1842–43.

149　冰島居民在當地的祖先可由DNA鑑定出來：

Helgason, A., et al. (2005). "An Icelandic Example of the Impact of Population Structure on Association Studies." *Nature Genetics*, 37(1):90–95.

149　DNA準確指出歐洲人祖先的地理位置，誤差在幾百公里內：

Novembre, John, et al. (2008). "Genes Mirror Geography Within Europe." *Nature*, 456(7218):98–101.

149　用電腦盲檢DNA，分成幾大塊地理區域：

Rosenberg, Noah A., et al. (2002). "Genetic Structure of Human Populations." *Science*, 298(5602):2381–85.

149　史丹佛主導的自認種族身分與遺傳學研究：

Tang, Hua, et al. (2005). "Genetic Structure, Self-Identified Race/Ethnicity, and Confounding in Case-Control Association Studies." *American Journal of Human Genetics*, 76(2):268–75.

150　史丹佛為這項研究發布的新聞稿「史丹佛研究發現，種族分組結果與基因剖析相符」請見：

http://med.stanford.edu/news_releases/2005/january/racial-data.htm.

150　關於膚色、紫外線輻射與緯度：

Jablonski, Nina G., and George Chaplin (2000). "The Evolution of Human Skin Coloration." *Journal of Human Evolution*, 39:57–106.

150　人的主要基因及地理群集確實「與普遍的『種族』概念相關」：

Tishkoff, Sarah A., and Kenneth K. Kidd (2004). "Implications of Biogeography of Human Populations for 'Race' and Medicine." *Nature Genetics*, 36(11): S21–27.

150　非裔美國人的遺傳基因相關資料：

Tishkoff, Sarah A., and Kenneth K. Kidd (2004). "Implications of Biogeography of Human Populations for 'Race' and Medicine." *Nature Genetics*, 36(11): S21–27.

Tishkoff, Sarah A., et al. (2009). "The Genetic Structure and History of Africans and African Americans." *Science*, 324(5930):1035–44.

150　蒂許科夫所說的「微小的基因差異化」，出自賓州大學的一份新聞稿：

http://www.upenn.edu/pennnews/current/node/3643.

151　美國國家人類基因體研究院談種族、遺傳學、基因型與表現型多樣性：

Race, Ethnicity and Genetics Working Group of the National Human Genome Research Institute (2005). "The Use of Racial, Ethnic, and Ancestral Categories in Human Genetics Research." *American Journal of Human Genetics*, 77:519–32.

153　ACTN3原始論文：

North, Kathryn N., et al. (1999). "A Common Nonsense Mutation Results in α-Actinin-3 Deficiency in the General Population." *Nature Genetics*, 21:353–54.

155　第一篇證明短跑選手與普通人身上的ACTN3變體往往具有差異的論文：

Yang, Nan, et al. (2003). "ACTN3 Genotype Is Associated with Human Elite Athletic Performance." *American Journal of Human Genetics*, 73:627–31.

155　全世界針對ACTN3與運動表現所做的研究：

Eynon, Nir, et al. (2012). "The ACTN3 R577X Polymorphism Across Three Groups of Elite Male European Athletes." *PLoS ONE*, 7(8):e43132.

Niemi, A. K., and K. Majamaa (2005). "Mitochondrial DNA and ACTN3 Genotypes in Finnish Elite Endurance and Sprint Athletes." *European Journal of Human Genetics*, 13:965–69.

Papadimitriou, I. D., et al. (2008). "The ACTN3 Gene in Elite Greek Track and Field Athletes." *International Journal of Sports Medicine*, 29:352–55.

Scott, Robert A., et al. (2010). "ACTN3 and ACE Genotypes in Elite Jamaican and US Sprinters." *Medicine & Science in Sports & Exercise*, 42(1):107–12.

Yang, Nan, et al. (2007). "The ACTN3 R577X Polymorphism in East and West African Athletes." *Medicine & Science in Sports & Exercise*, 39(11):1985–88.

在我訪問東京都老人醫學研究所（Tokyo Metropolitan Institute of Gerontology）健康長壽基因體學部（Department of Genomics for Longevity and Health）期間，福典之（Noriyuki Fuku）和三上惠里（Eri Mikami）很慷慨地分享了日本短跑選手的ACTN3數據。

155　ACTN3 X變體在人身上傳播，有可能是一種演化適應：

North, Kathryn (2008). "Why Is α-Actinin-3 Deficiency So Common in the General Population? The Evolution of Athletic Performance." *Twin Research and Human Genetics*, 11(4):384–94.

155　關於ACTN3研究及其對缺乏 α－輔肌動蛋白－3的肌肉特性的影響，這篇做了最好的評論：

Berman, Yemima, and Kathryn N. North (2010). "A Gene for Speed: The Emerging Role of α-Actinin-3 in Muscle Metabolism." *Physiology*, 25:250–59.

155　假設「ACTN3 X變體可能適應了農業生活方式而傳播開來」這個想法，出現在這本書的第117頁：

Cochran, Gregory, and Henry Harpending. *The 10,000 Year Explosion: How Civilization Accelerated Human Evolution*. Basic Books, 2010.

Chapter 10 ──牙買加人為何獨霸短跑？黑奴戰士理論

159　這本書概述了各個試圖解釋牙買加短跑選手輝煌成績的理論（第2頁有牙買加人及其他族群的ACTN3數據）：

Irving, Rachael, and Vilma Charlton eds. *Jamaican Gold: Jamaican Sprinters*. University of the West Indies Press, 2010.

161　這本書的附錄中，列出了有牙買加血統、但替其他國家參賽的短跑選手，以及來自垂洛尼地區的牙買加短跑選手：

Robinson, Patrick. *Jamaican Athletics: A Model for 2012 and the World*. Black Amber, 2009.
（這些只是部分名單。舉例來說，垂洛尼地區的名單中，沒有列入奧運100公尺決賽選手Michael Green，或400公尺世界冠軍Merlene Frazer，他倆都出生於垂洛尼。）

163　牙買加「逃亡黑奴」的詳盡歷史（引文「天生的英雄」和「靈魂昇華」在第45頁）：

Campbell, Mavis C. *The Maroons of Jamaica 1655–1796*. Africa World Press, 1990.

163　特別以非裔牙買加人的觀點來寫的牙買加史：

Sherlock, Philip, and Hazel Bennett. *The Story of the Jamaican People*. Ian Randle Publishers, 1998.

（引文「危險囚犯」及威廉・貝克佛對甘蔗田大火的描述，出現在第134頁，引文「不敢直視」在第139頁。逃亡黑奴爭取獨立以及關於庫喬和南妮的描述，可在第十三章〈非裔牙買加人解放戰爭，1650–1800〉找到。）

164　有個有趣的逃亡黑奴當代史，收在19世紀初書信集的未刪節重印本中：

Dallas, Robert C. *The History of the Maroons: From Their Origin to the Establishment of Their Chief Tribe at Sierra Leone* (vols. I and II). Adamant Media Corporation, 2005.（初版於1803年，由 T. N. Longman and O. Rees 出版。）

166　對奴隸／戰士／短跑選手故事的描述，麥可・強森說的話出自英國第四頻道（Channel 4）電視台的紀錄片：

Beck, Sally. "Survival of the Fastest: Why Descendants of Slaves Will Take the Medals in the London 2012 Sprint Finals." *Daily Mail*, June 30, 2012.

167　牙買加男性的Y染色體：

Benn Torres, Jada (2012). "Y Chromosome Lineages in Men of West African Descent." *PLoS ONE*, 7(1):e29687.

167　牙買加人口統計資料的遺傳研究，艾羅爾・莫里森和葉尼斯・皮齊拉迪斯二人都是合著者：

Deason, Michael L., et al. (2012). "Interdisciplinary Approach to the Demography of Jamaica." *BMC Evolutionary Biology*, 12:24.

Deason, M., et al. (2012). "Importance of Mitochondrial Haplotypes and Maternal Lineage in Sprint Performance Among Individuals of West African Ancestry." *Scandinavian Journal of Medicine & Science in Sports*, 22:217–23.

167　DNA顯示，美洲原住民泰諾人在牙買加沒有消失。這份研究也提供了加勒比海地區各族群的「非洲血統」基因純正度資料：

Benn Torres, J., et al. (2007). "Admixture and Population Stratification in African Caribbean Populations." *Annals of Human Genetics*, 72:90–98.

169　田徑運動迷應該把「去看牙買加的全國高錦賽」列入一生中一定要做的事。退而求其次就是看這本書：

Lawrence, Hubert. *Champs 100: A Century of Jamaican High School Athletics*, 1910– 2010. Great House, 2010.

174　對於可能成為短跑選手的白人，皮齊拉迪斯給的建議請見：

"No Proof Sporting Success Is Genetic According to Academic." Scotsman.com, March 23, 2011.

Chapter 11 ── 瘧疾與肌纖維

175　關於緯度與骨盆寬度的相關資料：

Nuger, Rachel Leigh. *The Influence of Climate on the Obstetrical Dimensions of the Human Bony Pelvis*. UMI Dissertation Publishing, 2011.

175 古柏和莫里森在這篇論文中提出了他們的假設：
Morrison, E. Y. St. A., and P. D. Cooper (2006). "Some Bio-Medical Mechanisms in Athletic Prowess." *West Indian Medical Journal*, 55(3):205–209.

176 派屈克・古柏的生平細節來自遺孀茹安（及幾篇訃聞）。古柏談黑人運動員的著作：
Cooper, Patrick Desmond. *Black Superman: A Cultural and Biological History of the People That Became the World's Greatest Athletes*. First Sahara, 2003.

177 再列一次著名的1968年墨西哥城奧運選手體型研究：
de Garay, Alfonso L., Louise Levine, and J. E. Lindsay Carter, eds. *Genetic and Anthropological Studies of Olympic Athletes*. Academic Press, 1974.

177 在800公尺以上的長距離項目中，鐮狀細胞攜帶者的人數低於人口比例：
Eichner, Randy E. (2006). "Sickle Cell Trait and the Athlete." *Gatorade Sports Science Institute: Sports Science Exchange*, 19(4):103.

177 帶有鐮狀細胞表徵的大學美式足球員的猝死風險分析：
Harmon, Kimberly G., et al. (2012). "Sickle Cell Trait Associated with a RR of Death of 37 Times in National Collegiate Athletic Association Football Athletes: A Database with 2 Million Athlete-Years as Denominator." *British Journal of Sports Medicine*, 46:325–30.

178 古柏引用的第一篇顯示非裔美國人血紅素濃度偏低的文章：
Garn, Stanley M., Nathan J. Smith, and Diance C. Clark (1975). "Lifelong Differences in Hemoglobin Levels Between Blacks and Whites." *Journal of the National Medical Association*, 67(2):91–96.

178 美國CDC的國家衛生統計中心所做的數據表已對外開放，一通電話即可輕鬆找到。已發表的研究報告中，也找得到許多血紅素相關資料：
Hollowell J. G., et al. (2005). "Hematological and Iron-Related Analytes— Reference Data for Persons Aged 1 Year and Over: United States, 1988–94." National Center for Health Statistics. *Vital Health Statistics*, 11(247).
Robins, Edwin B., and Steve Blum (2007). "Hematologic Reference Values for African American Children and Adolescents." *American Journal of Hematology*, 82:611–14.

178 針對715,000名捐血人所做的研究：
Mast, Alan E., et al. (2010). "Demographic Correlates of Low Hemoglobin Deferral Among Prospective Whole Blood Donors." *Transfusion*, 50(8): 1794–1802.

179 醫師團隊提到「某種補償性的機轉」的那段引述，出自此處：
Kraemer, Michael J., et al. (1977). "Race-Related Differences in Peripheral Blood and in Bone Marrow Cell Populations of American Black and American White Infants." *Journal of the National Medical Association*, 69(5):327–31.

179 布夏爾共同撰寫的肌纖維類型研究：
Ama, P. F., et al. (1986). "Skeletal Muscle Characteristics in Sedentary Black and Caucasian Males." *Journal of Applied Physiology*, 61(5):1758–61.

180 鐮狀細胞表徵會使主要依賴氧的路徑來產生能量的能力下降：
Bitanga, E., and J. D. Rouillon (1998). "Influence of the Sickle Cell Trait Heterozygote on Energy Abilities." *Pathologie Biologie*, 46(1):46–52.

Le Gallais, D., et al. (1994). "Sickle Cell Trait as a Limiting Factor for HighLevel Performance in a Semi-Marathon." *International Journal of Sports Medicine*, 15(7):399–402.

180 想了解鐮狀細胞表徵抵抗瘧疾的相關資料，請見：

For quick background on the malaria protection conferred by sickle-cell trait: Pierce, E. C. "How Sickle Cell Trait Protects Against Malaria." *Medical Journal of Therapeutics Africa*, 1(1):61–62.

180 安東尼‧艾利森最早提出證據，證明鐮狀細胞表徵和瘧疾抵抗力之間的關係：

Allison, A. C. (1954). "Protection Afforded by Sickle-Cell Trait Against Subtertian Malarial Infection." *British Medical Journal*, 1(4857):290–94.

Allison, Anthony C. (2002). "The Discovery of Resistance to Malaria of Sickle-Cell Heterozygotes." *Biochemistry and Molecular Biology Education*, 30(5):279 – 87.

181 在這本書的第99頁，討論到非裔美國人身上的鐮狀細胞基因變體逐漸消失的情況：

Nesse, Randolph M., and George C. Williams. *Why We Get Sick: The New Science of Darwinian Medicine*. Vintage, 1996.

181 Risk of malaria with iron supplementation has long been documented by 史蒂芬‧歐本海默（Stephen J. Oppenheimer）等人從很久前，就證明了補鐵劑對染瘧疾的風險：

English, M., and R. W. Snow (2006). "Iron and Folic Acid Supplementation and Malaria Risk." *Lancet*, 367(9505):90–91.

Oppenheimer, S. J., et al. (1986). "Iron Supplementation Increases Prevalence and Effects of Malaria: Report on Clinical Studies in Papua New Guinea." *Transactions of the Royal Society of Tropical Medicine and Hygiene*, 80(4)603 –12.

Oppenheimer, Stephen (2007). "Comments on Background Papers Related to Iron, Folic Acid, Malaria and Other Infections." *Food and Nutrition Bulletin*, 28(4):S550–59.

182 世界衛生組織在2006年修訂了瘧疾盛行地區的補鐵劑建議：

http://www.who.int/maternal_child_adolescent/documents/ iron_statement/en/.

182 鐮狀細胞基因的全球模式，以及它與瘧疾的關係（網站上提供了以顏色劃分的地圖）：

Piel, Frédéric B., et al. (2010). "Global Distribution of the Sickle Cell Gene and Geographical Confirmation of the Malaria Hypothesis." *Nature Communications*, 1:104.

182 丹麥科學家認為，快縮肌纖維也許可解釋非裔美國人的身體特徵：

Nielsen, J., and D. L. Christensen (2011). "Glucose Intolerance in the West African Diaspora: A Skeletal Muscle Fibre Type Distribution Hypothesis." *Acta Physiologica*, 202(4):605–16.

183 丹尼爾‧勒嘉萊共同撰寫的運動表現與鐮狀細胞表徵研究：

Bilé A., et al. (1998). "Sickle Cell Trait in Ivory Coast Athletic Throw and Jump Champions, 1956–1995." *International Journal of Sports Medicine*, 19(3):215–19.

Hue, O., et al. (2002). "Alactic Anaerobic Performance in Subjects with Sickle Cell Trait and Hemoglobin AA." *International Journal of Sports Medicine*, 23(3): 174 –77.

Le Gallais, D., et al. (1994). "Sickle Cell Trait as a Limiting Factor for HighLevel Performance in a Semi-Marathon." *International Journal of Sports Medicine*, 15(7):399–402.

Marlin, L., et al. (2005). "Sickle Cell Trait in French West Indian Elite Sprint Athletes." *International Journal of Sports Medicine*, 26(8):622–25.

184 這兩項研究顯示，血紅素偏低的小鼠，身上的肌纖維類型比例發生改變：

Esteva, Santiago, et al. (2008). "Morphofunctional Responses to Anaemia in Rat Skeletal Muscle." *Journal of Anatomy*, 212:836–44.

Ohira, Yoshinobu, and Sandra L. Gill (1983). "Effects of Dietary Iron Deficiency on Muscle Fiber Characteristics and Whole-Body Distribution of Hemoglobin in Mice." *Journal of Nutrition*, 113:1811–18.

185 鐮狀細胞突變，在生活於東非高海拔地區的族群當中很罕見，甚至不存在：

Ayodo, George, et al. (2007). "Combining Evidence of Natural Selection with Association Analysis Increases Power to Detect Malaria-Resistance Variants." *American Journal of Human Genetics*, 81:234–42.

Foy, Henry, et al. (1954). "The Variability of Sickle-Cell Rates in the Tribes of Kenya and the Southern Sudan." *British Medical Journal*, 1(4857):294.

Williams, Dianne. Race, *Ethnicity and Crime: Alternate Perspectives*. Algora Publishing, 2012, p. 20.

Chapter 12 ──卡倫金族人人都很善跑嗎？

186 關於肯亞菁英賽跑選手是哪些人、來自哪些部落的分析：

Onywera, Vincent O., et al. (2006). "Demographic Characteristics of Elite Kenyan Endurance Runners." *Journal of Sports Sciences*, 24(4):415–22.

190 只要不是去同一個部落打劫，盜牛就不算偷竊：

Bale, John, and Joe Sang. *Kenyan Running: Movement Culture, Geography and Global Change*. Frank Cass, 1996, p. 53.

190 探討東非賽跑選手佳績的最佳學術著作集：

Pitsiladis, Yannis, et al., eds. *East African Running: Towards a Cross-Disciplinary Perspective*. Routledge, 2007.

190 衣索比亞人口數據，取自衣索比亞公眾普查處（Ethiopia's Public Census Commission）發行的〈2007年人口及住宅普查概況與統計報告〉（Summary and Statistical Report of the 2007 Population and Housing Census）。

190 約翰‧曼納斯寫到的「牛情結」，以及他對卡倫金體育奇才的一些描述，與談到羅堤奇的引文：

Manners, John (1997). "Kenya's Running Tribe." *The Sports Historian*, 17(2):14–27.

Manners, John. "Chapter 3: Raiders from the Rift Valley: Cattle Raiding and Distance Running in East Africa." In: Yannis Pitsiladis, et al., eds. *East African Running: Towards a Cross-Disciplinary Perspective*. Routledge, 2007.

193 2011年的馬拉松最佳成績列表，取自國際田徑總會；約翰‧曼納斯協助確認卡倫金選手。

194 史考特‧彼卡德把彼得‧科斯蓋比作NBA球員的說法，出自2011年4月21日的《尤提卡觀察家快報》（*Utica Observer-Dispatch*）。

195 哥本哈根大學研究團隊的研究結果概要──包括沙爾亭的「似乎證實」引文：

Saltin, Bengt (2003). "The Kenya Project—Final Report." *New Studies in Athletics*, 18(2):15–24.

195–198 更專門的描述在此處：

Larsen, Henrik B. (2003). "Kenyan Dominance in Distance Running." *Comparative*

Biochemistry and Physiology Part A: Molecular & Integrative Physiology, 136(1):161–70.

197 另一項研究發現,在給定配速下,非洲中長距離選手的跑步經濟性優於白人選手:
Weston, A. R., Z. Mbambo, and K. H. Myburgh (2000). "Running Economy of African and Caucasian Distance Runners." *Medicine & Science in Sports & Exercise*, 32(6):1130–34.

197 遠端重量與跑步能量學(重量加在腳踝時發生的情況):
Jones, B. H. et al. (1986). "The Energy Cost of Women Walking and Running in Shoes and Boots." *Ergonomics*, 29:439–43.
Myers, M. J., and K. Steudel (1985). "Effect of Limb Mass and Its Distribution on the Energetics Cost of Running." *Journal of Experimental Biology*, 116:363–73.

197 哈佛大學的丹‧李伯曼也證實了遠端重量會增加能量消耗,而 Adidas 工程師的研究結果,是 Adidas 跑鞋生產部的全球產品線經理向我轉達的。

197 腿的比例較長及小腿較細,分別有助於跑步經濟性:
Steudel-Numbers, Karen L., Timothy D. Weaver, and Cara M. Wall-Scheffler (2007). "The Evolution of Human Running: Effects of Changes in Lower-Limb Length on Locomotor Economy." *Journal of Human Evolution*, 53(2):191–96.

197 肯亞跑步選手的跟腱比較長:
Sano, K., et al. (2012). "Muscle-Tendon Interaction and EMG Profiles of World Class Endurance Runners During Hopping." *European Journal of Applied Physiology*, December 11 (ePub ahead of print).

198 拉森主張肯亞人稱霸跑步界的主要問題已解決的論點,出現在這篇文章中:
Holden, Constance (2004). "Peering Under the Hood of Africa's Runners." *Science*, 305(5684):637–39.

198 澤森內‧泰德西的跑步經濟性:
Lucia, Alejandro, et al. (2007). "The Key to Top-Level Endurance Running Performance: A Unique Example." *British Journal of Sports Medicine*, 42:172–174.

201 文森‧薩里奇的計算從這本書的第174頁開始‧
Sarich, Vincent, and Frank Miele. *Race: The Reality of Human Differences*. Westview Press, 2004.

202 《跑者世界》的計算出現在:
Burfoot, Amby (1992). "White Men Can't Run." *Runner's World*, 27(8):89–95.

Chapter 13 ── 世上最意外(高海拔)的人才過濾器

207 肯亞長跑好手多半是卡倫金族人,而且要徒步上學:
Onywera, Vincent O., et al. (2006). "Demographic Characteristics of Elite Kenyan Endurance Runners." *Journal of Sports Science*, 24(4):415–22.

208 衣索比亞長跑好手多半是奧羅莫人,而且要徒步上學:
Scott, Robert A., et al. (2003). "Demographic Characteristics of Elite Ethiopian Endurance Runners." *Medicine & Science in Sports & Exercise*, 35(10):1727–32.

208 奧羅莫族衣索比亞人和卡倫金族肯亞人的粒線體DNA,關係不是特別相近:

Scott, Robert A., et al. (2008). "Mitochondrial Haplogroups Associated with Elite Kenyan Athlete Status." *Medicine & Science in Sports & Exercise*, 41(1):123–28.

Scott, Robert A., et al. (2005). "Mitochondrial DNA Lineages of Elite Ethiopian Athletes." *Comparative Biochemistry and Physiology Part B: Biochemistry and Molecular Biology*, 140(3):497–503.

211 19世紀時的科學家，並未意識到畢爾日後發現的高海拔適應類型：

Beall, Cynthia M. (2006). "Andean, Tibetan, and Ethiopian Patterns of Adaptation to High-Altitude Hypoxia." *Integrative and Comparative Biology*, 46(1):18–24.

212 畢爾推測，在高海拔地區生活的衣索比亞人，有可能強化了氧氣從肺部輸送到血液。（史奈爾對這個主題做出的理論推測，是在一次訪談中直接告訴作者的。）

Beall, Cynthia M., et al. (2002). "An Ethiopian Pattern of Human Adaptation to High-Altitude Hypoxia." *Proceedings of the National Academy of Sciences*, 99(26):17215–18.

213 英國體育協會（English Institute of Sport）資深生理學家貝瑞·法吉（Barry Fudge）慷慨分享了凱內尼薩·貝寇爾的高地訓練數據。

214 來自挪威及美國德州的科學家團隊，讓運動員待在高海拔環境中，記錄他們身上紅血球生成素（EPO）的變化：

Jedlickova, K., et al. (2003). "Search for Genetic Determinants of Individual Variability of the Erythropoietin Response to High Altitude." *Blood Cells, Molecules & Diseases*, 31(2):175–82.

214 紅血球含量與5,000公尺成績對高海拔的反應，因人而異：

Chapman, Robert F. (1998). "Individual Variation in Response to Altitude Training." *Journal of Applied Physiology*, 85(4):1448–56.

214 與高海拔「有效場地」有關的資訊，來自多次採訪高海拔專家，包括美國科羅拉多州奧林匹克訓練中心（U.S. Olympic Training Center in Colorado Springs）的資深運動生理學家蘭道·威爾伯（Randall L. Wilber）。以下這本書是很好的參考書，書裡列出了知名訓練城市的海拔：

Wilber, Randall L. *Altitude Training and Altitude Performance*. Human Kinetics, 2004.

215 在高海拔環境長大的孩子，肺部表面積比較大；但移居到高海拔的成人，肺部表面積並沒有比較大：

Moore, Lorna G., Susan Niermeyer, and Stacy Zamudio (1998). "Human Adaptation to High Altitude: Regional and Life-Cycle Perspectives." *Yearbook of Physical Anthropology*, 41:25–64.

215 在高地出生的衣索比亞人的用力呼氣量，比衣索比亞平地人來得大。（也附了一張表，列出衣索比亞人的身高及坐高等計測值）：

Harrison, G. A., et al. (1969). "The Effects of Altitudinal Variation in Ethiopian Populations." *Philosophical Transactions of the Royal Society of London. Series B*, Biological Sciences, 805(256):147–82.

220 克勞迪歐·貝拉德里與人合著的論文，探討了歐洲和肯亞跑步選手的跑步經濟性：

Tam, E., et al. (2012). "Energetics of Running Top-Level Marathon Runners from Kenya." *European Journal of Applied Physiology*, 112(11):3797–806.

221 安德魯·瓊斯對寶拉·雷德克利夫進行多年的生理檢驗：

Jones, Andrew M. (2006) "The Physiology of the World Record Holder for the Women's Marathon." *International Journal of Sports Science & Coaching*, 1(2):101–16.

222 羅傑‧班尼斯特說的話，出自1955年6月20日出刊的《運動畫刊》（*Sports Illustrated*）。

Chapter 14 ──雪橇犬、超馬選手與「懶骨頭」基因

223 蘭斯‧麥奇的生平，由他本人親筆撰寫，坦誠又引人入勝：
Mackey, Lance. *The Lance Mackey Story: How My Obsession with Dog Mushing Saved My Life.* Zorro Books, 2010.

231 奧克拉荷馬州立大學生理學家兼獸醫邁可‧戴維斯（Michael Davis），在德州農工大學舉辦的 2012年哈范斯研討會（Huffines Discussion）上，就自己的雪橇犬鍛鍊適應研究，做了一場通俗易懂的演講。（我也是受邀的演講人，很榮幸能和戴維斯博士討論他的研究工作。）網站上可以找到他的演講影片：
http://huffinesinstitute.org/resources/videos/entryid/330/huffines-discussion-2012-oklahoma-states-dr-michael-davis.

232 阿拉斯加哈士奇犬的遺傳基因：
Huson, Heather J., et al. (2010). "A Genetic Dissection of Breed Composition and Performance Enhancement in the Alaskan Sled Dog." *BMC Genetics*, 11:71.

234 賈蘭德與人合著的多巴胺、利他能及「跑上癮」小鼠的研究：
Rhodes, J. S., S. C. Gammie, and T. Garland Jr. (2005). "Neurobiology of Mice Selected for High Voluntary Wheel-Running Activity." *Integrative and Comparative Biology*, 45(3):438–55.

236 潘‧瑞德拿來自比的威斯康辛大學實驗小鼠：
Rhodes, J. S., T. Garland Jr., and S. C. Gammie (2003). "Patterns of Brain Activity Associated with Variation in Voluntary Wheel Running Behavior." *Behavioral Neuroscience*, 117(6):1243–56.

237 多巴胺與成癮科學研究的相關資料：
Holden, Constance (2001). "'Behavioral' Addictions: Do They Exist?" *Science*, 294:980–82.
Peirce, R. C., and V. Kumaresan (2006). "The Mesolimbic Dopamine System: The Final Common Pathway for the Reinforcing Effect of Drugs of Abuse?" *Neuroscience & Biobehavioral Reviews*, 30(2):215–38.

238 已做過的每一項人類研究都發現，自願從事的體能活動有明顯的遺傳性：
Lightfoot, J. Timothy (2011). "Current Understanding of the Genetic Basis for Physical Activity." *Journal of Nutrition*, 141(3):526–30.

238 在一萬三千對瑞典雙胞胎當中，同卵雙胞胎有相近體能活動量的機率，遠大於異卵雙胞胎：
Carlsson, S., et al. (2006). "Genetic Effects on Physical Activity: Results from the Swedish Twin Registry." *Medicine & Science in Sports & Exercise*, 38(8):1396–1401.

238 直接用加速規計量活動量時，異卵與同卵雙胞胎之間，也呈現同樣的差異：
Joosen, A. M., et al. (2005). "Genetic Analysis of Physical Activity in Twins." *American Journal of Clinical Nutrition*, 82(6):1253–59.

238 Stubbe, Janine H., et al. (2006). "Genetic Influences on Exercise Participation in 37,051 Twin Pairs from Seven Countries." *PLoS ONE*, 1:e22.

239 針對多巴胺系統（及早期基因研究）與自願體能活動的相關研究，所做的評論：

Knab, Amy M., and J. Timothy Lightfoot (2010). "Title: Does the Difference Between Physically Active and Couch Potato Lie in the Dopamine System?" *International Journal of Biological Science*, 6(2):133–50.

239 DRD4-7R基因變體與注意力不足過動症（ADHD）：

Li, D., et al. (2006). "Meta-analysis Shows Significant Association Between Dopamine System Genes and Attention Deficit Hyperactivity Disorder (ADHD)." *Human Molecular Genetics*, 15(14):2276–84.

Swanson, J. M., et al. (2007). "Etiologic Subtypes of Attention-Deficit/ Hyperactivity Disorder: Brain Imaging, Molecular Genetic and Environmental Factors and the Dopamine Hypothesis." *Neuropsychology Review*, 17(1):39–59.

240 游牧文化與定居文化中的DRD4基因：

Chen, Chuansheng, et al. (1999). "Population Migration and the Variation in Dopamine D4 Receptor (DRD4) Allele Frequencies Around the Globe." *Evolution and Human Behavior*, 20:309–24.

Matthews, L. J., and P. M. Butler (2011). "Novelty-Seeking DRD4 Polymorphisms Are Associated with Human Migration Distance Out-of-Africa After Controlling for Neutral Population Gene Structure." *American Journal of Physical Anthropology*, 145(3):382–89.

240 DRD4基因與阿利爾族人：

Eisenberg, Dan T. A., et al. (2008). "Dopamine Receptor Genetic Polymorphisms and Body Composition in Undernourished Pastoralists: An Exploration of Nutrition Indices Among Nomadic and Recently Settled Ariaal Men of Northern Kenya." *BMC Evolutionary Biology*, 8:173.

Chapter 15──傷心基因：運動場上的猝死、損傷與疼痛

245 探討運動員猝死的最佳相關參考資料：

Estes III, Mark N. A., Deeb N. Salem, and Paul J. Wang, eds. *Sudden Cardiac Death in the Athlete*. Futura, 1998.

Maron, Barry J., ed. *Diagnosis and Management of Hypertrophic Cardiomyopathy*. Futura, 2004.

245 在我替《運動畫刊》所寫的文章〈循著損壞心臟之路〉（Following the Trail of Broken Hearts, December 10, 2007）中，我把肥厚性心肌症（HCM）突變比作《大英百科全書》中的打字錯誤，並把DNA鹼基的單一改變，比作六十套《大英百科全書》當中出現的一個打字錯誤。在這本書裡，我寫的是十三套《大英百科全書》。我在《運動畫刊》中是把全套《大英百科全書》裡的每個字，算成一個可能出現的打字錯誤，而在這本書中，我是把每一個字母，視為一個可能出現的打字錯誤──我認為這個情境更能準確比擬DNA。

245 特別為非專業人士所寫的肥厚性心肌症絕佳入門書，而且有許多心臟細胞的圖片：

Maron, Barry J., and Lisa Salberg. *Hypertrophic Cardiomyopathy: For Patients, Their Families and Interested Physicians* (2nd ed.). Wiley-Blackwell, 2006.

247 MYH7基因是第一個，但現在已經發現許多導致肥厚性心肌症的突變：

Maron, Barry J., Martin S. Maron, and Chrisopher Semsarian (2012). "Genetics of Hypertrophic Cardiomyopathy After 20 Years." *Journal of the American College of Cardiology*, 60(8):705–15.

248 凱文‧理查茲的心臟重量取自他的解剖報告，這些報告是經他的父母葛雯朵琳與魯珀特‧理查茲（Rupert Richards）書面同意而取得的。

248 越來越多的州允許非醫師做參賽前的檢查：

Glover, David W., Drew W. Glover, and Barry J. Maron (2007). "Evolution in the Process of Screening United States High School Student-Athletes for Cardiovascular Disease." *American Journal of Cardiology*, 100:1709–12.

251 艾倫‧米爾斯坦說法的原始出處：

Litke, Jim. "Curry's DNA Fight with Bulls 'Bigger Than Sports World.'" Associated Press, September 29, 2005.

254 ApoE4攜帶者更常罹患阿茲海默症，且患者更年輕：

Corder, E. H., et. al. (1993). "Gene Dose of Apolipoprotein E type 4 Allele and the Risk of Alzheimer's Disease in Late Onset Families." *Science*, 261(5123):921–23.

254 ApoE4影響腦部外傷的嚴重程度：

Jordan, Barry D. (2007). "Genetic Influences on Outcome Following Traumatic Brain Injury." *Neurochemical Research*, 32:905–15.

254 帶有ApoE4的拳擊手後果更不堪設想：

Jordan, Barry D. (1997). "Apolipoprotein E epsilon4 Associated with Chronic Traumatic Brain Injury." *Journal of the American Medical Association*, 278(2):136 – 40.

254 年齡、頭部受撞擊及攜帶ApoE4，對腦功能產生負面影響：

Kutner, K. C., et al. (2000). "Lower Cognitive Performance of Older Football Players Possessing Apolipoprotein E epsilon4." *Neurosurgery*, 47(3):651–57.

255 波士頓大學的創傷性腦病變研究中心（Center for the Study of Traumatic Encephalopathy），有慢性創傷性腦病變（CTE）的相關資料和約翰‧格令斯里的腦：

http://www.bumc.bu.edu/supportingbusm/research/brain/cte/.

255 2%的人帶有ApoE4基因變體的兩個副本：

Izaks, Gerbrand J., et al. (2011). "The Association of ApoE Genotype with Cognitive Function in Persons Aged 35 Years or Older." *PLoS ONE*, 6(11):e27415.

255 波士頓大學研究人員，一直在彙集運動員慢性創傷性腦病變的案例：

McKee, Ann C., et al. (2009). "Chronic Traumatic Encephalopathy in Athletes: Progressive Tauopathy Following Repetitive Head Injury." *Journal of Neuropathology & Experimental Neurology*, 68(7):709–35.

257 西奈山醫院認知健康中心（Center for Cognitive Health）主任山姆‧甘迪（Sam Gandy），把攜帶ApoE4的失智風險，和在職業美式足球聯盟NFL打球畫上等號：

http://www.alzforum.org/new/detail.asp?id=3264.

257 當人得知自己帶有哪個ApoE的版本時：

Green, Robert C., et al. (2009). "Disclosure of ApoE Genotype for Risk of Alzheimer's Disease." *New England Journal of Medicine*, 361:245–54.

257 關於可能容易造成受傷的基因，相關研究的專門背景資料：
Collins, Malcolm, and Stuart M. Raleigh. "Genetic Risk Factors for Musculoskeletal Soft Tissue Injuries." In: Malcolm Collins, ed. *Genetics and Sports*. Karger, 2009, 54:136–49.

258 COL5A1可能也會透過跟腱的剛性，影響柔軟度和跑步表現：
Posthumus, Michael, Martin P. Schwellnus, and Malcolm Collins (2011). "The COL5A1 Gene: A Novel Marker of Endurance Running Performance." *Medicine & Science in Sports & Exercise*, 43(4):584–89.

258 一些NFL球員已經做了「受傷基因」檢測：
Assael, Shaun. "Cheating Is So 1999." *ESPN The Magazine*, October 8, 2009, pp. 88–97.

260 一覽疼痛遺傳學面貌的絕佳（但十分專業的）參考資料：
Mogil, Jeffrey S. *The Genetics of Pain*. IASP Press, 2004.

260 「紅髮」突變會降低疼痛敏感性：
Mogil, J., et al. (2005). "Melanocortin-1 Receptor Gene Variants Affect Pain and μ-Opioid Analgesia in Mice and Humans." *Journal of Medical Genetics*, 42(7):583–87.

261 英國研究人員對某個巴基斯坦家族感覺不到疼痛的引文，出自此處：
Cox, James J., et al. (2006). "An SCN9A Channelopathy Causes Congenital Inability to Experience Pain." *Nature*, 444(7121):894–98.

261 常發生在SCN9A基因上的變異會改變痛覺：
Reimann, Frank, et al. (2010). "Pain Perception Is Altered by a Nucleotide Polymorphism in SCN9A." *Proceedings of the National Academy of Sciences*, 10 7(11): 5148–53.

261 COMT基因的相關資料：
Goldman, David. "Chapter 13: Warriors and Worriers." *Our Genes, Our Choices: How Genotype and Gene Interactions Affect Behavior*. Academic Press, 2012.
Stein, Dan J., et al. (2006). "Warriors Versus Worriers: The Role of COMT Gene Variants." *Pearls in Clinical Neuroscience*, 11(10):745–48.

263 運動員在比賽當天對疼痛較不敏感：
Sternberg, W. F., et al. (1998). "Competition Alters the Perception of Noxious Stimuli in Male and Female Athletes." *Pain*, 76(1–2):231–38.

Chapter 16 ─── 金牌突變

274 提及門蒂蘭塔家族紅血球偏多的遺傳類型的第一份文獻證據：
Juvonen, Eeva, et al. (1991). "Autosomal Dominant Erythrocytosis Caused by Increased Sensitivity to Erythropoietin." *Blood*, 78(11):3066–69.

276 提及門蒂蘭塔家族紅血球生成素受體（EPOR）基因突變的第一份文獻證據：
de la Chapelle, Albert, et al. (1993). "Familial Erythrocytosis Genetically Linked to Erythropoietin Receptor Gene." *Lancet*, 341:82–84.

277 Detailed analysis針對門蒂蘭塔家族EPOR基因突變所做的詳盡分析：
de la Chapelle, Albert, Ann-Liz Träskelin, and Eeva Juvonen (1993). "Truncated Erythropoietin Receptor Causes Dominantly Inherited Benign Human Erythrocytosis."

Proceedings of the National Academy of Sciences, 90:4495–99.

後記：完美運動員

286 Williams, Alun G., and Jonathan P. Folland (2008). "Similiarity of Polygenic Profiles Limits the Potential for Elite Human Physical Performance." *The Journal of Physiology*, 586(pt. 1):113–21.

288 Cunningham, Patrick. "The Genetics of Thoroughbred Horses." *Scientific American* (May 1991).

290 譚納針對成長發育的引述，出自這本書：
Tanner, J.M. *Fetus Into Man: Physical Growth from Conception to Maturity* (revised and enlarged edition). Harvard University Press, 1990, p. 120.

美國平裝版後記

292 丹尼斯・奇梅托說，他在2010年以前「真的」從沒跑過步：
Eder, Larry (2013). "Chicago Marathon Diary: Dennis Kimetto wins in CR of 2:03.45." *RunBlogRun*, Oct. 13, 2013.

294 艾瑞克森的〈危害〉公開信，可以到他的教職員網頁點選「2012 Ericsson's reply」連結下載：
http://www.psy.fsu.edu/faculty/ericsson/ericsson.hp.html
他最重要的期刊文章：
Ericsson, K. Anders (2012). "Training History, Deliberate Practise and Elite Sports Performance: An Analysis in Response to Tucker and Collins Review—What Makes Champions?" *British Journal of Sports Medicine*, Oct. 30 (ePub ahead of print).

295-296 顯示練習時數的圖表使用的數據來自：
Moesch, K., et al. (2011). "Late Specialization: the key to success in centimeters, grams, or seconds (cgs) sports." *Scandinavian Journal of Medicine & Science in Sports*, 21(6):e282–290.

296 顯示網球、棒球和幾種團體運動的後期專項化的研究：
Carlson, Rolf (1988). "The Socialization of Elite Tennis Players in Sweden: An Analysis of the Players' Backgrounds and Development." *Sociology of Sport Journal*, 5:241–256.
Hill, Grant M. (1993). "Youth Sport Participation of Professional Baseball Players." *Sociology of Sport Journal*, 10:107-114.
Moesch, K., et al. (2013). "Making It to the Top in Team Sports: Start Later, Intensify, and Be Determined!" *Talent Development & Excellence*, 5(2):85– 100.

297 奧克拉荷馬州立大學的美式足球員肌力有提升，但速度並未提升：
Jacobson, B.H., et al. (2013). "Logitudinal morphological and performance profiles for American, NCAA Division I football players." *Journal of Strength and Conditioning Research*, 27(9):2347–2354.

298-299 音樂學校裡「能力優異」的學生當中的後期專項化：
Sloboda, John A. and Michael J. A. Howe (1991). "Biographical Precur sors of Musical Excellence: An Interview Study." *Psychology of Music*, 19:3 –21.

299 葛拉威爾在這裡談論《運動基因》：

http://www.newyorker.com/online/blogs/sportingscene/2013/08/psychology-ten-thousand-hour-rule-complexity.html 以及 http://www.newyorker.com/arts/critics/atlarge/2013/09/09/130909crat_atlarge_gladwell

以下是物理學博士艾力克斯·哈奇森（Alex Hutchinson）對葛拉威爾的分析所做的分析，哈奇森過去是加拿大中長跑國手，著有《先做有氧運動還是重量訓練？》（*Which Comes First, Cardio or Weights?*）：

http://m.runnersworld.com/general-interest/on-malcolm-gladwell-and-naturals

301–302 腦源神經營養因子（BDNF）與動作技能習得：

Kleim, Jeffrey A., et al. (2006). "BDNF val66met polymorphism is associated with modified experience-dependent plasticity in human motor cortex." *Nature Neuroscience*, 9(6):735–737.

McHughen, S.A., et al. (2010). "BDNF val66met polymorphism influences motor system function in the human brain." *Cerebral Cortex*, 20(5): 1254–1262.

303 到目前為止，消費者對23andMe揭露的健康資訊似乎還滿理性的：

Francke, Uta, et al. (2013). "Dealing with the unexpected: consumer response to direct-access BRCA mutation testing." *Peerj*, 1:e8.

Focus 22

運動基因
頂尖運動表現背後的科學
THE SPORTS GENE
Inside the Science of Extraordinary Athletic Performance

作　　者　大衛‧艾普斯坦（David Epstein）
譯　　者　畢馨云
責任編輯　林慧雯
封面設計　蔡佳豪

編輯出版　行路／遠足文化事業股份有限公司
總 編 輯　林慧雯
社　　長　郭重興
發行人兼
出版總監　曾大福
發　　行　遠足文化事業股份有限公司　代表號：（02）2218-1417
　　　　　23141新北市新店區民權路108之4號8樓
　　　　　客服專線：0800-221-029　傳真：（02）8667-1065
　　　　　郵政劃撥帳號：19504465　戶名：遠足文化事業股份有限公司
　　　　　歡迎團體訂購，另有優惠，請洽業務部（02）2218-1417分機1124、1135
法律顧問　華洋法律事務所　蘇文生律師
特別聲明　本書中的言論內容不代表本公司／出版集團的立場及意見，由作者自行承擔文責。

印　　製　韋懋實業有限公司
初版一刷　2020年12月
定　　價　520元

國家圖書館預行編目資料

運動基因：頂尖運動表現背後的科學
大衛‧艾普斯坦（David Epstein）著；畢馨云譯
一初版一新北市；行路出版：遠足文化發行，2020.12
面；公分
譯自：The Sports Gene: Inside the Science of
Extraordinary Athletic Performance
ISBN　978-986-98913-6-3（平裝）
1.運動生理學　2.遺傳學　3.基因
397.3　　　　　　　　　109016664